民用飞机复合材料结构制造与维修

刘国春 郭荣辉 秦文峰 编著

清华大学出版社
北京

内容简介

本书依据民用航空维修专业人才培养方案编写，系统地介绍了民用飞机复合材料结构的原材料、成型与加工、结构缺陷损伤与检测、结构维修工艺及适航基础，涵盖了民用飞机复合材料损伤结构维修的全部流程，剖析了民用飞机复合材料结构制造工艺与详细的结构维修方案。本书以波音、空客飞机复合材料结构维修典型案例为指引，同时加入了近年来民用飞机复合材料的新型维修技术及其最新科研成果。

本书主要供民航机务专业学生本科班级教学使用，也可作为复合材料相关专业（方向）学生、工程技术人员的学习参考资料。

版权所有，侵权必究。举报：010-62782989，beiqinquan@tup.tsinghua.edu.cn。

图书在版编目（CIP）数据

民用飞机复合材料结构制造与维修/刘国春，郭荣辉，秦文峰编著．—北京：清华大学出版社，2020.7（2024.8重印）

ISBN 978-7-302-55413-4

Ⅰ．①民… Ⅱ．①刘… ②郭… ③秦… Ⅲ．①民用飞机—复合材料结构—制造 ②民用飞机—复合材料结构—维修 Ⅳ．①V214.8

中国版本图书馆 CIP 数据核字（2020）第 073324 号

责任编辑：	王　欣　赵从棉
封面设计：	常雪影
责任校对：	刘玉霞
责任印制：	刘海龙

出版发行：清华大学出版社

网　　址：https://www.tup.com.cn, https://www.wqxuetang.com
地　　址：北京清华大学学研大厦 A 座　　　　邮　编：100084
社 总 机：010-83470000　　　　　　　　　　　邮　购：010-62786544
投稿与读者服务：010-62776969, c-service@tup.tsinghua.edu.cn
质量反馈：010-62772015, zhiliang@tup.tsinghua.edu.cn

印 装 者：三河市人民印务有限公司
经　　销：全国新华书店
开　　本：185mm×260mm　　印　张：15.5　　字　数：376 千字
版　　次：2020 年 9 月第 1 版　　　　　　　　　印　次：2024 年 8 月第 4 次印刷
定　　价：48.00 元

产品编号：081158-01

前言
FOREWORD

随着民用飞机(民用飞机也简称"民机")复合材料结构用量的不断增加,民机复合材料结构的制造与维修技术也需要更新提高。本书主要对民机复合材料结构的组分、制备、检测、维修工艺以及适航进行了详细的介绍,涵盖了民机复合材料损伤结构维修的全部流程,重点剖析了民机复合材料结构制造工艺以及详细的结构维修方案,加入了近年来民机复合材料的新型维修技术,结合民航的实际需求与人才培养目标编写而成。

本书的主要内容由绪论、飞机复合材料结构的原材料、树脂基复合材料成型与加工、复合材料结构缺陷损伤与检测、复合材料结构维修设计、复合材料结构修理、复合材料结构边缘与表面静电层修理、飞机金属结构的粘接修理技术和复合材料结构适航基础等部分组成,结合波音、空客的飞机复合材料结构维修实际工程案例,着重阐述民机复合材料的制造与维修技术应用。

本书的编写力求阐述科学、结构严谨、知识先进、可读性好,注重理论联系实际。重点针对民机复合材料损伤结构的维修全流程进行了介绍,涵盖复合材料制备工艺、维修设计、修理工艺、维修适航验证等关键维修环节,适用于民航、通航飞机复合材料结构的维修与应用,也可用于机务维修、复合材料成型等专业作为参考教材。

本书的第1章、第4章、第5章、第8章、第9章由刘国春编写,第2章、第3章由郭荣辉编写,第6章、第7章由秦文峰编写。此外,刘峰、杨文锋等老师参与了本书章节审阅工作,刘金旭、魏桂明、谢复合、王宇轩、杨枫、符佳伟、王新远等同学参与了部分章节图表处理与文字校对工作。本书在编写过程中借鉴了部分国内外学者的思想观点,参考了许多专家的学术著作,并得到了中国民用航空飞行学院航空工程学院飞行器制造工程教研室和民航局教育人才项目的支持,在此一并感谢。

由于编写时间仓促、编者水平有限,疏漏之处在所难免,恳请广大读者批评指正。

编 者
2020 年 5 月

目录

第 1 章 绪论 ··· 1
1.1 飞机结构材料的变革 ·· 1
1.2 复合材料的发展与特性 ·· 3
1.2.1 复合材料的发展历程 ·· 3
1.2.2 复合材料的特性 ·· 5
1.3 复合材料在民机结构上的应用 ·· 7
1.3.1 复合材料在通用飞机上的应用 ··· 7
1.3.2 复合材料在大型运输机上的应用 ··· 10
1.4 复合材料结构维修的紧迫性 ·· 16

第 2 章 飞机复合材料结构的原材料 ·· 19
2.1 基体材料 ·· 19
2.1.1 热固性树脂基体 ··· 21
2.1.2 热塑性树脂基体 ··· 23
2.2 增强材料 ·· 24
2.2.1 玻璃纤维 ··· 27
2.2.2 碳纤维 ·· 31
2.2.3 芳纶纤维 ··· 34
2.2.4 其他增强材料 ·· 36
2.3 预浸料 ··· 38
2.4 夹芯材料 ··· 40
2.5 胶粘剂 ··· 42
2.6 原材料的储存与处理 ··· 43
2.6.1 室温固化层压树脂和胶粘剂储存与处理 ··· 43
2.6.2 胶膜储存与处理 ··· 44

2.6.3　预浸料储存与处理 ……………………………………………………… 45
　　2.6.4　干纤维织物的存储与处理 ………………………………………………… 45
　　2.6.5　原材料的分装 ……………………………………………………………… 46

第3章　树脂基复合材料成型与加工 ……………………………………………………… 47

3.1　复合材料结构类型 ……………………………………………………………… 47
　　3.1.1　层合结构 …………………………………………………………………… 47
　　3.1.2　夹层结构 …………………………………………………………………… 51
3.2　复合材料结构成型工艺 ………………………………………………………… 52
　　3.2.1　手糊成型工艺 ……………………………………………………………… 53
　　3.2.2　热压罐成型工艺 …………………………………………………………… 54
　　3.2.3　喷射成型工艺 ……………………………………………………………… 55
　　3.2.4　袋压成型工艺 ……………………………………………………………… 56
　　3.2.5　模压成型工艺 ……………………………………………………………… 57
　　3.2.6　缠绕成型工艺 ……………………………………………………………… 58
　　3.2.7　拉挤成型工艺 ……………………………………………………………… 59
　　3.2.8　注射成型工艺 ……………………………………………………………… 60
　　3.2.9　反应注射成型工艺 ………………………………………………………… 61
　　3.2.10　树脂转移模塑成型工艺 …………………………………………………… 61
　　3.2.11　电子束固化成型工艺 ……………………………………………………… 62
3.3　复合材料的界面 ………………………………………………………………… 63
　　3.3.1　界面的形成 ………………………………………………………………… 64
　　3.3.2　界面作用机理 ……………………………………………………………… 65
3.4　复合材料结构的加工 …………………………………………………………… 66
　　3.4.1　复合材料切割 ……………………………………………………………… 66
　　3.4.2　复合材料磨铣 ……………………………………………………………… 69
　　3.4.3　复合材料钻孔 ……………………………………………………………… 70

第4章　复合材料结构缺陷损伤与检测 …………………………………………………… 71

4.1　环境对复合材料结构的影响 …………………………………………………… 71
　　4.1.1　气象环境对复合材料结构的影响 ………………………………………… 71
　　4.1.2　雷击对复合材料结构的影响 ……………………………………………… 72
4.2　复合材料结构缺陷与损伤的基本类型和特征 ………………………………… 75
　　4.2.1　常见缺陷 …………………………………………………………………… 75
　　4.2.2　常见损伤类型 ……………………………………………………………… 77
4.3　复合材料损伤的常规无损检测方法 …………………………………………… 81
　　4.3.1　目视检测法 ………………………………………………………………… 82
　　4.3.2　敲击法 ……………………………………………………………………… 82
　　4.3.3　超声检测法 ………………………………………………………………… 84

		4.3.4 射线检测法	88
		4.3.5 涡流检测法	89
		4.3.6 渗透检测法	90
	4.4	复合材料无损检测新技术	92
		4.4.1 微波无损检测	92
		4.4.2 红外无损检测	93
		4.4.3 激光全息检测	95
		4.4.4 声发射检测法	96
		4.4.5 剪应力成像法	98
		4.4.6 声振检测	98
	4.5	损伤评估	98
		4.5.1 最小检测区域	99
		4.5.2 损伤程度确定	99
		4.5.3 可接受损伤水平的确认	99

第 5 章 复合材料结构维修设计 ···· 101

5.1	复合材料层板基本理论	101
	5.1.1 基本原理和理论应用	101
	5.1.2 复合材料层合板强度和失效	104
5.2	复合材料结构连接	106
	5.2.1 复合材料胶接设计	106
	5.2.2 复合材料机械连接设计	113
	5.2.3 夹层结构连接设计	120
5.3	修理设计	120
	5.3.1 层合板的修理设计	120
	5.3.2 蜂窝夹层结构的修理设计	124
5.4	基于有限元建模的复合材料胶接分析实例	126

第 6 章 复合材料结构修理 ···· 130

6.1	复合材料结构损伤修理要求与修理方法	130
	6.1.1 复合材料结构损伤修理要求	130
	6.1.2 复合材料结构修理方法	131
6.2	复合材料结构修理的一般流程	135
6.3	复合材料结构修理的主要工序	136
	6.3.1 损伤的确定	136
	6.3.2 修理区域的干燥	137
	6.3.3 损伤部位的去除	139
	6.3.4 打磨修整、清洁修理区域	140
	6.3.5 准备维修蜂窝夹芯	142

		6.3.6	准备维修铺层	145
		6.3.7	封装与固化	148
		6.3.8	表面防护层恢复	152
	6.4	复合材料层合板结构修理		152
		6.4.1	表面允许损伤的处理	152
		6.4.2	胶粘剂填平附加补强层修理	153
		6.4.3	胶接预固化补片的修理	153
		6.4.4	非穿透性损伤室温固化挖补修理	153
		6.4.5	非穿透性损伤预浸料热固化挖补修理	156
		6.4.6	穿透性损伤湿铺层挖补修理	157
		6.4.7	穿透性损伤预浸料热固化挖补修理	158
	6.5	复合材料蜂窝夹层结构修理		160
		6.5.1	复合材料夹层结构单面板损伤的修理	161
		6.5.2	复合材料夹芯结构预固化片修理	162
		6.5.3	蜂窝夹层结构——非穿透损伤的修理	164
		6.5.4	蜂窝夹层结构——穿透损伤的修理	165
	6.6	复合材料蜂窝夹芯地板的修理		168
		6.6.1	散装式货舱地板半穿透损伤的级别与修理措施	168
		6.6.2	蜂窝夹芯地板的永久性修理方案	169

第 7 章　复合材料边缘与表面静电层修理　172

	7.1	复合材料边缘损伤的修理		172
		7.1.1	复合材料结构边缘腐蚀的修理	172
		7.1.2	蜂窝夹芯复合材料后缘雷击损伤修理	173
		7.1.3	复合材料壁板边缘轻度分层损伤的修理	173
		7.1.4	蜂窝壁板面板边缘铺层损伤的修理	174
		7.1.5	蜂窝壁板边缘与蜂窝夹芯损伤	174
		7.1.6	楔形蜂窝复合材料结构后缘全深度损伤	175
		7.1.7	复合材料紧固件孔损伤的修理	177
		7.1.8	紧固件孔树脂和短切纤维的填充修理方法	177
		7.1.9	蜂窝结构连接区填充剂位置不合适时的处理方法	178
	7.2	复合材料结构表面静电层的修理		178
		7.2.1	表面层的许可损伤及维护措施	178
		7.2.2	火焰喷涂铝涂层的修理	179
		7.2.3	镀铝玻璃纤维表面层的修理	180
		7.2.4	铝箔表面层的修理	181
		7.2.5	复合材料结构件表面铜网的修理	182
	7.3	复合材料结构修理的安全措施		183
		7.3.1	一般要求	183

  7.3.2　皮肤防护 ··· 183
  7.3.3　眼睛与面部防护 ·· 183
  7.3.4　呼吸器官防护 ·· 185

第 8 章　飞机金属结构的粘接修理技术 ·· 186
 8.1　金属粘接技术在民用飞机上的应用 ·· 186
 8.2　金属-金属粘接修理技术的基本流程 ·· 187
  8.2.1　金属粘接维修流程 ··· 188
  8.2.2　金属粘接修理主要工序 ·· 188
 8.3　常见金属-金属粘接件损伤修理 ··· 201
  8.3.1　边缘脱胶的修理 ··· 201
  8.3.2　小损伤的修理 ·· 202
  8.3.3　大损伤的修理 ·· 203
 8.4　飞机金属损伤结构的复合材料维修技术 ·· 204
  8.4.1　飞机金属结构的复合材料胶接修补应用实例 ······························· 205
  8.4.2　复合材料胶接修补飞机金属结构的关键技术 ······························· 205
  8.4.3　复合材料胶接修补典型流程 ··· 207
  8.4.4　待修补母板的表面处理 ·· 208
  8.4.5　复合材料补片的应用要求 ·· 210
  8.4.6　胶粘剂的选用 ·· 212
  8.4.7　修复工艺方法的选择 ··· 212

第 9 章　复合材料结构适航基础 ·· 217
 9.1　适航基本理念和原则 ··· 217
  9.1.1　适航的来源及其发展 ··· 217
  9.1.2　适航标准要求的安全水平 ·· 219
  9.1.3　适航法规体系的特点 ··· 219
 9.2　复合材料结构适航基础 ·· 220
  9.2.1　民机复合材料结构适航性要求 ··· 220
  9.2.2　民机复合材料结构适航符合性验证要求 ····································· 221

参考文献 ··· 238

第 1 章 绪论

1.1 飞机结构材料的变革

自 1903 年莱特兄弟驾驶飞机成功试飞以来,航空领域就成为先进材料展现风采、争奇斗艳的大舞台。"一代材料,一代飞机",100 多年来材料与飞机在相互推动下不断发展,飞机的每一次提升都和飞机结构材料的进步密切相关。一方面,随着飞机飞行速度的提高,需要性能更加优异的材料满足飞机性能的提升,从而带动飞机结构材料的发展;另一方面,飞机能够在很快的速度和很高的高度下安全飞行也得益于飞机结构材料的不断更新和发展。图 1-1 给出了不同年份飞机的构型与材质,它们是百年来飞机结构材料演变和进展的见证。

1903年 "飞行者一号"
(木头+织物)

1932年 "蚊"式战斗机
(全木质飞机)

1933年 波音247
(全金属结构飞机)

1967年 波音737-100
(金属+<3%复合材料)

2005年 空客A380
(金属+25%复合材料)

2010年 波音787
(金属+50%复合材料)

图 1-1 不同年份的飞机

飞机结构材料在满足强度条件下,应尽量降低使用成本。在人类的不断探索过程中,飞机结构材料从最初的木材和织布蒙皮的非金属材料逐渐发展到以金属为主,20 世纪 70 年代先进复合材料出现后,复合材料在飞机结构上的应用逐渐增加,如今复合材料已经成为飞机结构先进性的重要指标。表 1-1 示出了飞机结构材料在 100 多年飞机制造史的演变过程中所经历的 5 个阶段。

表 1-1 飞机结构材料的发展历程

发展阶段	年份(或年代)	结构材料
第一阶段	1903—1919 年	木质,布
第二阶段	1920—1949 年	铝,钢
第三阶段	1950—1969 年	铝,钛,钢
第四阶段	1970 年至 21 世纪初	铝合金,钛合金,钢,复合材料(以铝合金为主)
第五阶段	21 世纪初至今	复合材料,铝合金,钛合金,钢结构(以复合材料为主)

在飞机的应用早期,人们利用一切可以使用的材料来制造飞机。莱特兄弟的"飞行者一号"用云杉木做机翼结构,用布料做蒙皮,框架中间也塞满了织物。以"飞行者一号"的质量和飞行速度而言,这种材料和结构已经足够轻且坚固,并具有一定的韧性。在那个飞机从手工作坊走出来的时代,木材是可以最方便得到的具有一定强度、密度不大且加工方便的材料。木质飞机还有许多经典之作,如"二战"期间横行德国上空的"蚊"式飞机,除了发动机以外都是木质结构,这样可以利用家具厂的资源进行生产,而不使用宝贵的金属材料。

随着飞机性能要求的不断提高,飞机的速度、载重和机动性都有较大提高,木质材料的缺点越来越多地暴露出来,如结构脆弱、安全性差等,人们逐渐意识到全金属飞机的安全性大大优于木质飞机。当然,对于所谓的全金属飞机而言,如果都用钢材来制造,在当时的条件下是不现实的,因为航空发动机无法为沉重的全钢飞机提供动力,于是铝合金作为一种高强度、低密度的材料登上飞机结构用材的历史舞台。实际上,早在 20 世纪初期,德、法等国已经设计出为数不多的几架铝合金飞机,但由于气动布局上没有大的突破,所以其性能没有什么提高,徒增质量。随着飞机设计技术的进步,适合铝合金材料的先进气动布局开始出现,铝合金取代早期木质材料逐渐成为飞机结构材料的主流。如波音公司研制的波音 247 全金属客机,它具有全金属结构和流线型外形,起落架可以收放,采用下单翼结构。波音 247 飞机的乘坐条件大大改善,速度较当时的其他客机也有很大提高,所以受到各航空公司的欢迎,成为美国民航运输史上的主力机型。直到今天,铝合金仍然是最为重要的航空材料之一,并且不断推出新型铝合金材料。铝锂合金就是先进铝合金之一,将金属锂加入金属铝中形成的铝锂合金可以降低合金密度,增加刚度,保持较高的强度,具有较好的抗腐蚀性、抗疲劳性和适宜的延展性。1957 年,英国研制成功含锂 1.1% 的 X-2020 铝合金,用于美国超声速攻击机 RA-5C,质量减少 6%;1976 年以后,由于冶金技术发展,出现了含锂量更大、密度更小、强度更高的铝锂合金,已经应用在许多先进的军机和民机上。

随着飞机更新换代的加速,对飞机性能提出了更高的要求。在飞机结构的一些部位,不仅要求材料有质轻、强度高、耐高温、耐腐蚀、抗氧化和加工成形性好等良好综合性能,使其在受力、高温、腐蚀和其他条件下有较强的工作能力,并且要使飞机达到更高的技术品质。钛合金由于比强度高、耐腐蚀、耐热等优秀的综合性能开始应用到飞机结构,尤其是大马赫数飞行的飞机上。20 世纪 70 年代,飞机材料进入钛合金时代,据统计,一架波音 777 客机使用钛合金材料约 60t,主要应用的部件结构有起落架、垂直尾翼连接部分、导气管、发动机尾部等。最新的 A380 飞机也大量采用钛合金,其钛合金用量占到整机质量的 10%,吊舱的主要结构使用了全钛设计。

进入 21 世纪,复合材料已经在飞机结构材料上占有主导地位。从早期的波音 737、波音 747 上复合材料用量不足 5%,1990 年的空客 A320 复合材料用量占 10%,到如今最新的空中巨无霸 A380 的复合材料占结构质量的 25%,波音 787 的复合材料已用于飞机主承力结构件,在主体结构上(包括机翼和机身)使用了占机身结构质量 50% 以上的复合材料,能够节约 20% 的燃油;2014 年 12 月交付的空客 A350XWB 复合材料结构用量达到 53%,是目前大型民机复合材料结构用量最高的飞机,能够更大程度地提高燃油经济性与减少碳排放量。飞机结构应用复合材料已成为必然的发展趋势,大型飞机结构用的主体材料将用复合材料代替金属材料,复合材料在飞机上使用量已经成为评价飞机技术水平先进程度的一个重要标志。

1.2 复合材料的发展与特性

1.2.1 复合材料的发展历程

材料科学的发展经历了天然材料、无机非金属材料、金属材料、有机合成材料、复合材料 5 个阶段。实际上,在自然界就存在着许多天然的复合物,例如竹子、树木等就是自生长纤维增强复合材料。树木和竹子由纤维素和木质素复合而成,纤维素抗拉强度大但刚度小,比较柔软,而木质素则将众多的纤维素粘接成刚性体。此外,人类的肌肉/骨骼结构也具有同样的复合材料结构原理,骨骼是由硬而脆的磷酸盐和软而韧的蛋白质骨胶组成的复合材料。复合材料最早的原型可追溯到 6000 多年前,中国的祖先曾采用在粘性泥浆中加入稻草制成土坯建造房子,这表明那时人们已经使用到稻草纤维增强粘土性能的复合材料。图 1-2 所示为我国云南建水彝寨土掌房,墙体由土基砖垒砌而成,基砖是将粘土滤水再加入稻草粘合夯打晒干而成。

图 1-2 云南建水彝寨土掌房

复合材料的发展与其制造技术的发展息息相关,复合材料工艺的发展是复合材料发展的重要基础和条件,材料和工艺两者相辅相成、相互推进。通常认为复合材料的发展经历了三个阶段,如图 1-3 所示:第一阶段,以玻璃钢复合材料为代表,1942 年研制成功,20 世纪 60 年代工业化生产;第二阶段,以第二代复合材料——碳纤维增强塑料复合材料为代表,于 20 世纪 60 年代开始研制,70 年代进入提高阶段,80 年代进入推广应用阶段;第三阶段,以纤维增强金属基体或陶瓷基复合材料为代表,具有更加优异的性能,如耐高温性等。

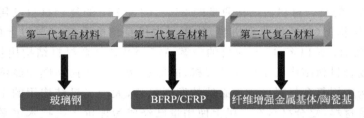

图 1-3　复合材料发展的三个阶段

20 世纪 30 年代末期,由于美国航空通信的需要,发展了玻璃纤维与合成树脂的复合材料。1940 年以手糊成型工艺制成了玻璃纤维增强聚酯的军用飞机雷达罩,这种质轻、承载能力强并具备优良电磁波穿透性制品的出现,受到了各国军方和飞机制造厂家的高度关注。其后不久,美国莱特空军发展中心设计制造了一架以玻璃纤维增强树脂复合材料为机身和机翼的飞机,并于 1944 年 3 月在莱特-帕特空军基地试飞成功。1946 年纤维缠绕成型技术在美国出现,为纤维缠绕压力容器的制造提供了技术储备。1949 年研究成功玻璃纤维预混料并制出了表面光洁,尺寸、形状准确的复合材料模压件。

为了克服手糊制品质地疏松、密度低,严重影响制品强度的缺点,于 1950 年研究成功真空袋和压力袋成型工艺,应用于直升机的螺旋桨制造中。20 世纪 60 年代在美国利用纤维缠绕技术,制造出北极星、土星等大型固体火箭发动机的壳体,为航天技术开辟了轻质高强结构的最佳途径。在此期间,为了改善工人劳动条件,提高手糊工作效率,玻璃纤维-聚酯树脂喷射成型技术得到了应用。喷射成型相比手糊工艺适应性得以提高,制品的质量也获得改善,更重要的是生产效率大为提高,使复合材料成型的手工劳动比例大为下降。

1961 年片状模塑料(sheet molding compound,SMC)在法国问世,利用这种技术可制出大幅面表面光洁,尺寸、形状稳定的制品,如汽车、船的壳体以及卫生洁具等大型制件,从而更扩大了树脂基复合材料的应用领域。

1963 年前后在美、法、日等国先后开发了高产量、大幅宽、连续生产的玻璃纤维复合材料板材生产线,使复合材料制品形成了规模化生产。拉挤成型工艺的研究始于 50 年代,60 年代中期实现了连续化生产,在 70 年代拉挤技术又有了重大突破,近年来发展更快。除圆棒状制品外,还能生产管、箱形、槽形、工字形等复杂截面的型材,并有环向缠绕纤维以增加型材的侧向强度。

20 世纪 70 年代树脂反应注射成型(reaction injection molding,RIM)和增强树脂反应注射成型(reinforced reaction injection molding,RRIM)两种技术研究成功,进一步改善了手糊工艺,使产品两面光洁,现已大量用于卫生洁具和汽车的零件生产。1972 年美国 PPG 公司研究成功热塑性片状模型料成型技术,于 1975 年投入生产,这种复合材料的最大特点是改变了热固性基体复合材料生产周期长、废料不能回收问题,并能充分利用塑料加工的技术和设备,因而发展得很快。制造管状构件的工艺除缠绕成型外,80 年代又发展了离心浇铸成型法,英国曾使用这种工艺生产 10m 长的复合材料电线杆、大口径受外压的管道等。

进入20世纪70年代,人们一方面不断开辟玻纤/树脂基复合材料的新用途,同时为满足更高尖端技术的要求,开发了一批如碳纤维、碳化硅纤维、氧化铝纤维、硼纤维、芳纶纤维、高密度聚乙烯纤维等高性能增强材料,并以高性能树脂、金属与陶瓷为基体,制成先进复合材料(advanced composite materials,ACM)。这种先进复合材料具有比玻璃纤维复合材料更好的性能,是用于飞机、火箭、卫星、飞船等航空航天飞行器的理想材料。针对复合材料制造成本高的缺点,近年来,一些新兴的低成本制造技术如树脂转移成型技术(resin transfer molding,RTM)、热压罐外固化预浸料技术(out-of-autoclave prepreg,OOA)、纤维自动铺带技术等得到快速发展。

1.2.2 复合材料的特性

根据国际标准化组织的定义,复合材料是由两种或两种以上物理和化学性质不同的物质组合而成的一种多相固体材料。复合材料的组分材料虽然保持其相对独立性,但复合材料的性能却不是组分材料性能的简单叠加,而是有着重要的改进。在复合材料中,通常有一相为连续相,称为基体;另一相为分散相,称为增强材料。分散相是以独立的形态分布在整个连续相内部,两相之间存在着相界面。分散相可以是增强纤维,也可以是颗粒状或弥散的填料。

从上述的定义中可以得知,复合材料可以是一个连续物理相与一个连续分散相的复合,也可以是两个或者多个连续相与一个或多个分散相在连续相中的复合,复合后的产物为固体材料才称复合材料,若复合产物为液体或气体就不能称为复合材料。复合材料既可以保持原材料的某些特点,又能发挥组合后的新特征,它可以根据需要进行设计,从而最合理地达到使用要求的性能。

复合材料由两种或两种以上性质不同的材料组合而成,各组分之间性能"取长补短",起到"协同作用",可以得到单一材料无法比拟的优秀综合性能,极大地满足了人类发展对新材料的需求。因此,复合材料是顺应现代科学技术发展、具有强大生命力的材料。

广义复合材料的范围十分广泛:木材是纤维素和木质素的复合物;钢筋和水泥是各种填充剂、砂、石的人工复合材料;塑料、钢筋混凝土一般含有多种材质,也是一类复合材料。狭义的复合材料一般可以理解为纤维增强复合材料(fiber reinforced composite materials)即纤维复合材料(fiber composites)(见图1-4)。

图1-4 复合材料组成示意图

复合材料的分类方法很多,常用的方法是按照基体材料来分类,可分为以下三种。

(1) 聚合物基复合材料(有机高分子基复合材料),通常称为树脂基复合材料、纤维增强塑料。树脂基复合材料又分为热固性复合材料和热塑性复合材料两大类。

(2) 金属基复合材料,主要指晶须、硼纤维、碳化硅纤维和石墨纤维增强铝、钛、镍等复合材料。

(3) 无机非金属材料基复合材料,主要包括陶瓷基复合材料、碳/碳复合材料和无机胶粘剂基复合材料等。

三种复合材料中,以树脂基复合材料用量最大,产量最高,占复合材料总量的90%以上。

先进复合材料是指以碳纤维、芳纶纤维、硼纤维或高性能玻璃纤维为增强材料构成的复合材料,它具有以下几个特性。

1. 比强度和比模量高

比强度=拉伸强度/密度,单位为 $MPa/(g/cm^3)$,比模量=弹性模量/密度,单位为 $GPa/(g/cm^3)$。

与金属材料相比,复合材料具有较高的比强度和比模量。在很多情况下,这两个比值是衡量材料承载能力的一个极为重要的指标。材料的比强度越高,制作同一零件则自重越小;材料的比模量越高,零件的刚度越大。表1-2列出了几种典型材料的比强度和比模量。一般来说,铝合金的比强度和比模量分别为 $0.17MPa/(g/cm^3)$ 和 $0.26GPa/(g/cm^3)$,而碳纤维/环氧树脂复合材料的比强度和比模量分别为 $0.63MPa/(g/cm^3)$ 和 $1.50GPa/(g/cm^3)$。因此,在飞机上采用复合材料结构可以减小飞机质量,相对于铝合金结构,可以减重20%甚至更多。

表1-2 几种典型材料的比强度和比模量

材料名称	比强度/$[MPa/(g/cm^3)]$	比模量/$[GPa/(g/cm^3)]$
钢	0.13	0.27
铝合金	0.17	0.26
玻璃纤维增强聚酯复合材料	0.53	0.21
碳纤维/环氧树脂复合材料	0.63	1.50

2. 具有可设计性

复合材料的突出优点是力学性能可以设计,即可以通过选择合适的原材料和合理的铺层形式,使复合材料构件或复合材料结构满足使用要求。例如,在某种铺层形式下,材料在一个方向受拉而伸长时,在垂直于受拉的方向上也伸长,这与常用材料的性能完全不同。又如利用复合材料的耦合效应,在平板模上铺设制作层板,加温固化后,板就自动成为所需要的曲板或壳体。除了力学设计外,还可以进行功能设计,通过添加不同的助剂,实现不同功能特性,如阻燃、屏蔽、导电等。

3. 复合材料的抗疲劳性能良好

疲劳是材料在循环应力作用下的性能指标。一般金属的疲劳强度为抗拉强度的40%～50%,而某些复合材料可高达70%～80%。复合材料的疲劳断裂是从基体开始,逐渐扩展到纤维和基体的界面上,没有突发性的变化。因此,复合材料在破坏前有预兆,可以及时检查和补救。此外,纤维复合材料还具有较好的抗声振疲劳性能,用复合材料制成的直升机旋翼,其疲劳寿命比金属材料的长数倍。

4. 复合材料的减振性能良好

受力结构的自振频率除与结构本身形状有关外,还与结构材料比模量的平方根成正比。

由于复合材料的比模量高,因此,由复合材料制成的结构件具有较高的自振频率,在通常加载速度和频率条件下不容易出现共振而快速脆断的现象。复合材料中的界面对振动有反射和吸收作用,复合材料的振动阻尼较大,也具有较好的减振性能。用相同形状和大小的两种梁分别做振动试验,碳纤维复合材料梁的振动衰减时间(2.5s)比轻金属梁(9s)要短得多。因此复合材料结构阻尼高,吸振和耐声振疲劳性能强。

5. 复合材料的破损安全性好

在纤维增强复合材料的基体中有成千上万根独立的纤维,当用这种材料制成的构件超载,并有少量纤维断裂时,载荷会迅速重新分配并传递到未破坏的纤维上,因此整个构件不至于在短时间内丧失承载能力。

6. 良好的尺寸稳定性

加入增强相到基体材料中不仅可以提高材料的强度和刚度,而且可以使其热膨胀系数明显下降。通过改变复合材料中增强相的含量,可以调整复合材料的热膨胀系数。例如在石墨纤维增强镁基复合材料中,当石墨纤维的含量达到48%时,复合材料的热膨胀系数为零,即在温度变化时其制品不发生热变形,这对人造卫星构件非常重要。

7. 良好的抗腐蚀、蠕变、冲击和断裂韧性

相对于金属结构,纤维增强聚合物复合材料具有优异的抗腐蚀性能,在苛刻的环境条件下也不容易发生腐蚀,这对于在沿海或海上飞机应用非常重要。此外,由于增强相的加入,复合材料的蠕变、冲击和断裂韧性等性能得到提高,特别是陶瓷基复合材料的脆性得到明显改善。

8. 复合材料的材料与结构的统一性

纤维增强复合材料一般适合于整体成型,因而减少了零部件的数目,减少了连接件也就减少了紧固件孔的数目,从而减少应力集中,最终可减少设计计算工作量并有利于提高计算的准确性。另外,制作纤维增强复合材料部件的步骤是把纤维和基体粘接在一起,先用模具成型,而后加温固化,在制作过程中基体由流体变为固体,不易在材料中造成微小裂纹,而且固化后残余应力很小。

1.3 复合材料在民机结构上的应用

目前,复合材料已经广泛应用到军机和民机上,不但用于操纵面和整流装置,而且也涉及更加复杂的承力区域。复合材料已经不断拓展到大型民机的机体结构设计中,铝合金失去机体主承力结构材料的地位只是时间问题。由于民用运输机更关注安全性和经济性,因此复合材料在民用运输机上的应用相对保守,通常落后于军机。

1.3.1 复合材料在通用飞机上的应用

通用航空是指干线和支线定期航班客货运输以及出租飞机公司经营的空运业务以外的所有民用航空活动。通用航空是民用航空的重要组成部分,通用航空的发展水平是一个国家科学技术发展水平、经济发展水平和人民生活水平高低的重要标志,在社会和经济发展中有着重要地位。随着先进复合材料及其加工技术的快速发展,在通用飞机制造领域,新型飞机开始越来越多地使用先进复合材料。统计表明，2007年通用飞机上复合材料用量在总材料用量中占到了57%的比例。

1974年批量生产的P-68，其机体大部分为金属结构，仅在机翼机身连接处整流罩采用了玻璃纤维增强复合材料。随着材料技术的发展，更多的新材料和新技术被应用，1991年首飞的PC-12来自瑞士派士飞机公司，其T形尾翼采用玻璃纤维增强复合材料，而尾翼的背鳍和腹鳍则采用凯夫拉纤维增强蜂窝板夹层复合材料。"探险家"飞机更是采用先进计算机辅助模型设计和制造技术，可迅速转入批量生产，其机身为半硬壳式结构，由碳纤维复合材料制成的外壳和金属骨架构成。德国格罗布宇航公司制造的Spn Utility Jet，载客9人，空载质量在3630kg以下，航程达3400km，满载情况下起飞跑道要求仅为915m，机身由法国播舍公司提供的机制织物和单向纤维布制成，基体为环氧树脂。

美国西锐设计公司(Cirrus Design Co.)以生产复合材料见长，其生产的SR20、SR22是采用活塞发动机的四座复合材料轻型飞机，机翼悬挂复合材料悬臂式缓冲主支柱，外带整流罩。G120A是德国Grob宇航公司的双座特技飞行飞机，机身整体由碳纤维增强复合材料制成。"小鹰"500飞机是具有我国自主知识产权的轻型多用途飞机，是一种按单驾驶体制、双操纵进行设计的前后两排并列式4～5座飞机，这款飞机的发动机罩、尾锥和座舱部分侧蒙皮采用了玻璃纤维复合材料，如图1-5所示。

(a)

(b)

图1-5　复合材料在小型飞机上的应用
(a) 西锐SR20；(b) "小鹰"500

越来越多的复合材料被用在了繁忙的公务机上(见图1-6)，各国的飞机制造商则纷纷研制新型的全复合材料公务机来抢占未来市场。美国豪客比奇公司的"首相ⅠA"，由于机身为碳纤维蜂窝复合材料结构，除去所有的整体机身框架，蒙皮仅厚20mm，相对于常规制造客舱容积增加13%。亚当公司的超轻型喷气机A700和装备了活塞发动机的A500，飞机大部分由碳纤维增强Nomex蜂窝夹心复合材料制成，部分地方使用了玻璃纤维增强复合材料。塞斯纳700"奖状"是美国塞斯纳飞机公司研制的一种高速远程公务机，其最大马赫数可达0.92，该飞机的整体式机翼蒙皮、所有的操纵面、扰流板和襟翼均由复合材料制成。庞巴迪的全复合材料飞机"里尔85"不仅减小了质量，减少了维修成本，而且可获得更好的气动性能和降噪效果。

直升机的使用已经相当广泛，主要应用领域有旅客运输、海上油井服务、渔业作业、紧急救援、环境监测、城市治安管理、医疗救护等。复合材料在直升机上的应用也相当普遍，见图1-7。现在新型的直升机几乎都采用了复合材料旋翼，机身也多采用复合材料代替部分

图 1-6 复合材料在公务机上的应用
(a) 豪客比奇"首相ⅠA"；(b) 亚当 A700；(c) 塞斯纳 700"奖状"；(d) 庞巴迪"里尔 85"

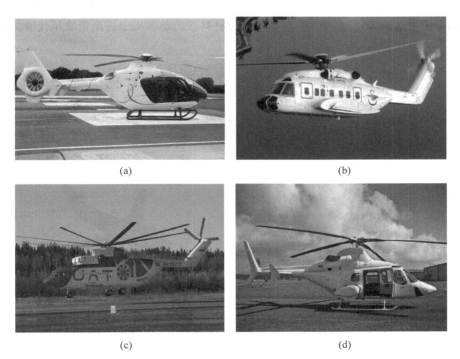

图 1-7 复合材料在直升机中的应用
(a) 欧直 EC135；(b) 西科斯基 S-92；(c) 俄罗斯"米-26"；(d) 德事隆"贝尔 430"

金属材料，比如西科斯基飞机公司的 S-92，4 片桨叶为全复合材料旋翼，桨尖后掠，其机身主要由铝和复合材料制成，复合材料约占 40%。欧洲直升机公司的 EC135，4 片桨叶安装在可控复合材料柔性臂上，机身壳、框、舱门、水平安定面及端板均采用复合材料结构，复合材料大部分是芳纶或碳纤维蜂窝结构。德事隆集团贝尔直升机公司在"贝尔 230"基础上研制的"贝尔 430"采用全复合材料四桨无铰无轴承旋翼系统，旋翼桨叶由不锈钢大梁、前缘包条和玻璃纤维增强复合材料蒙皮组成，在大梁和后缘之间填充 Nomex 蜂窝。在汶川大地震堰塞湖抢险中立下大功的俄罗斯"米-26"直升机，其尾桨由 5 片玻璃钢制桨叶组成。欧洲直升机工业公司的 EH101 使用了 PMI 聚甲基丙烯酰亚胺硬质泡沫填充的直升机旋翼叶片，EH101 还是新美国总统专机"海军一号"的备选机型，该公司的 EC135 和 NH90 也采用了此项技术。另外，NH90 的扭力臂和纵向推力杆的中心凸耳 RTM 工艺成型，使用了来自德国 Heek-Nienborg 的机织织物预成型体，纤维使用日本东丽公司的 T300-12K 碳纤维。

1.3.2　复合材料在大型运输机上的应用

大型客机目前突出强调安全性、经济性、舒适性和环保性，这些性能上的高要求决定了其对复合材料需求的迫切性和必然性。先进复合材料诞生于 20 世纪 60 年代末，大型客机早在 20 世纪 70 年代初就开始了先进复合材料应用的历史进程。图 1-8 给出了复合材料在民机结构上的逐步使用趋势，表明复合材料在民机上的应用范围逐步扩大，从开始的非关键部位（雷达罩、整流罩及口盖、舱门等），到后来的较关键次承力结构（操纵面、尾翼结构），现在已经用于机翼和机身等主承力结构。复合材料的应用部位广泛增加必然导致复合材料在飞机结构上的用量大大增加，图 1-9 给出了复合材料在大型客机上的用量随年代变化的情况。

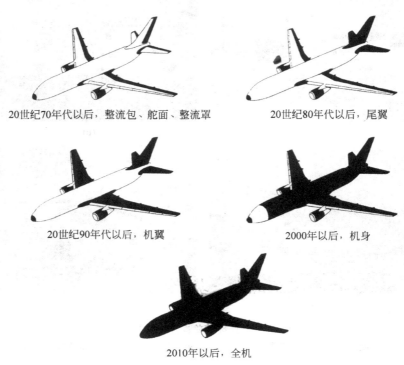

图 1-8　复合材料在民机结构上的逐步使用趋势

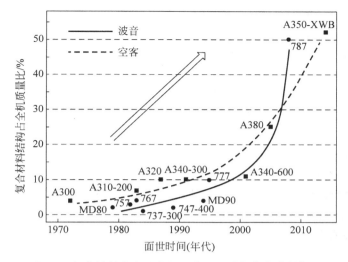

图 1-9 复合材料在大型客机上的用量随年代变化的情况

以美国为例,复合材料在大型民机上的应用大致走过了 4 个阶段,体现了由小到大、由少到多、由弱到强、循序渐进的特点,见表 1-3。

表 1-3 复合材料在大型民机上应用的阶段(美国)

阶 段	受 载 型 式	部 位
第一阶段(20 世纪 70 年代中期)	受力很小构件	前缘、口盖、整流罩、扰流板等
第二阶段(20 世纪 80 年代中期)	受力较小的部件	升降舵、方向舵、襟副翼
第三阶段(20 世纪 90 年代)	受力较大的部件	垂尾、平尾等(波音 777 为典型代表)
第四阶段(21 世纪初)	复杂受力部件	机翼、机身(波音 787 为典型代表)

复合材料在大型民用飞机上应用量的急剧增长主要应归功于其技术的发展和成熟。美国为推进复合材料在大型客机上的应用,多年来曾先后制定过多个发展预研计划,并认真执行,取得了积极的成果,从而为波音 787 等机种大量应用复合材料奠定了坚实的技术基础。

1976—1985 年,NASA 执行了飞机能效(aircraft energy efficiency,ACEE)计划,以复合材料应用为主要内容,为飞机结构减重、节省燃油、增加商载,突破了尾翼级结构复合材料应用。此计划极大地增加了复合材料在商业运输机上的应用范围,复合材料被应用于洛克希德 L-1011 内侧副翼、波音 727 升降舵和麦道 DC-10 的方向舵三个次承力结构及洛克希德 L-1011 垂直安定面翼盒、波音 737 水平安定面翼盒和麦道 DC-10 垂直安定面翼盒三个主承力结构。ACEE 计划获得的经验增加了复合材料在下一代民用运输机上的应用,如波音 757 和波音 767。

20 世纪 80 年代后期 NASA 实施了先进复合材料飞机结构计划(advanced technology composite aircraft structure,ATCAS)。1988—1998 年,NASA 主持实施了先进复合材料技术(advanced composite technology,ACT)计划,目的在于突破高损伤容限复合材料主承力结构设计、制造和应用的关键技术,并降低成本,为民机机翼、机身大量应用复合材料提供技术支持。美国通过实施 ACT 计划,目前已经开发出树脂转移模塑成形(resin transfer molding,RTM)、树脂膜渗透成形(resin film infusion,RFI)、真空辅助成形工艺(vacuum assisted resin infusion,VARI)、纤维铺放/缠绕、拉挤成型、自动铺放和大丝束纤维等低成本制造技术。

该计划的另一个重要成果是波音 777 尾翼第一次采用中模量碳纤维/增韧环氧复合材料作为主结构,除了客舱地板、整流罩外,在垂直和水平尾翼上也采用了碳纤维增强型树脂材料,复合材料的用量达到 10%。

复合材料在飞机结构上扩大应用的主要障碍是成本高昂,特别是制造成本。为此,以美国为首的西方发达国家纷纷制定了低成本复合材料计划,复合材料的低成本化已成为当今世界上复合材料技术发展研究的核心问题。美国国防部联合 NASA、FAA 和工业界共同发起并制定了低成本复合材料(composite affordability initiative,CAI)计划,该计划从 1996 年至 2007 年共分 4 个阶段执行,取得了巨大的成功。CAI 的目标是降低成本 50%,其核心是共同努力创造一个设计/制造上示范性的转变,最终降低复合材料单位质量的成本数。为此发展了以自动铺放技术(含自动铺带技术(automatic tape-laying,ATL)和自动纤维铺放技术(automated fiber placement,AFP))为核心的自动化制造技术,同时大力发展了以共固化/共胶接为核心的大面积整体成形技术,这使得波音 787 实现了复合材料与金属零件数比为 1∶19 的可喜成果。

在增强材料方面,玻璃纤维复合材料是首先应用于飞机上的复合材料。因为玻璃纤维增强复合材料具有较高的比强度,能被无线电波和雷达波透过,制造上又易于形成复杂的外形轮廓,所以这种复合材料首先在飞机上用于制作雷达罩和无线电天线罩,波音 737-300 的雷达罩就采用了玻璃纤维复合材料结构。相比玻璃纤维,碳纤维复合材料的优异性能是密度低,强度高,弹性模量高,并且热膨胀系数小,能忍受多种介质的腐蚀,它是一种理想的纤维增强材料,在民用飞机结构上得到广泛应用。然而碳纤维制造成本高,为了降低成本,一些飞机采用了混杂纤维增强复合材料。混杂纤维增强复合材料是由两种或两种以上纤维作为增强体的复合材料,它既能保持单一纤维复合材料的优势,又表现出一些独特优势。如玻璃纤维抗拉强度和弹性模量相对较低,而延伸率高,价格低;碳纤维抗拉强度和弹性模量高,延伸率低,抗冲击性能和断裂韧性较差;芳纶纤维可以提高复合材料的断裂韧性。如果将玻璃纤维和碳纤维混合,则具有较好的综合力学性能,又可降低成本。图 1-10 显示了各种纤维增强复合材料在波音 737-300 上的应用情况。

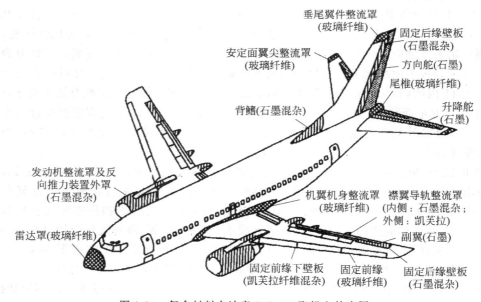

图 1-10 复合材料在波音 737-300 飞机上的应用

从复合材料结构类型上看,复合材料主要是以蜂窝结构形式应用在飞机上。例如,波音767飞机的方向舵采用了碳纤维复合材料面板的蜂窝结构。当然,在有些飞机上还继续采用金属面板的蜂窝结构。例如波音767飞机外襟翼的上、下壁板就采用了铝合金面板的蜂窝结构,而襟翼的前缘和后缘采用凯芙拉(kevlar)复合材料面板蜂窝结构。此外,这种复合材料也应用于民用飞机的内部结构上,如波音767飞机的地板就采用了玻璃纤维/环氧树脂面板蜂窝夹芯结构,见图1-11。

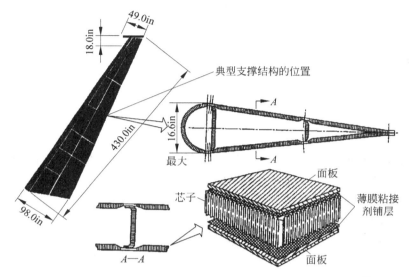

图1-11 波音767飞机方向舵-碳纤维复合材料面板蜂窝结构[①]

大量采用复合材料是波音787能够在设计、经济性、制造技术、维修技术等各个方面全面取得重要进步的关键。外界曾经夸张地报道说波音787是全复合材料飞机。实际上,波音787的机体结构大约有50%由复合材料制造,其中45%为碳纤维复合材料,5%为玻璃纤维复合材料(见图1-12)。对比20世纪90年代生产的波音777,后者只有10%的结构部件由复合材料制造,包括7%的碳纤维和3%的玻璃纤维复合材料。复合材料的采用大大提高了波音787机体结构的抗裂纹扩展能力,并使检查变得更容易,通常只要用肉眼没有发现破坏,就不必进行修理。复合材料的耐久性也使波音787的外场维护间隔时间达到1000h,而波音767和空客330分别只有500h和700h。同样,波音787的D检时间也从波音767和空客330的服役后6年推迟到12年。由于大量复合材料的应用,使波音787的结构质量比通常采用铝合金结构的减轻了4500kg。相对波音777,波音787的维修费用比目前运营中的同级飞机低32%,燃油消耗的降低大约占总燃油消耗降低量20%中的3%。

另外,大量采用复合材料机体结构的优点还包括:①能够使波音787客舱的窗子尺寸比目前商用飞机的增大30%,达到高约48cm(19.0in)和宽约28cm(11.0in),这个数据意味着,如果一位身高为1.9m的乘客坐在靠窗的座椅上,他的水平视界将不再是客舱的壁板,而是窗外的蓝天;②由于复合材料结构有比铝合金结构更好的抗疲劳和腐蚀特性,还有利

---

① 1in=25.4mm。

于提高客舱的压力和温度,给予旅客更加舒适的空中旅行享受,波音787客舱的巡航气压高度从传统飞机客舱内的2400m降至1800m。

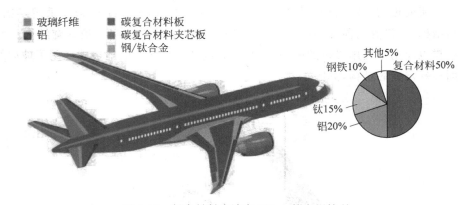

图 1-12 复合材料在波音787上的应用情况

和美国相似,欧洲的空客于20世纪70年代中期开始了复合材料应用的进程,它是首家在大型民用飞机上广泛采用复合材料的飞机制造商。A310是率先采用复合材料垂尾盒的民用飞机,A320是率先采用全复合材料尾翼的飞机,A340-500/600是率先采用碳纤维增强型复合材料(CFRP)大梁和后压力隔框的机型。A320、A330、A340等机种上均大量使用了复合材料,把复合材料的用量推广到15%左右,最新的A350XWB复合材料的使用量达53%(见表1-4)。这些成果应归功于欧洲著名的机身机翼复合材料(technology application to the near-term goals and objectives,TANGO)计划,该计划为期4年,由欧洲12国共34个部门联合发起,目标是减重20%、降低成本20%,为此共选用4个大型验证平台,其中包括中央翼、外翼和两个机身段验证平台,采用不同的技术途径设计、制造和验证,通过竞争达到高质量、低成本,其成果已用到A380及其他机种上。接着欧洲又启动了先进和低成本的机体结构(advanced low cost aircraft structure,ALCAS)计划,主要为发展大型民机复合材料机身服务,目标是减重30%,降低成本20%,为此要发展更先进的飞机设计理念和制造方法。

表 1-4 复合材料在空客各机型上的应用情况

机 型	复合材料用量/%	应 用 部 位
A310-300	5	垂尾、方向舵、升降舵+扰流板+副翼+短舱+前起落架舱门+整流罩(如雷达罩、机翼/机体整流罩)+机翼后缘检查口盖+尾翼前后缘检查口盖+吊架整流罩
A320	10	以上各项+水平尾翼面板+襟翼+主起落架舱门+机覆整流罩(替代机翼/机体整流罩)
A330/A340	10	以上各项+水平安定面油箱
A340-500/600	11.5	以上各项+后压力隔框(增压)+龙骨梁
A380	25	以上各项+后机身+尾锥+横梁+中央翼盒+机肋+襟翼轨道+首次在民用飞机上机体壳采用GLARE
A400M	35	以上各项+货舱门+外翼盒(蒙皮+桁条)
A350 XWB	53	以上各项+外翼底部+机体蒙皮+隔框

过去的40年中,空客也在不断将复合材料技术应用到飞机结构中,并积累了很多复合材料使用的成功经验。A380是空客第一次大范围在大型民用运输机上应用复合材料的飞机,A380的中央翼盒主要由碳纤维增强型复合材料制造,比先进的铝合金可以减少1.5t的质量,同时也采用了迄今世界上最大的复合材料后机身段。空中客车A380在更大范围内采用了复合材料,引入了许多新的系统和工业工艺技术,复合材料在该机型的占比约为25%,其中22%为碳纤维增强塑料(carbon fiber reinforced plastics,CFRP),3%为首次用于民用飞机的玻璃纤维增强铝材料(glass laminate aluminum reinforced epoxy,GLARE)。与传统铝材料相比,GLARE材料质量小、强度高、抗疲劳特性好,维修性能和使用寿命也得到大大改善,不需要特别的加工工艺。图1-13展示了A380的复合材料应用分布情况,GLARE用于A380飞机的上机身蒙皮。采用GLARE工艺技术可以实现局部增强,并且厚度变化可以通过一次固化实现,这种制造方法相对于铝合金壁板可以增加机身宽度,从而减少了纵向壁板连接点。在机身上应用GLARE材料主要是由于其断裂机械性能好,能够显著提高抗裂纹增长能力。此外,A380还首次在后压力舱后部的后机身采用了复合材料。

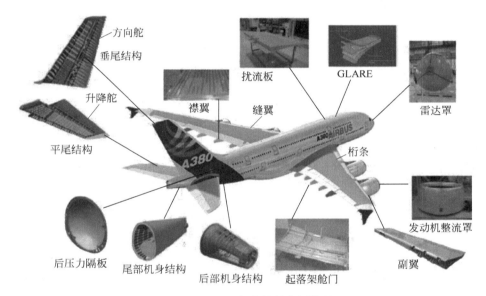

图1-13　A380复合材料应用情况

为迎接波音787复合材料技术的挑战,空客开启了新型超宽体客机A350XWB研制计划,该机因面临波音787的严重竞争,结构选材方案先后经6次修改,主要是复合材料用量和机身复合材料应用问题,最终成型设计方案的复合材料用量达到53%(见图1-14),甚至超过了波音787复合材料50%用量的水平,并表示要重新评估复合材料机身的价值。A350XWB机身采用"壁板化"方案,不同于波音飞机完整机身的筒段设计,机身由前、中、后三段组成,每段由四块壁板与框架支承结构组成。这种三段式的好处是可以避免在机身受力大的部位之间进行对接,从而减少对接的复杂程度。四块式壁板设计改善了铺层及加强件的布局,易于加工制造,还能根据结构受力情况进行优化(见图1-15)。

钛	铝/锂合金	复合材料		
		机身	机翼	尾翼
发动机吊挂	翼肋	骨架后机身	桁条	平尾
加强件	起落架舱	机腹大梁	肋	垂尾
起落架	地板梁	蒙皮	蒙皮	
		后机身		

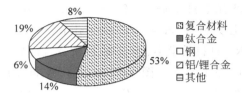

图 1-14 A350XWB 结构选材布局

彩图 1-15

图 1-15 A350XWB 上复合材料的使用情况

1.4 复合材料结构维修的紧迫性

民机大量使用复合材料的实际情况，直接导致当前对高效可靠的民机复合材料结构先进维修技术的迫切需求。飞机在服役过程中不可避免地会因意外冲击、鸟撞、冰雹等载荷作用造成复合材料结构损伤，这些损伤会大大降低结构的承载能力。由于复合材料的非均质、各向异性等特点导致复合材料与传统金属材料性能差异很大，因此民机复合材料结构的损伤检测与损伤评估，维修原理、方法及工艺，维修工具与设备，维修效果验证与评估等各个方面都与传统的金属结构有所不同，结构维修的适航审定也更加复杂。阻碍复合材料在民用飞机上进一步扩大应用的主要障碍之一是复合材料的维修问题，包括维修方法、维修成本、维修材料供应和储存、维修技术验证与适航验证等均未形成标准化体系。

欧美等先进国家和地区在民机复合材料维修领域技术领先。在过去的40多年中，伴随着民机复合材料结构的设计、制造与使用，复合材料结构维修所涉及的基础理论、关键技术以及适航验证等受到欧美适航管理部门、民机工业部门及相关行业协会的充分重视，对其进行了系统、深入的研究，形成了相应的技术规范与标准。这些先进的基础理论与技术成果针对面向维修的设计（design for maintenance）、结构损伤容限、复合材料全寿命管理、安全与适航等民用飞机复合材料结构维修的特殊要求，研究成果在波音和空客飞机的飞机修理手册（AMM）、结构修理手册（SRM）及部件修理手册（CMM）等核心技术资料中均有体现，在民机复合材料结构的维修实践中发挥了巨大的技术支撑和指导作用。当前，欧美等先进国家和地区在民机复合材料维修基础理论和关键技术领域继续快速发展，并针对现有及潜在的竞争对手采取各种限制和封锁措施，以保持其领先优势。尽管欧美在民机复合材料维修领域已经积累了很好的经验，但是与成熟的民机金属结构维修技术相比，民机复合材料结构维修技术目前仍旧处在发展阶段，在高效/高可靠性维修设计方法、维修材料和工艺的全面标准化、新型维修工艺、维修验证技术和维修人员培训等方面还存在极大的不足，很多关键问题多年来仍没有得到全面、彻底的解决。因此，欧美适航管理部门（FAA 和 EASA）对民机复合材料的应用与维修一直保持极高的关注度。2011 年美国政府问责局（Government Accountability Office，GAO）公布了对第一架使用碳纤维复合材料代替金属材料制造的客机——波音 787 的审查报告。该审查报告认为存在四个问题：有关飞机复合结构的活动状态的信息不足；该材料独特性所牵涉的技术问题；维修的标准制定问题；相关人员培训和维修中心增设问题。GAO 报告认为，随着飞机正式进入服务，美国联邦航空局（FAA）需要培训更多懂得处理复合材料的人员，并认证建立更多新机型的维修中心。

我国民航现役飞机中，国产民机数量很少且基本都是全金属飞机，复合材料用量几乎为零。因此，长期以来基本没有考虑复合材料结构在国产民机上应用所带来的后期维修问题。中国民航大部分现役飞机都由空客、波音为代表的国外航空工业公司制造，并由国外制造厂家制定维修标准和维修方案，复合材料结构维修的核心技术长期被国外垄断。国内航空公司和维修厂尽管积累了丰富的民机复合材料结构维修操作经验，但民机复合材料结构维修理论基础及关键技术储备相对薄弱。在国产军机的复合材料维修领域，从 20 世纪 80 年代中期以来，国内航空工业部门开展了一些研究工作，获得了一定的技术积累和经验。例如："七五"和"八五"期间，北京航空材料研究院等开展了复合材料结构缺陷损伤影响、无损探伤修理方法和修理工艺等的探索性研究；"九五"期间，沈阳飞机设计所等针对军机复合材料结构的维修需求，从修理方法入手，对层合板和蜂窝夹层结构的挖补、贴补修理技术以及层合板冲击损伤的注射修理进行了研究，编写出版了《复合材料结构修理指南》，进行了修补效果的实验验证与表征等方面的系列研究等。总体而言，这些研究主要针对某些国产军机型号的复合材料结构件，关注相关维修材料和维修操作工艺，停留在对国外维修技术的跟踪和消化层面，先进高效的维修设计理论和方法研究不足且维修验证不全。目前，国内基本上没有从复合材料结构维修设计、维修工艺、维修验证方法体系、维修适航标准等方面进行基础理论与关键技术的系统研究和开发，无成熟的维修设计软件及结构修理手册，复合材料维修材料方面的技术标准或规范尚未建立，维修材料的性能和来源有待改善。

纵观国内外，对飞机复合材料结构进行修理，对于保证其在使用寿命期内的正常使用、恢复损伤结构的使用功能和完整性是十分必要和重要的。复合材料机体结构设计和制造技术日臻成熟，与之相应的复合材料结构的修理技术升级却相对匮乏，这势必会影响飞机的出勤率和航线营运。一方面，随着现代飞机复合材料结构应用比例的增大和现役采用复合材料的飞机使用寿命的延长,将来复合材料结构飞机会面临与现在许多老龄金属结构飞机类似的大量的修理任务;另一方面,现代飞机复合材料结构设计正朝着整体化的方向发展,直接更换受损复合材料结构件不再是一个经济的选择,复合材料结构的一体化趋势也对结构损伤修理提出很大的挑战。因此,全面开发复合材料结构修理技术的需求日益迫切,复合材料结构修理与评估技术逐渐成为复合材料技术的重要研究内容之一,对提高飞机结构的维护性和降低运营成本具有重要意义。

第 2 章 飞机复合材料结构的原材料

复合材料主要由基体材料、增强材料和助剂组成。当前用于飞机结构材料的复合材料是由各种不同的增强材料与相容的基体组合而成的一种新材料,具有优良的结构与性能。纤维增强复合材料(fiber reinforced polymer,FRP)是由增强纤维材料,如玻璃纤维、碳纤维、芳纶纤维、超高分子量聚乙烯纤维等,与基体材料经过缠绕、模压或拉挤等成型工艺而形成的复合材料,见图 2-1。根据增强材料的不同,常见的纤维增强复合材料分为玻璃纤维增强复合材料(GFRP)、碳纤维增强复合材料(CFRP)及芳纶纤维增强复合材料(AFRP)。纤维增强复合材料的性能与纤维的成分、结构、取向、结晶、长度和形状等相关,并受到基体所用材料的结构与性能影响,此外还取决于纤维与基体的结合质量。

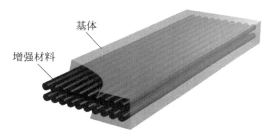

图 2-1　纤维增强复合材料的基本组成

2.1　基体材料

复合材料基体材料即复合材料中作为连续相的材料,主要有聚合物基体、金属基体和无机非金属基体等类型。在复合材料中基体的作用主要包括:①通过界面将纤维敛集粘附在一起,以形成复合材料。②分配纤维间的载荷。基体材料以剪应力的形式向纤维传递载荷,支撑增强纤维的受力,并在承受压缩载荷时防止由于纤维微屈曲造成过早的破坏。③对纤维的保护。基体还像隔膜一样将纤维彼此隔开,即使个别纤维断裂,裂纹也不会迅速从一根纤维扩展到其他纤维,起一定的保护作用。此外,基体将纤维按一定的排列规则胶接在一起,使纤维免受环境影响。复合材料的韧性、损伤容限、耐冲击、耐磨损和环境耐受能力等主要取决于基体。复合材料的横向拉伸性能、压缩性能、剪切性能、耐热性能、耐湿性、氧化稳定性和耐介质性能等也与基体有着密切关系,因此,研究和了解基体材料的组成、结构、性能与作用十分重要。

聚合物基体包括热固性树脂和热塑性树脂,前者形成热固性复合材料,后者形成热塑性复合材料。航空航天用复合材料目前以热固性居多。热塑性复合材料有更好的耐温性能和韧性,便于整体成型和加工,但成型温度高,生产成本高,发展应用受到一定限制。

热固性聚合物包括聚酯、环氧、酚醛、乙烯基酯、双马来酰亚胺、聚酰亚胺树脂等。热固性聚合物通常为分子量较小的液态或固态预聚体，经加热或加固化剂发生交联化学反应并经过凝胶化和固化阶段后，形成不溶、不熔的三维网状体型高分子，如图2-2（c）所示。固化过程是不可逆的，只能成型一次，再加热时不能熔融塑化，也不溶于溶剂。热固性树脂在初始阶段流动性很好，容易浸透增强体，同时工艺过程比较容易控制，几乎适合于各种类型的增强体。通常先制成预浸料，使浸入增强体的树脂处于半凝固状态，在低温保存条件下限制其固化反应，并在一定期间内进行加工。各种热固性树脂的固化反应机理不同，根据使用要求的差异，固化条件也有很大的差异。一般的固化条件有室温固化、中温固化（120℃左右）和高温固化（170℃以上）。这类高分子通常为无定型结构，具有耐热性好，刚度大，电性能、加工性能和尺寸稳定性好等优点。

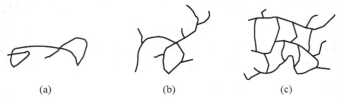

图 2-2 热塑性和热固性聚合物的形态特征
(a) 线型；(b) 支链型；(c) 体型

热塑性聚合物包括各种通用塑料（聚丙烯、聚氯乙烯等）、工程塑料（尼龙、聚碳酸酯等）和特种耐高温聚合物（聚酰胺、聚醚砜、聚醚醚酮等）。热塑性聚合物是一类线型或有支链的固态高分子，如图2-2（a）、（b）所示，可溶可熔，能反复加热熔化，在软化或流动状态下成型，冷却后能保持模具形状。这类聚合物必须与增强体制成连续的片（布）、带状和粒状预浸料，才能进一步加工成各种复合材料构件。热塑性聚合物分为非晶（或无定形）和结晶两种，通常结晶度在20%～85%之间，具有质轻，比强度高，电绝缘，化学稳定性、耐磨润滑性好，生产效率高等优点。与热固性聚合物相比，它具有明显的力学松弛现象，在外力作用下形变大，具有相当大的断裂延伸率，抗冲击性能较好。

决定聚合物强度的主要因素是分子内和分子之间的作用力。聚合物的破坏主要是聚合物主链上化学键的断裂或聚合物分子链之间相互作用的破坏。高聚物的力学性能受温度与加载速度（时间）的影响较大，见图2-3。

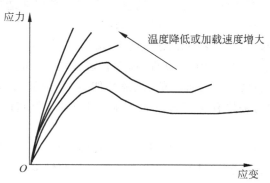

图 2-3 温度及加载速度对高聚物力学性能的影响

高聚物在加温过程中会出现图 2-4 所示的特征。玻璃化温度(T_g)是指非结晶型或半结晶型的高聚物从粘流态或高弹态(橡胶态)向玻璃态转变(或相反转变)的温度,它是高聚物的最高使用温度。流动温度(T_f 或 T_m)是指从高弹态向粘流态转变(或相反转变)的温度,它是高聚物的最低成型温度。热分解温度(T_d)是指聚合物在高温下开始发生分解的温度。在 T_g 以下,为硬而脆或硬而韧的固体(玻璃态)。在 T_g 附近,非晶高聚物转变成软而有弹性的橡胶态;半晶高聚物转变成软而韧的皮革态;热塑高聚物的 T_g 基本固定;热固高聚物的 T_g 随其交联度的增加而增加,当交联度很高时,达到 T_g 后无明显的软化现象。

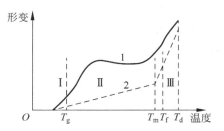

图 2-4 热塑性聚合物状态与温度的关系
1—非晶态聚合物的温度-形变曲线;
2—结晶态聚合物的温度-形变曲线

2.1.1 热固性树脂基体

1. 环氧树脂

分子中含有两个或两个以上活性环氧基团($\begin{smallmatrix}-CH-CH-\\ \diagdown\!\!\diagup\\ O\end{smallmatrix}$)的高聚物统称环氧树脂。按原料组分来分,有双酚型环氧树脂、非双酚型环氧树脂及脂肪族环氧化合物和脂环族等新型环氧树脂。环氧树脂是最常见的高性能复合材料基体材料和胶粘剂材料,包括强度、粘接性、收缩性和工艺适用性在内的综合性能十分优异。在航空航天工业上主要应用两种环氧树脂体系:双酚 A 二缩水甘油醚(DGEBA)和四缩水甘油亚甲基二苯胺(TGMDA)。

环氧树脂的分子结构是以分子链中含有活泼的环氧基团为其特征,环氧基团可以位于分子链的末端、中间或成环状结构。由于分子链中含有活泼的环氧基团,使它们可与多种类型的固化剂发生交联反应而形成不溶、不熔的具有三维网状结构的高聚物。

环氧树脂中所含环氧基的多少,可用环氧值(每 100g 树脂中所含环氧基克当量数)与环氧当量(相当于 1g 当量环氧基的树脂的质量)表示。环氧值=环氧当量数/100,它们是估算固化剂用量所必需的。

环氧树脂是线型结构,必须加入第二组分(固化剂)使它变为不溶、不熔的网状结构才有用途。无论是作粘接剂、涂料、浇注料都需添加固化剂,否则环氧树脂不能固化。环氧树脂的固化依赖于环氧乙烷环的打开及其与固化剂的交联。固化速度和固化后树脂的性能在很大程度上取决于固化剂的化学结构,按固化工艺可分为三大类:①含有活泼氢的化合物,它仍在固化时发生加成聚合反应;②离子型引发剂,它可分为阴离子和阳离子;③交联剂,它能与双酚 A 型环氧树脂的氢氧基进行交联。常用的固化剂包括脂肪族、芳香族胺类、酰胺基胺类、有机多元酸、酸酐或催化型固化剂等。

环氧树脂的基本特点为:①固化收缩率低,仅 1%~3%;②固化压力低,基本无挥发分;③粘接性能优异;④固化后的树脂具有良好的力学性能、耐化学药品性能和电绝缘性能;⑤电性能好;⑥价格较高;⑦固化后树脂一般较脆。

为了改进环氧树脂的工艺性能和固化产物的力学性能以及降低成本,往往还需要在树脂体系中加入除固化剂以外的其他辅助剂,如稀释剂、增塑剂及增韧剂等。由于环氧树脂的粘度较大,在某些应用中操作工艺性差,且该类树脂的固化物韧性并不太高,因此,需要在固化体系中加入增韧剂来提高固化物的韧性；加入稀释剂来降低粘度，延长存储期和适用期，减少放热和减小收缩，改善操作工艺性能。稀释剂分为惰性和活性两类；活性稀释剂不仅起稀释作用，而且参与固化反应，常用的活性稀释剂有丁基缩水甘油醚、甲苯缩水甘油醚、苯基缩水甘油醚、脂肪醇缩水甘油醚、二缩水甘油醚等；惰性稀释剂有苯二甲酸二辛酯、二甲苯等。增韧剂同样分为惰性和活性两类；活性增韧剂由于分子链上含有活性基团能参与固化反应而成为交联体系中的一个组成部分，常用活性增韧剂有聚硫橡胶、聚酰胺树脂等；惰性增韧剂有苯二甲酸二甲酯、苯二甲酸二乙酯等。

用于航空航天等高技术领域的先进复合材料需要具有良好的耐热性，如何提高耐热性是开发高性能环氧树脂的研究热点。目前常用的方法有合成多官能度环氧树脂、在环氧骨架中引入萘环等刚性基团以及环氧树脂与其他耐热性树脂如双马来酰亚胺树脂混用等。在环氧树脂分子主链或侧基上引入硅氧烷，对提高树脂的耐热性也有一定效果。例如，用含羟基或烷氧基的聚甲基硅氧烷作改性剂，所得改性环氧树脂的热分解温度提高约100℃，吸水率降低，耐腐蚀性显著增强。

提高环氧树脂的韧性也是研究热点之一。增韧的主要途径有使用增韧剂、改进固化剂、有机硅及橡胶改性、聚合物结构柔性化等。显然，单纯通过环氧树脂的分子设计很难使耐热性和强韧性同时提高，即环氧树脂增韧的同时往往给耐热性带来不良影响。随着高分子相容性理论与技术的进步，现在已经能够控制环氧树脂与热塑性树脂共混物的相界面形态，这样就可能利用高分子共混技术来改进环氧树脂的脆性，提高固化产物的韧性和粘接强度。

2. 酚醛树脂

用酚类化合物与醛类化合物缩聚而成的树脂统称为酚醛树脂。以苯酚和甲醛为原料进行反应制成的酚醛树脂最为重要，也是最早（1910年）实现工业化生产的热固性树脂。通过控制原料苯酚和甲醛的物质的量比以及反应体系的pH值，可以合成两种性质不同的酚醛树脂：含有羟甲基结构、可以自固化的热固性酚醛树脂，酚基与亚甲基连接、不带羟甲基反应官能团的热塑性酚醛树脂。

酚醛树脂呈淡黄色或棕色，固化后为硬、强而脆的材料。它的热稳定性好，340℃以上才会有分解产物产生。在高温氧化条件下，酚醛树脂很快碳化并形成多孔碳层，多孔碳层烧尽的速度缓慢，因而能起到保护内部材料的作用。酚醛树脂还具有原料来源广泛、价格低廉、耐腐蚀、吸水率低、电绝缘性好、尺寸稳定性强等特点，在航空工业上主要用于飞机内饰件。然而，酚醛树脂在固化时会释放出挥发性副产物，为避免形成疏松的泡沫状，对树脂固化物需要施加较大的成型压力，给制作大型构件增加了难度。近年来，试制出的低压酚醛树脂能在较低压力下成型，为进一步扩大酚醛树脂的应用提供了条件。酚醛树脂虽然应用较早，但其改性的潜力很大，仍有广阔的开发前景。

3. 双马来酰亚胺树脂

双马来酰亚胺树脂是由聚酰亚胺树脂体系派生的另一类树脂体系，是以马来酰亚胺为活性端基的双官能团化合物，有与环氧树脂相近的流动性和可模塑性，可用与环氧树脂类同的一般方法进行加工成型，克服了环氧树脂耐热性相对较低的缺点，因此，近20年来被广泛应用于航空、航天领域中，作为复合材料的树脂基体、耐高温绝缘材料和胶粘剂等。双马来酰亚胺是耐高温的树脂基体，其最高使用温度可达260℃，可以制作成具有高温要求的复合材料部件。此类树脂具有良好的力学性能,良好的化学稳定性、电绝缘性、透波性、耐火性、阻燃性、耐辐射性能、尺寸稳定性。与环氧树脂相比,双马来酰亚胺树脂工艺性能较差,如室温下的粘性差,而且固化成形时需要较高的温度和压力(180℃开始固化,并要求200~230℃后处理;固化时间长达6小时以上),储存期短(室温下储存期为15~21天);高交联密度而导致本身易碎的特性;双马来酰亚胺树脂基复合材料易发生分层。目前,应用在飞机结构上的双马树脂基复合材料大多数都经过改性,使其增加韧性并改善其工艺性能,但同时其使用温度也有所下降。

4. 热固性聚酰亚胺树脂

聚酰亚胺树脂是主链含杂环结构的聚合物。其典型反应是芳香二酸酐与芳香二胺生成聚酰胺酸,在热作用下酰胺脱水形成聚酰亚胺。在目前应用的各种树脂中,热固性聚酰亚胺树脂的耐高温性能最好,具有"耐高温树脂"之称。热固性聚酰亚胺树脂可在250~300℃下长期使用,350℃下短期使用,耐高温、耐辐射、电性能好,但其成形温度和压力高、韧性差、质脆,给构件成形带来困难。聚酰亚胺复合材料适合制作耐热的结构材料,如发动机尾喷口区域和热端零件。

2.1.2 热塑性树脂基体

1. 聚醚醚酮

聚醚醚酮树脂是20世纪70年代末由英国原ICI公司开发的,自问世以来,一直被作为一种重要的战略性国防军工材料,许多国家均限制出口。

聚醚醚酮是在主链结构中含有一个酮键和两个醚键的重复单元所构成的高聚物,属特种高分子材料,具有耐高温、耐化学药品腐蚀等物理化学性能。聚醚醚酮是一种半结晶型热塑性树脂,其玻璃化转变温度为143℃,熔点为334℃,软化点为168℃,结晶度一般为20%~40%,最大结晶度为48%,拉伸强度为132~148MPa,可用作耐高温结构材料和电绝缘材料,可与玻璃纤维或碳纤维复合制备增强材料。聚醚醚酮在空气中的热分解温度为650℃,加工温度为370~420℃,室温弹性模量与环氧树脂相当,强度优于环氧树脂,断裂韧性极高,具有优秀的阻燃性。聚醚醚酮基复合材料可在250℃温度下长期使用。

聚醚醚酮树脂最早在航空航天领域获得应用,由于其耐高温、自润滑、耐水解、耐腐蚀、耐磨损、抗疲劳和阻燃性能好,因此可替代铝和其他金属材料,加工成飞机的内/外部件及各种零部件。

2. 聚苯硫醚

聚苯硫醚(PPS)全称为聚苯基硫醚,是分子主链中带有苯硫基的热塑性树脂,它是一种结晶性的聚合物。未经拉伸的纤维具有较大的无定形区(结晶度约为5%),在125℃时发生结晶放热,玻璃化温度为150℃,熔点为281℃,可长期耐热至240℃。纤维在拉伸过程中产生部分结晶(增加至30%),如在130~230℃温度下对拉伸纤维进行热处理,可使结晶度增加到60%~80%。因此,拉伸后的纤维没有明显的玻璃化转变或结晶的放热现象,其熔点为284℃。随着拉伸热定形后结晶度的提高,纤维的密度也相应增大,由拉伸前的1.33g/cm^{3}到拉伸后的1.34g/cm^3,经热处理后则可达1.38g/cm^3。

聚苯硫醚是一种综合性能优异的特种工程塑料,具有机械强度高、耐高温、耐化学腐蚀、难燃、热稳定性好、电性能优良、尺寸稳定性好、耐辐射性好等优点,被广泛用作结构性高分子材料,通过填充、改性后广泛用作特种工程塑料。同时,还可制成各种功能性的薄膜、涂层和复合材料,在航空航天领域获得应用。

3. 聚醚砜

聚醚砜树脂(PES)是英国 ICI 公司于 1972 年开发的一种综合性能优异的热塑性高分子材料,是得到应用的为数不多的特种工程塑料之一。其玻璃化温度 225℃,热变形温度 203℃;耐热性介于聚砜和聚芳砜之间,长期使用温度 180~200℃;耐老化性能优异,在 180℃使用时间可达 20 年;耐燃性好,即使燃烧也不发烟;耐蠕变性好,在 150℃和 20MPa 压力下的应变只有 2.55%;该材料无毒,具有优良的耐热性能、物理机械性能、绝缘性能、尺寸稳定性等;耐腐蚀,特别是可以在高温下连续使用和在温度急剧变化的环境中仍能保持性能稳定等,在飞机上可用作窗框、热风通风管道、卫生间的内装饰材料。

4. 热塑性聚酰亚胺

热塑性聚酰亚胺(TPI)是在传统的热固性聚酰亚胺(PI)的基础上发展起来的,聚酰亚胺(PI)是指大分子主链中含有亚胺基团的一类杂环聚合物,是综合性能最佳的有机高分子材料之一。为克服热固性 PI 不溶、不熔,难加工成型的缺陷,并保持其良好性能,美国通用电气公司(GE)早在 20 世纪 70 年代就开始研发热塑性聚酰亚胺,并于 1982 年实现了商业化。TPI 具有抗腐蚀、抗疲劳、耐磨损、耐冲击、密度小、噪声低、使用寿命长等特点以及优良的高低温性能长期在-269~280℃下变形很小;热分解温度最高可达 600℃,是迄今聚合物中热稳定性最高的品种之一。它已被广泛应用于航天航空领域,被称为"解决问题的能手"和"黄金塑料",但是加工成型困难和制造成本高一直是制约其快速发展的两个关键因素。

2.2 增强材料

在复合材料中,凡是能提高基体材料力学性能的物质均称为增强材料。增强材料可以是纤维及其织物、晶须、颗粒或薄片(见图 2-5)。增强材料不仅能使材料具有较高的抗拉强度和刚度,而且能减少收缩,提高热变形温度和低温冲击强度等。复合材料的性能很大程度上取决于增强材料的性能、含量及使用状态。如聚苯乙烯塑料,加入玻璃纤维后,拉伸强度可从 600MPa 提高到 1000MPa,弹性模量可从 3000MPa 提高到 8000MPa,其热变形温度可从 85℃提高到 105℃,可使-40℃下的冲击强度提高 10 倍。增强材料在复合材料中主要具有以下作用:①承受主要负载;②限制微裂纹延伸;③提高材料强度与刚度;④改善材料抗疲劳、抗蠕变性能;⑤提高材料使用寿命和可靠性。

图 2-5 增强材料在复合材料中的形式
(a) 纤维;(b) 颗粒;(c) 薄片

飞机结构中增强复合材料常用的形式为纤维,包括长纤维、短切纤维、单向带或者织物(见图 2-6),其中长纤维增强复合材料在飞机结构中应用最为广泛。

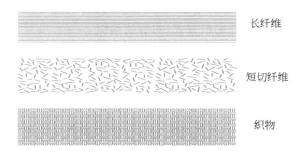

图 2-6　纤维在复合材料中使用的不同形式

长纤维是一根根连续纤维,为长度大于 100mm 且长径比大于 10 的丝状材料,它们可能是非晶态、多晶态或单晶。纤维多为脆性材料,它的强度不是一个单值而是一个统计变量,因此纤维束的强度小于单根纤维的平均强度。将 1000～1200 根长丝并在一起,一般称为丝束、纱或束。飞机结构中用得最多的是用长丝束制成的单向带或织物复合材料。

短切纤维是将长纤维切割而成,其规格不同,则长度不同,通常为 2～80mm 不等。在复合材料中,主要用于填充,以增强树脂性能。

单向带由纱在树脂基体中沿单一方向排列而成,由很少、很细的纬线固定(见图 2-7)。通常以预浸料的形式提供,树脂的作用是将纱粘在一起。织物是由纱、纤维或长丝织成的材料。经纱是指沿纵向的长纱,大致平行于卷料的展开方向,一般经线方向设为零度。在编织图案里,通常纬纱垂直于经纱,通常经纱的数量多于纬纱,经向的材料强度大于纬向,因此在复合材料中一定要正确识别经纬方向。为了便于识别,常间隔地插入其他颜色的示踪纱来定义经纱。

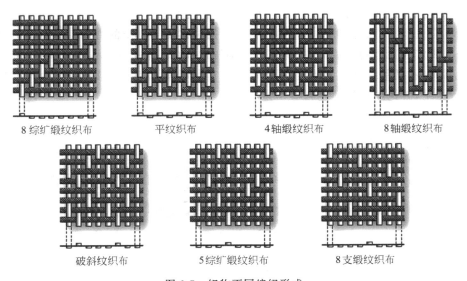

图 2-7　织物不同编织形式

纤维布有许多编织方式，如平纹、缎纹、斜纹结构（见图2-7）。平纹编织是最简单的编织形式，每股交替地上下平行穿过，其结构精密，网眼均匀，具有抗腐蚀性好和结实耐用等特点。斜纹编织中，一根经纱按一定的重复规则从两根纬纱的上方或下方交替地穿过。一个单束平行穿过三个以上的丝束的编织方式，叫缎纹编织。一个"5综缎纹"是四股在上、一股在下的编织形式。混杂织物是两种或多种纤维共用一个基体，使织物具有更多的性能，例如提高弹性、刚度、抗损伤性、树脂吸附性等，混杂形式多种多样。针织或缝合结构可以有效提高单向带的力学性能，纤维铺放非常笔直或单向，不会像编织织物那样纤维与纤维有重叠或上下交叠的现象。在预先铺好的一层或多层的干纤维上采用细纱或线缝，这种类型的织物可实现多个铺层多个方向的取向，虽然可能会有一些附加质量或损失一些最终增强纤维的性能，但是可以实现层间剪切和韧性的提高。

在实际复合材料结构维修工作中最常见到的形式有玻璃纤维120型、Kevlar120型、石墨纤维3K-70-PW型（见图2-8）。因为它们编织很紧，可以防止湿气浸入，通常用于蜂窝夹芯的面板。8综斜纹缎织布是一种较松的编织布，因而容易形成曲面，可作为复杂外形的铺层，它大约为平纹织布厚度的两倍，主要用于厚的层合板和较大曲面的复合材料面板。

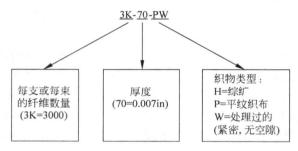

图2-8 石墨纤维的代码

无纺织物（针织或缝线）可以更多保留单向带的力学性能，因为在针织或缝线织物中纤维更直，不会发生折叠。这种结构在预先选定一层或多层干铺层的方向后，用细纱或细线缝合，使纤维固定在适当的位置，可提供更多的铺层取向（见图2-9）。尽管这种结构可能造成附加质量增加和某些纤维性能的损失，但层间抗剪切性能和韧性得到提升。一些常见的缝合结构有涤纶、芳纶或热塑性塑料等。

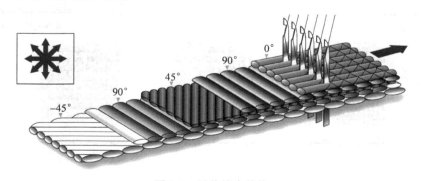

图2-9 无纺缝合结构

增强纤维材料有玻璃纤维及其织物、芳纶纤维及其织物、碳纤维及其织物、超高分子量聚乙烯纤维及其织物以及其他高性能纤维及其织物等。这些增强材料密度低而且大多数都是以作用力很强的共价键结合,因此具有很高的比强度、比刚度和高温稳定性、耐腐蚀等特点(见图2-10)。

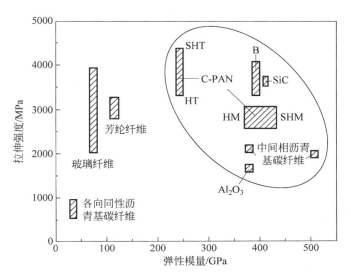

图 2-10 不同复合材料增强剂的强度和模量

2.2.1 玻璃纤维

玻璃纤维成本低,拉伸强度高,耐冲击性能高,具有良好的耐化学性能,成为应用最为广泛的增强材料。早在3500年前的古埃及玻璃纤维就已经问世,在那个以"古老和文明"为主题的时代,玻璃纤维只不过是用作装饰的工艺品。直到20世纪30年代聚酯树脂的出现,在偶然情况下将聚酯树脂倾覆在玻璃纤维上,待树脂硬化后发现原先束状的玻璃纤维变成了坚硬的玻璃钢板材,从而玻璃纤维复合材料应运而生。由于玻璃纤维在结构、性能、加工工艺、成本等方面有诸多优点,因此玻璃纤维复合材料在复合材料制造业中一直占据了非常重要的位置。

玻璃纤维品种较多,无碱玻璃纤维称为E玻纤,高碱玻璃纤维称为A玻纤,中碱玻璃纤维称为C玻纤,高强度玻璃纤维称为S玻纤,高模量玻璃纤维称为M玻纤,高温高模量玻璃纤维称为T玻纤。常见几种玻璃纤维的性能见表2-1。E玻纤具有较高的拉伸强度和模量,耐热性和电性能优良,化学稳定性较好(但不耐酸),符合飞机电磁使用要求,在飞机上主要用于雷达天线罩结构。C玻纤的主要特点是耐酸性好,但强度不如E玻纤高,它主要用于耐腐蚀领域中,在飞机上主要用于防腐区域。S玻纤具有高拉伸强度,在飞机上用于有强度要求的结构部分。

表 2-1　玻璃纤维品种及性能

性能	纤维类别						
	高碱 A	中碱 C	低介电 D	无碱 E	高强度 S	粗纤维 R	高模量 M
拉伸强度/GPa	3.1	3.1	2.5	3.4	4.58	4.4	3.5
弹性模量/GPa	73	74	55	71	85	86	110
延伸率/%	3.6	—	—	—	3.37	4.6	5.2
密度/(g/cm³)	2.46	2.46	2.14	2.5	2.5	2.55	2.89

玻璃纤维具有拉伸强度高、防火、防霉、防蛀、耐高温和电绝缘性能好等优点，缺点是性脆、耐磨性和柔软性差、不耐腐、不耐弯曲、对人的皮肤有刺激性等。关于玻璃纤维高强的原因，许多学者提出了不同的假说，其中比较有说服力的是微裂纹假说。微裂纹假说认为，玻璃的理论强度取决于分子或原子间的引力，其理论强度很高，可达到 200～1200 kg/mm²，但实测强度很低，这是因为在玻璃或玻璃纤维中存在着数量不等、尺寸不同的微裂纹，因而大大降低了强度。微裂纹分布在玻璃或玻璃纤维的整个体积内，但以表面的微裂纹危害最大。微裂纹的存在使玻璃在外力作用下受力不均，在危害最大的微裂纹处产生应力集中，从而使强度下降。玻璃纤维比玻璃的强度高很多，这是因为玻璃纤维高温成型时减少了玻璃溶液的不均一性，使微裂纹产生的机会减少。此外，玻璃纤维的断面较小，随着表面积的减小，使微裂纹存在的概率也减少，从而使纤维强度增高。有人更明确地提出，直径小的玻璃纤维比直径大的玻璃纤维强度高的原因是由于表面微裂纹尺寸和数量较小，从而减少了应力集中，使玻璃纤维具有较高的强度。

影响玻璃纤维强度的因素主要有以下几方面。

(1) 拉伸强度与纤维的直径有关，玻璃纤维的拉伸强度随纤维直径变小而增加（见图 2-11）。

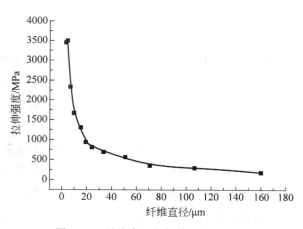

图 2-11　纤维直径与拉伸强度的关系

(2) 拉伸强度也与纤维的长度有关，随着长度增加拉伸强度显著下降（见图 2-12）。纤维直径和长度对拉伸强度的影响可用"微裂纹理论"予以解释，随着纤维直径的减小和长度的缩短，纤维中微裂纹的数量和大小就会相应地减小，即出现缺陷的概率降低，这样强度就会相应地增加。

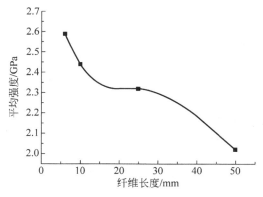

图 2-12 纤维长度与强度的关系

(3) 化学组成对强度的影响。纤维的强度与玻璃纤维的化学成分关系密切。对于同一系统(即基本组分)来说,部分改变氧化物的种类和数量,纤维强度改变不大。而改变系统(即改变它的基本组分),强度会产生大幅度变化。一般来说,含碱量越高,强度越低。高强玻璃纤维的强度明显地高于无碱玻璃纤维,而有碱纤维强度更低。研究表明,高强度和无碱玻璃纤维由于成型温度高、硬化速度快、结构键能大等原因,因而具有较高的拉伸强度。纤维的表面缺陷对强度影响巨大,各种纤维都有微裂纹时强度相近,只有当表面缺陷减小到一定程度时,纤维强度对其化学组成的依赖关系才会表现出来。

(4) 存放时间对纤维强度的影响——纤维的老化。当纤维存放一段时间后,会出现强度下降的现象,称为纤维的老化。这主要取决于纤维对大气水分的化学稳定性。例如,直径 $6\mu m$ 的无碱玻璃纤维和 Na_2O 含量 17% 的有碱纤维,在空气湿度为 60%~65% 的条件下存放,无碱玻璃纤维存放两年后强度基本不变,而有碱纤维强度不断下降,开始比较迅速,以后缓慢下来,存放两年后强度下降 33%,其原因在于两种纤维对大气水分的化学稳定性不同所致。

(5) 施加负荷时间对纤维强度的影响——纤维的疲劳。玻璃纤维的疲劳一般指纤维强度随施加负荷时间的增加而降低的情况。玻璃纤维疲劳的原因主要由于吸附作用的影响,即水分吸附并渗透到纤维微裂纹中,并且在外力的作用下,会加速裂纹的扩展。纤维疲劳的程度取决于微裂纹扩展的范围,这与应力、尺寸、湿度、介质种类等因素有关。

(6) 玻璃纤维成型方法和成型条件对强度也有很大影响。如玻璃硬化速度越快,拉制的纤维强度也越高。

玻璃为无定形材料,是以二氧化硅为主干,与不同氧化物组成的具有特定成分和性能的化合物。玻璃纤维由二氧化硅砂、石灰岩、硼酸和其他微量成分如粘土、煤和萤石制成,在玻璃制造过程中这些成分在干态下混合并在耐火炉中高温熔融。

玻璃纤维的成型是利用玻璃液的粘度随温度变化的特性来进行的,将熔融的玻璃液滴快速拉伸,拉成的纤维外形因冷却而固定。这些液滴或用玻璃棒加热后熔化流下,或用玻璃液从含漏嘴的漏板上流下。依据性能要求,按一定比例将硅砂、石英石、硼酸、粘土、萤石等干混后送入高温炉熔融,熔化的玻璃靠自重由漏丝板流出,迅速冷却的同时,以每分钟数千米的速度卷绕拉伸制成直径为 3～20μm 的连续纤维,或者经切断制成非连续的短纤维。熔融温度随玻璃组成而变,一般在 1200℃ 左右。目前常用两种工艺(即坩埚法和池窑法)来制造高强度玻璃纤维,图 2-13 所示为坩埚法和池窑法制备玻璃纤维工艺流程示意图。

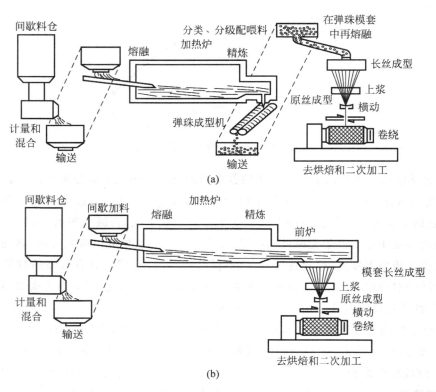

图 2-13 玻璃纤维制备工艺示意图
(a) 坩埚法;(b) 池窑法

1. 坩埚法

将检验后的玻璃球经自动加球机加入到坩埚中,通过电加热使玻璃球熔化,并使玻璃保持适合拉丝的温度和粘度,在液压的作用下,玻璃液从漏嘴中稳定地流出,形成液滴,然后将液滴引入成丝,集成一束,经过集束轮喷涂浸润剂,由高速旋转的拉丝机牵引,连续地由排线轮卷绕在绕丝筒上,成为连续玻璃原丝。

连续玻璃纤维及其制品的制造一般由玻璃成分的混料制成球、拉丝和纺织三个部分组成。制球部分的主要设备是玻璃熔窑、喂料机和制球机,如无碱玻璃纤维是按照成分要求,将砂岩、石灰石、蜡石等粉磨好的原料以及硼酸、亚砷酸等化工原料按比例计量、调配、混合后送入熔窑内制成玻璃液,玻璃液自熔窑中缓慢流出,并经制球机制成直径约 1.8cm 的玻璃球。玻璃球经质量检查合格后,可作为拉丝的原料。

拉丝部分的主要设备是铂金坩埚和拉丝机以及温度控制系统。铂金坩埚是一个小型的用电加热的玻璃熔窑,用来将玻璃球熔化成玻璃液,然后从铂金坩埚底部漏板的小孔中流出,拉制成玻璃纤维。拉丝机的机头上套有卷筒,由马达带动高速转动,将玻璃纤维端头缠在卷筒上后,由于卷筒的高速转动使玻璃液高速度地从铂金坩埚底部的小漏孔中拉出,并经速冷而成玻璃纤维。铂金坩埚底部有多少小漏孔,同时就会拉制出多少根玻璃纤维,这些玻璃纤维集束成一股并浸上浸润剂,然后经排线器卷绕到拉丝机的卷筒上去。

拉丝时使用浸润剂的作用如下：①原丝中的纤维不散乱而能相互粘附在一起；②防止纤维间的磨损；③原丝相互间不粘连在一起；④便于纺织加工等。

坩埚法采用玻璃球二次熔化拉丝的生产工艺,能耗较高,单机产量低,产品质量控制难度较大,生产成本较高,不能满足多品种生产的需要。

2. 池窑法

将各种原料按照玻璃组成混合成配料,加入池窑加热熔化并澄清、均化后,玻璃液直接流入安有许多漏板的通路中成型,漏板下面有拉丝机,直接将其拉制成连续玻璃纤维。与坩埚法相比,池窑拉丝法工艺具有工序简化、能耗降低、铂铑合金使用量少、玻璃熔制质量好、生产效率高、生产能力大、生产综合成本低及能满足多品种需要等一系列优点。池窑拉丝工艺目前是连续玻璃纤维的主要生产工艺。

2.2.2 碳纤维

在高性能复合材料结构中,碳纤维是最普遍使用的纤维类型。目前,可生产的碳纤维性能范围十分宽广,但一般都呈现出优异的拉伸强度和压缩强度,具有高模量、出色的疲劳特性且耐腐蚀。

碳纤维(carbon fiber,CF)的开发历史可追溯到 19 世纪末期美国科学家爱迪生发明的白炽灯灯丝,而真正有使用价值并规模生产的碳纤维则出现在 20 世纪 50 年代末期。1959 年美国联合碳化公司(Union Carbide Corporation)以粘胶纤维为原丝制成纤维素基碳纤维,1962 年日本碳素公司实现低模量聚丙烯腈基碳纤维的工业化生产,1963 年英国航空材料研究所开发出高模量聚丙烯腈基碳纤维,1965 年日本群马大学试制成功以沥青或木质素为原料的通用型碳纤维,1970 年我国上海吴羽化学公司实现沥青基碳纤维的工业规模生产,1968 年美国金刚砂公司研制出酚醛纤维,1980 年以酚醛纤维为原丝的活性碳纤维实现商品化。

碳纤维是由有机纤维经固相反应转变而成的纤维状聚合物碳,是一种非金属材料。它不属于有机纤维范畴,但从制法上看,它又不同于普通无机纤维。碳纤维性能优异,不仅质量小、比强度大、模量高、无蠕变、抗疲劳,而且耐热性高以及化学稳定性好(除硝酸等少数强酸外,几乎对所有药品均稳定,对碱也稳定)。其制品具有非常优良的 X 射线透过性、阻止中子透过性,以及导电性和导热性。碳质量分数 95% 左右的称为碳纤维,碳质量分数 99% 左右的称为石墨纤维。以碳纤维为增强剂的复合材料具有比钢强、比铝轻的特性,是一种目前最受重视的高性能材料之一。

当前国内外已商品化的碳纤维种类很多,一般可以根据原丝的类型、碳纤维的性能和功能进行分类。根据碳纤维的性能分类,可分为：①高性能碳纤维,这类碳纤维有高强度碳纤维、高模量碳纤维、中模量碳纤维等；②低性能碳纤维,这类碳纤维有耐火纤维、碳质纤维、石墨纤维等。一般碳纤维的强度为 1000MPa,模量为 100GPa 左右；高强度碳纤维,其强度为 2000MPa,模量为 250GPa 左右；高模量碳纤维,其模量达到 300GPa 以上。

强度大于 4000MPa 的碳纤维称为超高强度碳纤维；模量大于 450GPa 的碳纤维称为超高模量碳纤维。根据原丝类型分类，可分为：①聚丙烯腈基碳纤维；②粘胶基碳纤维；③沥青基碳纤维；④木质素纤维基碳纤维；⑤其他有机纤维基（各种天然纤维、再生纤维、缩合多环芳香族合成纤维）碳纤维。根据碳纤维功能分类，可分为：①受力结构用碳纤维；②耐焰碳纤维；③活性碳纤维（吸附活性）；④导电用碳纤维；⑤润滑用碳纤维；⑥耐磨用碳纤维。

碳纤维主要的制备工艺是先驱体转换法，即将有机纤维（原丝）经过稳定化处理后，再在惰性气氛的高温下热解碳化，形成碳纤维。

制备碳纤维的主要原材料有人造丝（粘胶纤维）、聚丙烯腈（PAN）纤维和沥青（pitch）等。聚丙烯腈基碳纤维性能最全面，应用最广泛，是目前生产规模最大、需求量最大（达 70%～80%）、发展最快的一种碳纤维。图 2-14 所示为聚丙烯腈制备碳纤维的工艺流程图，通常需要四个阶段：①纺丝：湿法、干法或干喷湿法纺丝法。②预氧化：在 200～300℃加热氧化。③碳化：在 1300～2000℃ 范围内进行。④石墨化：在 2000～3000℃ 范围内进行。

与普通聚丙烯腈纤维不同，生产碳纤维原丝用的聚丙烯腈中所含共聚组分如丙烯醛、甲基丙烯酸、羟乙基丙腈、甲基乙基酮等，其作用是为了促进预氧化和环化交联反应，而不是用于改善纤维的弹性和染色性。聚丙烯腈的相对分子质量比常规聚丙烯腈略高，为 90000～100000。

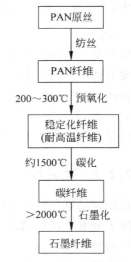

图 2-14 聚丙烯腈制备碳纤维工艺流程示意图

将 PAN 原丝送入氧化炉中，在空气环境下缓慢加热至 200～300℃实施预氧化处理，可使线性分子链转化为耐热的梯形结构，使其在高温碳化时不熔不燃，保持纤维形态，从而得到高质量碳纤维。为防止原丝发生收缩和有利于—CN 基的活化、环化及择优取向，预氧化需在张力下进行。预氧化过程中释放出 NH_3、H_2O、HCN 和 CO_2 等低分子物质，原丝逐渐由白变黄，继而呈棕褐色，最后变成黑色且具有耐燃性的预氧化丝。原丝色泽的变化直接反映了预氧化程度的大小。

在惰性气体（N_2）保护下，预氧化丝于 800～1500℃范围内发生碳化反应。碳化过程中非碳原子如 N、H、O 等元素被裂解出去，预氧化时形成的梯形大分子发生交联，转变成稠环结构，碳质量分数从 60% 左右提高到 90% 以上，形成一种由梯形六元环连接而成的乱层石墨片状结构。随碳化温度的变化，纤维力学性能也发生明显变化。例如，纤维模量随碳化温度升高而增大，而断裂伸长率减小，在 1000～1700℃之间强度出现最大值。

石墨化处理是在 2000～3000℃高温密闭装置中进行，为防止氧化，所用保护气体为氩气或氦气，不能使用氮气，氮气在 2000℃以上可与碳反应生成氰。石墨化处理过程中，纤维结构得到完善，如非碳原子被进一步裂解、C—C 键重新排列、层平面内的芳环数增加、结晶碳的比例增多、纤维取向度增大等，纤维内部由紊乱分布的乱层石墨结构转变为类似石墨的层状结晶结构。碳纤维在制备过程中的结构变化如图 2-15 所示。

碳纤维并不具有理想的石墨点阵结构，而属于乱层石墨结构。在乱层石墨结构中，石墨

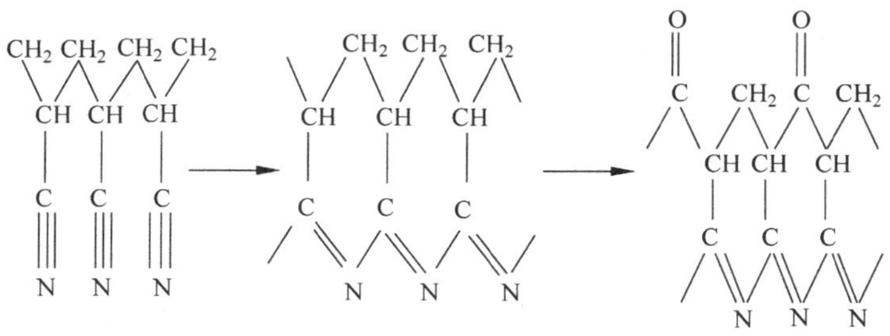

图 2-15 聚丙烯腈基碳纤维制备过程中的结构变化

层片是基本的结构单元,若干层片组成微晶,微晶堆砌成直径数十纳米、长度数百纳米的原纤,原纤则构成了碳纤维单丝,其直径约数微米。碳纤维依据 C—C 键键能及密度计算得到的单晶石墨强度和模量分别为 180GPa 和 1000GPa 左右,而碳纤维的实际强度和模量远远低于此理论值。纤维中的缺陷如结构不匀、直径变异、微孔、裂缝或沟槽、气孔、杂质等是影响碳纤维强度的重要因素。它们来自两个方面,一是存在于原丝中,二是在碳化过程中产生。原丝中的缺陷主要是在纤维成形过程中产生的,而碳化时由于从纤维中释放出各种气体物质,会在纤维表面及内部产生空穴等缺陷。

碳纤维的应力-应变曲线为直线,伸长小,断裂过程瞬间完成,不发生屈服。碳纤维轴向分子间的结合力比石墨大,所以它的拉伸强度和模量都明显高于石墨,而径向分子间作用力弱,压缩性能较差,轴向压缩强度仅为拉伸强度的 10%～30%。力学性能与热处理温度密切相关,图 2-16 所示为碳纤维的拉伸强度与弹性模量及热处理温度的关系,可以看出,在一定温度内,提高热处理温度可以提高强度,但是超过一定温度之后,强度反而有所降低,而弹性模量随热处理温度则呈上升趋势。

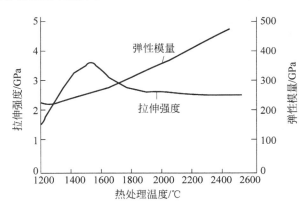

图 2-16 热处理温度对碳纤维力学性能的影响

碳纤维的热行为有明显的各向异性。例如,纤维径向的热膨胀系数比轴向高数十倍,而轴向导热系数约为径向的 20 倍。在 -190～50℃ 温度范围内,碳纤维的导热系数随温度升高而有所增大,但当温度进一步升高时,导热系数则减小。

碳纤维的化学性能与碳十分相似,在室温下是惰性的。除能被强氧化剂氧化外,一般的酸碱对碳纤维不起作用。在空气中,当温度高于 400℃ 时,碳纤维发生氧化反应,生成 CO_2

和 CO 从纤维表面逸出。但在惰性气氛下，碳纤维的耐热性十分突出，在 1500℃ 以上的高温下强度才开始降低。此外，碳纤维还具有自润滑性好、电阻率低（属于半导体材料）、吸附性强以及耐辐射等特点。碳纤维的缺点是性脆，抗冲击、高温氧化性差，破坏应变低，压缩强度低于其拉伸强度。与玻璃纤维相比，其价格相对较高。

2.2.3 芳纶纤维

芳纶纤维，全称为芳香族聚酰胺纤维，是一种有机合成的低密度高性能纤维。芳纶纤维是强度和刚度介于玻璃纤维和碳纤维之间的真正有机纤维。芳纶纤维具有优异的拉伸模量和拉伸强度，优良的减振性、耐磨性、耐冲击性、抗疲劳性、尺寸稳定性、耐化学腐蚀（不耐强酸和强碱）、低膨胀（长度方向热膨胀系数很低，但直径方向热膨胀系数较大）、低导热、电绝缘且透波等优点。1974 年，美国联邦贸易委员会（Federal Trade Commission，FTC）将它们命名为 aramid fibers，我国称为芳纶。20 世纪 60 年代初，美国杜邦公司首先开发出具有优良热稳定性的间位芳纶纤维，即 Nomex® 纤维；1966 年，美国杜邦公司又生产出对位芳纶纤维，即 Kevlar® 纤维；1972 年日本帝人公司生产出对位芳纶 Conex 纤维；1986 年荷兰 Akzo 公司生产出 Twaron 纤维；1987 年日本帝人公司生产出 Technora 纤维。我国于 1972 年开始进行芳纶的研制工作，并于 1981 年通过芳纶 14 的鉴定，1985 年又通过芳纶 1414 的鉴定，它们分别相当于美国杜邦公司的 Kevlar® 29 和 Kevlar® 49。

Kevlar 纤维的化学结构是长链状聚酰胺，其中至少 85% 的酰胺直接键合在芳香环上（见图 2-17），这种刚硬的直线状分子链纤维轴向上是高度定向的，聚合物间是由氢键作横向连接，这种在沿纤维方向的强共价键和横向弱的氢键是纤维性能各向异性的原因，使它具有轴向强度及刚度高而横向强度低的特点。Kevlar 纤维的化学键主要由芳环组成，这种芳环具有高的刚度，并使聚合物链呈伸展态而不是折叠状态，形成棒状结构，因而纤维具有高的模量。Kevlar 纤维分子链是线性的，这又使纤维能有效地利用空间而具有高的填充能力，在单位体积内可容纳很多聚合物，这种高密度聚合物具有较高的强度。同时这种芳环结构也使得纤维具有好的化学稳定性，主要是由于芳环链结构的刚度使纤维具有高度的结晶性。

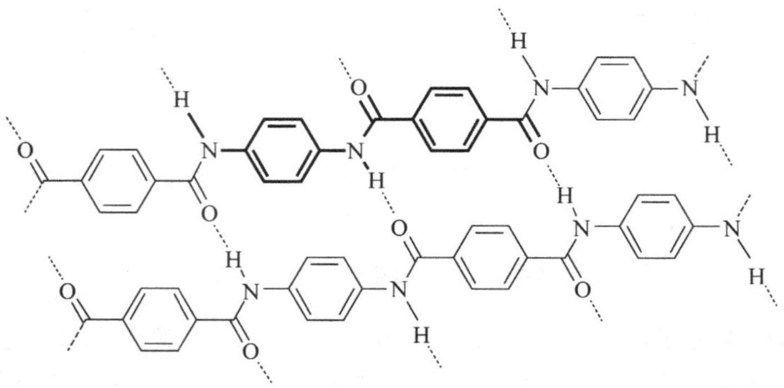

图 2-17 对位芳纶纤维的结构示意图

在飞机上，间位芳纶主要用于夹芯结构，而对位芳纶（聚对苯二甲酰对苯二胺纤维，PPTA）主要用于复合材料层合结构。PPTA 合成所用的单体主要为对苯二胺和对苯二甲酰氯,合成之后,将 PPTA 溶解在适当溶剂中,在一定条件下溶液显示液晶性质,这种液晶态聚合物溶液称为溶致性液晶,PPTA 的纺丝成形采用以浓硫酸为溶剂的溶液液晶纺丝法进行。

早期的 PPTA 纺丝成形采用传统的湿法纺丝工艺。自 1970 年 PPTA 干-湿法纺丝(dry-wet spinning method)问世以来,迄今仍被广泛采用(见图 2-18)。与湿法纺丝相比,干-湿法纺丝中溶液细流的流动取向效果好,尤其适用于刚性高分子或液晶聚合物的纺丝成形。

纺丝时首先将 PPTA 溶解在浓硫酸中调制成浓度约 20% 的溶液,在 80℃ 左右溶液转变为向列型液晶态的各向异性溶液。若进一步提高温度,在约 140℃ 液晶态溶液又转变为各向同性溶液。因此,喷丝头组件的温度一般不超过 80~100℃,凝固浴液即凝固剂为含硫酸约 25% 的水溶液,浴温 10℃ 左右,通常纺丝速度在 200m/min 以上。

为减少纺丝细流与凝固剂之间的相互摩擦,纺丝中可采用图 2-18 所示的纺丝管。使用纺丝管后,纺丝速度可大大提高。据报道,杜邦公司的纺丝速度可达 2000m/min 左右。干-湿法纺丝中的空气层高度为 5~40mm,喷丝孔直径 0.1~0.3mm,较湿法纺丝大,纺丝溶液的浓度和温度也都比较高。处于液晶态的刚性大分子受剪切作用在喷丝孔道中沿流动方向发生高度取向,初生纤维可不经拉伸只需充分水洗和热处理即可成为成品纤维。

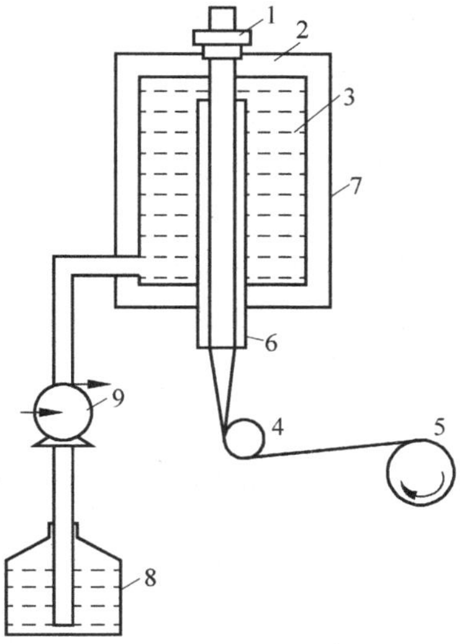

喷丝头拉伸比(卷绕速度与挤出速度之比)是纺丝成形过程中的一个重要工艺参数。随着喷丝头拉伸比增大,纺丝细流的拉伸流动取向效应增强,纤维强度增大。当喷丝头拉伸比过低(如小于 3)时,刚性大分子沿纤维轴方向的取向程度很低,所得纤维的实用价值不大。

图 2-18 干-湿法纺丝示意图
1—喷丝头组件;2—空气层;3—凝固浴液;
4—导丝辊;5—卷绕辊;6—纺丝管;
7—凝固浴槽;8—凝固浴液循环槽;9—循环泵

将 PPTA 初生纤维进行干燥或在惰性气氛下热处理,可制成满足不同要求的纤维。芳纶纤维的弹性模量高,可达 $(1.27~1.57) \times 10^5$ MPa,比玻璃纤维高一倍,为碳纤维的 0.8 倍。芳纶纤维的断裂伸长率在 3% 左右,接近玻璃纤维,高于其他纤维。用它与碳纤维混杂可以大大提高纤维复合材料的冲击性能。芳纶纤维的密度小,密度为 $1.44~1.45 kg/m^3$,只有铝的一半,因此它有高的比强度与比模量。芳纶纤维有良好的热稳定性,耐火而不熔,当温度达 487℃ 时尚不熔化,但开始碳化。芳纶纤维的热膨胀系数和碳纤维一样具有各向异性的特点。

芳纶纤维的缺点是热膨胀系数具有各向异性,耐光性差,暴露在可见光或紫外光下会产生光致降解,使其力学性能和颜色发生变化,溶解性差,抗压强度低,吸湿性强,吸湿后纤维性能变化大,应密封保存,使用前应增加烘干工序。

2.2.4 其他增强材料

1. 硼纤维

硼纤维是一种将硼元素通过高温化学气相法沉积在钨丝或碳丝表面制成的高性能增强纤维，具有很高的比强度和比模量，也是制造金属复合材料最早采用的高性能纤维。硼纤维具有独特的性能，尤其是它的压缩强度是其拉伸强度的2倍，这种特性在其他增强相中尚未发现。硼纤维的拉伸强度约为3.5GPa，弹性模量约为400GPa，密度约为$2.59 kg/m^3$，因此硼纤维最突出的优点是密度低、力学性能好。用硼铝复合材料制成的航天飞机主舱框架强度高、刚性好，代替铝合金骨架可减少质量44%，取得了十分显著的效果，也有力地促进了硼纤维金属基复合材料的发展。硼纤维（boron fiber）是高性能无机纤维中最早的品种之一，20世纪40年代被研制成功，1959年美国AVCO公司开始批量生产，1985年日本真空冶金公司也试制出来。

一般采用化学气相沉积（chemical vapor deposition，CVD）技术制造硼纤维。气态的BCl_3和H_2在通电加热的钨丝或碳丝上发生如下反应：

$$2BCl_3 + 3H_2 \longrightarrow 2B\downarrow + 6HCl\uparrow \qquad (2-1)$$

硼纤维抗氧化和高温性能较差，在400℃时可保持室温强度的80%，在高于500℃的氧化气氛中几分钟其强度就迅速下降，在650℃时将失去所有的性能。同时其成本也较高，成本下降的潜力也不大。图2-19所示为硼纤维的外形及其断面形貌。

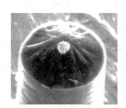

图2-19 硼纤维及其断面形貌

硼纤维不仅具有优良的抗拉性能，而且还显示出良好的抗压性能，以及耐高温、耐中子辐射等。室温下硼纤维的化学稳定性好，但表面具有活性，不需要处理就可与树脂复合，其复合材料具有较高的层间剪切强度，对于含氮化合物的亲和力大于含氧化合物。但在高温下易与大多数金属反应，需要在纤维表面沉积保护涂层，如SiC和B_4C等。硼纤维主要用于聚合物基和铝基复合材料。硼纤维作为复合材料增强纤维，其主要用途是制造对质量和刚度要求高的航空、航天飞行器的部件，如美国的军用飞机F-14、F-15中已有使用。

2. 碳化硅纤维

碳化硅纤维具有比强度高、比刚度高、耐腐蚀、抗热震、热膨胀系数小、热传导系数大等诸多优点，同时还具有良好的抗氧化和高温性能，其室温性能可保持到1200℃。它是目前使用的增强材料中工作温度最高的复合材料增强剂，用碳化硅纤维制备的复合材料能长期在高温下工作。它与金属反应小，润湿性好，在1000℃以下几乎不与金属发生反应，适合制备树脂、金属及陶瓷基复合材料，其成本下降的潜力很大。

碳化硅纤维的制备方法有先驱体转化法和化学气相沉积法两种。碳化硅有两种结晶形态，即 α-SiC 和 β-SiC。碳化硅纤维的主要成分是 β-SiC 微晶，它具有很强的抗高温氧化性。在 1000℃ 以下的空气中，碳化硅纤维的力学性能无明显变化；在 1000℃ 以上，β-SiC 微晶尺寸明显增大，同时，因 SiO_2 和游离碳反应释放出 CO 而使纤维结构产生缺陷，导致纤维强度降低。此外，碳化硅纤维具有良好的耐酸性、电磁波透过性等。

3. 超高分子量聚乙烯

超高分子量聚乙烯 (ultra-high molecular weight polyethylene，UHMWPE) 纤维是近年来才开发的聚烯烃纤维，也称高强高模聚乙烯纤维或高性能聚乙烯纤维。超高分子量聚乙烯纤维的相对分子质量通常大于 10^6，纤维的拉伸强度为 3.5GPa，伸长率为 3.4%，弹性模量为 116GPa，密度为 $0.97g/cm^3$。

超高分子量聚乙烯纤维密度低，它甚至轻于芳纶纤维。该纤维是目前国际上最新的高比强度、高比模量纤维，成本也比较低；同时，它具有耐冲击、耐磨、耐腐蚀、耐湿、耐紫外线、耐低温、自润滑、电绝缘等优点，但熔点较低（约 135℃）、容易高蠕变，使用温度在 100℃ 以下。纤维与基体不会形成很强的粘接，导致横向拉伸和压缩强度很差。近年来，聚乙烯纤维的发展异常迅速，化学专家预测，在不久的将来聚乙烯纤维将与碳纤维竞争高性能纤维的国际市场，美国陆军战略司令部的专家们认为，UHMWPE 纤维是最有发展前途的纤维。

超高分子量聚乙烯纤维采用凝胶纺丝法超倍拉伸技术制得。将超高分子量聚乙烯粉末以十氢萘或石蜡油为溶剂，制成半稀溶液，经喷丝孔挤出后骤冷成凝胶原丝，再对凝胶原丝进行萃取和干燥，经超倍拉伸制得。凝胶法溶解是大分子解缠的过程，而凝胶原丝的形成实际上是聚乙烯大分子在凝胶原丝中保持解缠状态，该状态为其后的大分子充分伸展奠定了基础。超倍拉伸不仅使纤维的结晶度、取向度得到提高，而且使呈折叠链的片晶结构向伸直链转化，从而极大改善纤维的强度和模量。

4. 聚对亚苯基苯并二噁唑纤维

聚对亚苯基苯并二噁唑纤维，又称 PBO 纤维，属于芳杂环类纤维。PBO 纤维因具有比碳纤维更低的密度、更高的比强度和比模量而被认为是 21 世纪的超级纤维。其制法是将对苯二甲酸和二氨基间苯二酚进行低温溶液缩聚，再溶于多磷酸或浓硫酸中配成液晶溶液，并进行干喷-湿纺而得到初纺丝，再在张力下进行高温热处理而得到纤维。这种纤维室温拉伸强度可达 4.8～6.2GPa，弹性模量可达 150～340GPa，具有高强度、高模量、耐高温及环境稳定性好等优良力学性能。其密度仅为 $1.56g/cm^3$，分解温度为 670℃，延伸率为 2.4%，吸湿率<1%，蠕变小，耐磨性极好，无熔点，在高温下也不熔融，即使在耐燃实验中也无收缩，抗燃性和耐候性好。PBO 纤维耐腐蚀、耐切割性高，在超过 300℃ 条件下仍能保持良好的耐磨性能，但耐光性差。

另外，其分子是由苯环和苯并二噁唑相两界相连接，形成大共轭 π 键，其电导率处于半导体的范围，使得这种纤维可能具有吸波性能。

5. 晶须

晶须 (whisker) 是指具有一定长径比和截面积小于 $52×10^{-5}cm^2$ 的单晶纤维材料。其直径为 0.1μm 到几个微米，长度为数十到数千微米。但具有实用价值的晶须直径为 1～

$10\mu m$,长径比在 5～100 之间。晶须是目前已知纤维中强度最高的一种,其机械强度几乎等于相邻原子间的作用力。晶须高强的原因,主要由于它的直径非常小,容纳不下能使晶体削弱的空隙、位错和不完整等缺陷。晶须材料的内部结构完整,使它的强度不受表面完整性的严格限制。晶须分为陶瓷晶须和金属晶须两类,用作增强材料的主要是陶瓷晶须。

晶须的制备方法有化学气相沉积(CVD)法、溶胶-凝胶法、气液固法、液相生长法、固相生长法和原位生长法等。制备陶瓷晶须经常采用 CVD 法,即通过气体原料在高温下反应,并沉积在衬底上而长成晶须。晶须的高度取向结构不仅使其具有高强度、高模量和高伸长率,而且还具有电、光、磁、介电、导电、超导电性质,可用来制备各种性能优异的功能复合材料。晶须的成本较高,使其应用受到影响,目前已开发出许多低成本晶须,如 $K_2Ti_6O_{13}$ 等。另外晶须在基体材料中的分散工艺也是目前需要解决的问题之一。

6. 增强毡

增强毡用短切原丝或卷缠状的连续原丝制成。它一般由树脂粘接剂粘在一起,常用在均匀截面的中等强度制件上。

7. 颗粒

具有高强度、高模量、耐热、耐磨、耐高温特性的陶瓷和石墨等非金属颗粒,加入基体材料中可起到提高耐磨性、耐热性、强度、模量和韧性的作用,其成本低,易于批量生产。另外,还有一种颗粒增强体称为延性颗粒增强体(ductile particle reinforcement),主要为金属颗粒,一般是加入陶瓷基体和玻璃陶瓷基体中起增韧作用,如 Al_2O_3 中加入 Al、Ni,WC 中加入 Co 等。金属颗粒的加入使材料的韧性显著提高,但高温力学性能有所下降。

2.3 预浸料

预浸料是用树脂基体在严格控制的条件下浸渍连续纤维或织物,形成树脂基体和增强体的组合物,是制造复合材料的中间材料。预浸料的某些性质会带入复合材料中,很大程度上影响复合材料的性能。预浸料是复合材料制造中最常用的原材料形式,复合材料结构修理中会用到各种形式的预浸料。

根据预浸料纤维的编织结构特点,通常分为粗纱(或预浸丝束)、单向预浸料和织物预浸料。预浸粗纱是预浸纤维束,主要用于纤维缠绕或纤维铺放工艺。该材料以卷提供,每卷材料的长度最大可达 6096m。单向预浸料又称单向预浸带,由树脂浸渍单向长纤维,或含少量纬向纤维的经向纤维而成。因宽度、树脂种类、含量和单位面积的质量不同而有不同的品种和规格。如其宽度通常为 300mm 或 600mm,树脂含量通常为 35%±2%,厚度通常为 0.125mm。国内多用单向预浸料。

织物预浸料又称织物布,由树脂浸渍织物而成,所谓织物是将纤维沿经向和纬向按比例分配并编织成织物形式,如平纹、斜纹和缎纹编织等。织物预浸料便于制造形状复杂的复合材料结构,抗断裂和层间分离能力强,制件的损伤容限较高。因为织物预浸料主要用于手工铺叠材料,因此一般以宽卷提供,最大宽度可达 1524mm,以此减少制件内部的铺层拼接数量。预浸布一般比单向预浸带纤维面密度高,而且固化后单层厚度更厚。国外在复合材料结构制造和修理中多用织物预浸料,使用中要注意织物预浸料的单层厚度较单向预浸料厚。

热固性树脂基预浸料目前主要采用溶液浸渍法和热熔法制备,热塑性树脂基复合材料的预浸料制备时常用到粉末静电法和粉末悬浮法等。由于航空航天领域主要应用热固性树脂基复合材料,所以此处主要介绍溶液浸渍法和热熔法。

1. 溶液浸渍法

该法是将树脂基体各组分按规定的比例溶解于低沸点的溶剂中,形成一定浓度的溶液,然后纤维束式织物以规定的速度通过该溶液,使其浸上定量的树脂基体,再去除溶剂,将树脂加热到一定阶段待用,其工艺流程如图 2-20 所示。该法的优点是纤维易被树脂浸透,便于制造薄厚两型预浸料,设备造价较低;缺点是需要去除并回收溶剂,树脂体积含量不易控制,而且剩余的溶剂会保留在预浸料中,从而引起固化过程中的挥发物问题。所以溶液浸渍法一般只用于丝束预浸料、机织物或不适宜于热熔法而必须被溶于溶剂的高温树脂(如聚酰亚胺),应用热熔法制造单向预浸带和预浸织物已成为趋势。

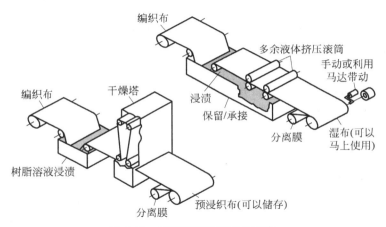

图 2-20 溶液浸渍法制备预浸料

2. 热熔法

该法又分为直接热熔法(一步法)和膜胶压延法(二步法)。直接热熔法是将树脂基体置于胶槽中,加热使之熔融,然后将纤维束依次通过各机构制成预浸件,其典型工艺流程如图 2-21 所示。膜胶压延法一般包括制膜和预浸两个过程:①将树脂按要求厚度成膜于背衬纸上,收卷的树脂膜可直接送到预浸操作工序,也可以冷藏备用。②树脂膜做好进入预浸工序的准备后,被送至另一独立的加工设备。在此设备上,纤维的上、下表面均被带树脂膜的背衬纸所覆盖,通过加热和夹辊所施压力来实现树脂的预浸。同时,纤维、树脂膜和上下背衬纸通过生产线被牵引。在材料通过第二组夹辊后,立即冷却以提高树脂粘度并生成预浸料。在设备出口处,预浸料上方的衬纸被移除丢弃,边缘用分切机刀片修直,制造完毕的预浸料收卷到卷轴上。膜胶压延法生产效率高,树脂含量可准确控制,典型的树脂膜质量范围为 $20\sim80\text{g/m}^2$,制膜速度最高可达 12.2m/min,缺点是厚度大的预浸料难以浸透。国外采用膜胶压延法制备预浸料实现了工艺过程的自动控制,在制膜阶段采用计算机控制胶膜厚度，保证了树脂含量的均匀性，控制精度，可使预浸料树脂含量偏差在±2%之内。目前大多数预浸料都用膜胶压延法制造，这种技术使树脂含量和纤维面密度得到了更好的控制。

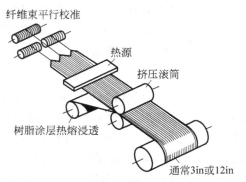

图 2-21　热熔法制备预浸料

由于溶液浸渍法和热熔法存在不同的适用范围，为了兼容溶液浸渍法和热熔法的功能和两种方法的优点，NASA 兰利研究中心研制成功了多用途预浸机。该设备既可用溶液浸渍法制备预浸料，也可采用热熔预浸工艺，生产出的预浸料具有以下主要特点：①预浸料的原材料、产品均经过严格的质控，产品性能稳定，质量可靠；②树脂基体和纤维的比例可调，纤维和树脂的含量容易控制，能充分利用各向异性的特点进行铺层设计；③易制成孔隙含量低、品质高的复合材料；④制造过程属于工业化生产，改善了生产环境；⑤可以在一定范围选择树脂；⑥价格较高。

2.4　夹芯材料

夹层结构是一种非常轻质的结构形式，也是复合材料常用的结构形式之一，具备很高的比刚度和比强度，因此，广泛应用于航空航天领域。夹芯结构复合材料通常由面板（又称蒙皮）和芯子通过胶粘剂复合而成。夹芯介质一般有金属和非金属蜂窝芯材、轻质木材、开孔和闭孔泡沫塑料和其他合成材料，航空航天中应用最广泛的是力学性能优异的蜂窝芯材。金属蜂窝芯材主要是铝合金蜂窝芯材，非金属蜂窝芯材有玻璃布蜂窝芯材、纸蜂窝芯材和芳纶纸蜂窝芯材等，纸蜂窝芯材由于性能较低，在飞机结构中基本不用。

通过合理的设计，使用夹层结构可以在保证强度、刚度的条件下大幅减少制件的质量，因此，在强调减重的民用飞机领域应用广泛，尤其是一些次承力结构，如舵面、舱门、口盖和翼身整流罩等，几乎所有的民用飞机型号都会选用夹层结构。

蜂窝芯材的孔格形状以六角形为主，如图 2-22(c)、(e)所示；也有经过拉伸处理的蜂窝芯材，其孔格形状则呈长方形，也称过拉伸蜂窝，见图 2-22(b)；还有一种具有柔韧性的蜂窝，称为柔性蜂窝，见图 2-22(a)、(d)。在实际应用中，大部分是六角形蜂窝芯材；拉伸蜂窝芯材在长度方向上易屈曲，主要应用于具有单曲面的夹层结构制件中；柔性蜂窝相比前两种较贵，主要用于曲面部件如雷达罩等。

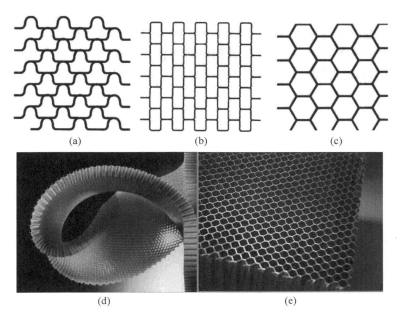

图 2-22 夹芯材料
(a) 柔性蜂窝；(b) 过拉伸蜂窝；(c) 正六角形蜂窝；(d) 柔性芳纶蜂窝；(e) 正六角形铝蜂窝

夹层结构芯材主要有以下几种类型。

(1) 铝蜂窝。铝蜂窝夹层结构一般应用于承受剪切载荷较大的部位，其面板通常也是金属板材，因为铝蜂窝和碳纤维面板同时使用时，如果两种材料之间电绝缘处理不当，就会发生电偶腐蚀。

(2) 芳纶纸蜂窝。芳纶纸蜂窝采用芳纶纸浸润酚醛树脂制成，具有广泛的应用领域。芳纶纸蜂窝和铝蜂窝相比，局部失稳的问题要小得多，因为芳纶纸蜂窝的蜂窝壁可以做得相对薄一些。此外，由于芳纶纸蜂窝材料绝缘性好不会发生电偶腐蚀，以及满足 FST（烟雾毒性）的要求，因此，芳纶纸蜂窝与碳纤维复合材料配合使用制成夹层结构常用于民用飞机复合材料设计中。

(3) 聚甲基丙烯酰亚胺（polymethacrylimide，PMI）泡沫。PMI 泡沫在进行适当的高温处理后，也能承受高温复合材料固化工艺要求，这使得它在航空领域得到了广泛的应用。中等密度的 PMI 泡沫具有很好的耐压缩蠕变性能，可以在 120~180℃ 的温度、0.3~0.5MPa 的压力下使用热压罐固化。PMI 泡沫可以满足通常的预浸料固化工艺的耐蠕变性能要求。作为航空材料，PMI 泡沫是一种均匀的刚性闭孔泡沫，孔隙大小基本一致。

(4) 聚氯乙烯（polyvinyl chloride，PVC）泡沫。PVC 泡沫的主要优点是价格相对便宜，通常用来制造小型飞机构件，制造过程中不需要热压罐，固化温度低于 120℃。在使用树脂转移模塑成型（resin transfer molding，RTM）工艺时，需注意 PVC 泡沫加热后会释放气体，应采取措施，以避免面板材料内部产生孔隙。

蜂窝夹芯的制造有两种基本方法：波纹法和拉伸法（也称展开法）。

波纹法是首先在蜂窝芯子波形模具上制成一定数量的半六角形的蜂壁，然后用粘接剂粘成蜂窝芯子（见图 2-23）。这种方法制造出的蜂窝芯子蜂格尺寸精确，可制成任何规格的蜂窝芯子,但它需要大量的模具,生产效率低,除非特殊需要,现在已很少使用。

拉伸法是普遍采用的方法,是在平整的片材上将胶刷成平行的条状,再将这些片材堆积在一起,使它们沿着条纹粘接在一起,使用时将这种堆积在一起的片材拉开即可得到蜂窝材料。此法也称为胶接拉伸法,商用铝合金蜂窝大多采用此法制备(见图 2-24)。

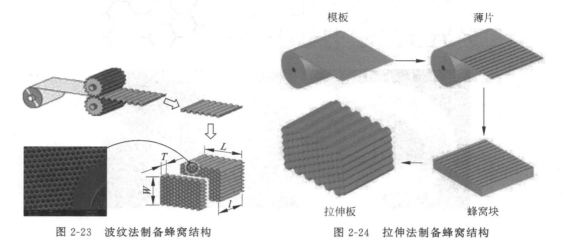

图 2-23　波纹法制备蜂窝结构　　　　图 2-24　拉伸法制备蜂窝结构

2.5　胶粘剂

胶粘剂是指能将至少两个表面持久有力地固定在一起的物质。用于复合材料结构胶接的胶粘剂通常需要在室温或指定的温度下固化,即通常为热固性胶粘剂。胶粘剂的结构多种多样,但在复合材料结构胶接过程中通常使用的主要有环氧、酚醛、聚酰亚胺、双马来酰亚胺类。通常情况下,胶粘剂主要成分的种类与复合材料的基体主要成分的种类应保持一致,即环氧树脂基体的复合材料通常采用环氧树脂类的胶粘剂,这样可以在使用环境、胶接质量等方面得到保证。

复合材料所用的胶粘剂主要有两大类:一类是双组分胶粘剂,主要用于复合材料结构的室温固化(也有少数双组分胶粘剂可用于热胶接固化);另一类是膜状胶粘剂(胶膜),用于热胶接固化。

1. 室温固化的双组分胶粘剂

室温固化双组分胶粘剂是将树脂和固化剂两种主要组分分别装在两个不同的容器中,需要时,将它们按一定的比例混合均匀后即可使用的胶粘剂。这种胶粘剂在室温下具有较长的储存期,运输、储存和使用都较为方便。

这种室温固化双组分胶粘剂的胶接强度和使用温度都较低,而且耐久性较差,主要用于复合材料结构的临时性修理。当然,有些情况下也可用于永久性修理,如小面积损伤和表面装饰性修理等。

室温固化胶粘剂在固化后,如条件允许,可加热至 80℃进行后处理,其粘接强度和耐久性可得到显著提高。

2. 中温固化胶粘剂

中温固化胶粘剂的固化温度一般在120~130℃之间,其使用温度一般为80℃左右。

3. 高温固化胶粘剂

固化温度在100℃以上的胶粘剂称为高温固化胶粘剂。高温固化胶粘剂具有较高的力学性能和耐热性,其最高使用温度为130℃左右。常用的高温固化胶粘剂有SY-14、J-116、J-98、LOCTITE EA 7000、Metlbond 1515-4、AF-555等。在民用航空复合材料结构中,最常使用的是单组分中高温固化膜状环氧胶粘剂。

4. 发泡胶粘剂

发泡胶粘剂是一种受热使其体积膨胀后再固化产生粘接作用的胶粘剂,它主要是膏状或片状的环氧树脂胶粘剂。不同发泡剂的膨胀率有很大的差别,一般膨胀率在150%~400%之间。发泡胶粘剂主要用于蜂窝块的拼接、填充蜂窝孔格和带有间隙的两个结构件之间的胶接。

发泡胶粘剂也分中温固化发泡胶粘剂和高温固化发泡胶粘剂两大类。当需要使用发泡胶时,如果胶粘剂用的是中温固化胶粘剂,则发泡胶也得用中温固化发泡胶;如果胶粘剂选的是高温固化胶粘剂,则发泡胶也得用高温固化发泡胶。发泡胶粘剂主要以片状形式供应,也可以粉末状形式供应。目前,民用航空应用的发泡剂主要以Cytec FM490和Henkel的MA 562、Synspand®系列产品为主。

2.6 原材料的储存与处理

不正确的储存和处理方式都会使复合材料的技术性能受到影响。复合材料的原材料应根据化学材料安全评估报告(material safety data sheet,MSDS)进行储存和处理,保障材料处于可用及达到预期处理后的使用性能。不正确的储存和处理,对于预浸料、粘接剂、胶膜等,都会导致复合材料的技术性能受到负面影响。因此,对原材料应严格遵照规定程序进行储存与处理。

复合材料原材料在运输存储过程中,应防止搬运过程中的外力损伤和存储过程中人为损伤。建议所有材料存储在原厂包装纸箱里,并且保留气密性包装袋上的标识,对于纤维材料禁止尖锐角弯折、起皱痕、刮痕,以及其他导致纤维断裂或损伤的行为。对于特殊材料如预浸料、胶膜和粘接材料(膏状粘接剂和混合粘接剂),供应商必须提供全程干冰储存包装运输,并在标识中注明运输必须尽快完成,还需要运输全程携带温控装置,提供全程持续性时间和温度记录,以确认中转过程存储温度未超出范围。

2.6.1 室温固化层压树脂和胶粘剂储存与处理

室温固化层压树脂和胶粘剂由一种基本材料和一种固化剂,即所谓的双组分层压树脂(或双组分胶粘剂)组成。基本材料可以是经过改性或未经改性的膏状或液体状材料,固化剂也是一种膏状或液体状材料。树脂和固化剂一般都分别罐装密封在两个容器中,每次使用时,将树脂或固化剂取出后应立即将容器重新密封好。

树脂和固化剂按比例混合均匀对层合板的质量和胶接质量极为重要,因此,在进行树脂和固化剂的称量和混合时必须格外仔细、认真。

1. 室温固化层压树脂和胶粘剂的储存

树脂和固化剂一般都要求低温储存,这一要求以及材料的存放寿命在材料规范中有明确规定,应特别注意,有时候树脂的存储期限会不同于固化剂的保质期限。超过存放期的材料不得再使用,但经重新取样进行性能测试表明材料的基本性能和工艺性能仍能满足使用要求的材料可继续使用。从低温下取出的材料,必须待温度达到室温后方可打开容器。

2. 室温固化层压树脂或胶粘剂的配制

配制前的准备工作和配制注意事项如下:①修补的全部准备工作已经完成,损伤已经切除,修补面的台阶或斜面的制备已经按要求完成,并经溶剂擦拭后按要求进行了干燥处理;②存放在低温下的层压树脂或胶粘剂已经提前取出,并已达到室温;③如果是配制层压树脂,则增强织物已经按所要求的面积裁好,并经称量后铺放在工作台上的聚乙烯薄膜上;④称量用的天平(或电子秤)、配胶容器、搅拌棒均已准备好,称量时精确至 0.1g,含蜡纸杯不能用作配胶容器,搅拌棒需要 4 支,取树脂和固化剂各用 1 支,搅拌用 1 支,涂抹用 1 支;⑤层压树脂或胶粘剂的用量已经按要求计算好,而且所配胶量在其使用活性期内应能用完;⑥树脂和固化剂至少应搅拌 5min,以使其充分搅拌均匀,特别要注意将容器壁和死角处的树脂或固化剂搅拌均匀;⑦修补完毕后,在层压树脂或胶粘剂固化之前,应及时用溶剂将搅拌棒、配胶容器以及其他工具设备清洗擦拭干净。

3. 固化

树脂和固化剂一旦混合均匀后,必须尽快涂抹在修补区域内或用于浸渍增强织物,而且应确保在其使用活性期内给胶层或层合板施加真空压力,使其在真空压力下进行固化。固化时间取决于室温,室温比较低时,如在冬季,固化所需要的时间较长;室温较高时,如在夏季,则固化所需要的时间较短。如条件允许,可在室温下固化 2~3h 后将其加热至 80℃ 进行后固化,进一步提高修补层的性能和修补质量。

2.6.2 胶膜储存与处理

胶膜是一种卷绕在卷筒上并装在防潮塑料袋内的片状胶粘剂。当要求大约在 120℃ 和 180℃ 固化温度进行热胶接修补时,需要使用这种胶粘剂。

胶膜储存:胶膜一般储存在温度 -25~-18℃ 的冰冻条件下。对于每一种胶膜,其材料规范都规定了相应的储存条件:从冰冻条件下取出的材料,必须在温度达到室温后才能开启防潮密封袋,以免在材料上形成冷凝水。材料不用时,应重新密封并放回冷库(或冰箱)储存。胶膜在冷库内的存放时间和冷库外的存放时间都应认真做好记录。冷库内的储存时间和冷库外的存放时间只要有一项超过其材料规定期限的材料都不能再使用。

Out-time 特指材料在室温环境下最大的存储时限,超出该时间就会变得不安全且开始产生固化反应。

胶膜裁切:胶膜可用锋利的手工刀或剪刀裁切成所需要的形状和尺寸。裁好的胶膜在铺贴之前,应当两面都带原有的离型纸平放保存。

胶膜铺贴:铺贴胶膜时,应防止胶膜受弯折而损坏或起皱。铺贴时,先去掉一面的离型纸。然后将这一面小心地铺贴在准备好的修补区域内,并尽可能避免裹入空气。用手或小辊滚压,使胶膜紧贴修补面,直至胶膜与修补面贴牢后再去掉上面的离型纸。

2.6.3 预浸料储存与处理

1. 预浸料的储存

预浸料通常储存在温度-25～-18℃的冰冻条件下。每一种预浸料的材料规范都会对其储存条件做出规定,预浸料从冷库中取出后,须待其温度达到室温后方可打开防潮塑料袋,以免在材料上形成冷凝水。材料不用时,应重新密封并放回冷库(或冰箱)储存。预浸料在冷库内的存放时间和冷库外的存放时间都应认真做好记录。冷库内的储存时间和冷库外的存放时间只要有一项超过其材料规范规定的期限的材料都不能再使用。如图2-25所示为预浸料的储存寿命。

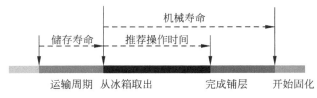

图2-25 预浸料储存寿命

2. 预浸料的裁剪

裁剪前,应先用丙酮将裁剪样板、钢板尺、剪刀和手工刀等裁剪工具擦拭干净。然后,用锋利的剪刀或手工刀按照所要求的纤维方向将预浸料裁剪成一定的形状和尺寸。裁剪时,样板(或钢板尺)与预浸料之间应当用离型纸隔开,以免样板直接接触预浸料而产生粘接现象,不便操作。裁好的预浸料应当在双面带离型纸的情况下平放保存待用。

3. 预浸料的铺贴

铺贴预浸料时,应当注意不要使纤维受到弯折、撕裂等损伤或使纤维的排列方向产生偏差。铺贴时,应仔细对准零件图样所要求的纤维方向,并尽可能避免裹入空气。用压辊滚压使其与修理表面或前一层铺层完全贴合,然后,将其表面的离型纸或离型塑料薄膜去掉再铺下一层,切不可将离型纸(或塑料薄膜)遗留在两层铺层之间。

4. 固化

所有层合板都应当在加热和加压的条件下进行固化。在修补作业中,通常是通过抽真空而施加负压,有些情况下,也可以采用夹具等工具施加机械压力。在加热之前需要先抽真空检查真空袋的密封是否完好,如有漏气现象应立即排除。只有当真空度达到要求时才能开始加热进行固化。在整个固化过程中,必须认真记录温度和真空压力。除非另有说明,固化结束后必须待温度降低至50℃以下时方可卸掉真空压力。

2.6.4 干纤维织物的存储与处理

干玻璃纤维和干碳纤维须存储在不超过20℃的温度环境。存储库房温度必须恒定在合适的范围,且每天必须做两次记录;干芳纶纤维除了上述玻璃纤维和碳纤维的温度要求外,还应当存储在干净、密封的聚亚氨酯袋内,以最大限度减少吸收水分和避免阳光照射,因为受紫外线影响其性能会降低。

2.6.5 原材料的分装

在很多场合下,购买整卷预浸料不具备可操作性。同样,对于大多数用户而言,并不是每次都将整卷的预浸料在处理寿命期限内一次用完,因此材料可以分切成小包,可以购买到仅仅几码的材料,或者将其分成小包装。

一整卷的材料可能需要耗时 8.0h 解冻,解冻小包装的材料时花费的时间可以缩短,可能只需要 1.0h,甚至更短的时间。仅需将需要小包装的材料数量暴露于冰库外供修理用,每一个小包装可以存储在单独的密封袋内,且都有对应的材料信息。

第3章 树脂基复合材料成型与加工

3.1 复合材料结构类型

航空航天领域所应用的复合材料结构一般分为两类,即层合结构和夹层结构,其中夹层结构的夹芯材料可能是蜂窝也可能是泡沫,如图3-1所示。

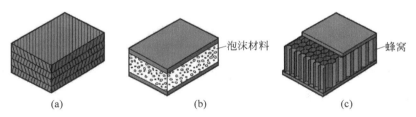

图 3-1 复合材料结构类型
(a) 层合结构;(b) 泡沫夹芯结构;(c) 蜂窝夹芯结构

3.1.1 层合结构

复合材料层合结构指经过适当的制造工艺(如共固化、二次胶接、机械连接等),主要由层合板形成的具有独立功能的较大三维结构,如翼面结构的梁、肋、壁板、盒段、机身侧壁以及飞机部件等。而层合板指由二层或多层不同的铺层通过树脂固化彼此粘接在一起构成的复合材料板,构成层合板的铺层可以是同种材料,也可以是不同材料,每层方向和铺层顺序按照结构元件的受力要求来设计,从而使形成的层合板达到满意的性能(见图3-2)。

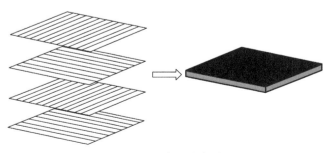

图 3-2 层合板示意图

铺层及其方向的表示：铺层是层合板的基本结构单元，其厚度很薄，通常为 0.1～0.3mm。铺层中增强纤维的方向或织物径向纤维方向为材料的主方向（1向，即纵向）；垂直于增强纤维方向或织物的纬向纤维方向为材料的另一个主方向（2向，即横向）。1-2 坐标系为材料的主坐标系，又称正轴坐标系；x-y 坐标系为设计参考坐标系，如图 3-3 所示。

铺层是有方向性的，铺层的方向用纤维的铺向角（铺层角）θ 表示。所谓铺向角（铺层角）就是铺层的纵向与层合板参考坐标 x 轴之间的夹角，由 x 轴到纤维纵向逆时针旋转为正。参考坐标系 x-y 与材料主方向重合则为正轴坐标系（见图 3-3(a)）。x-y 方向与材料主方向不重合则称偏轴坐标系，如图 3-3(b) 所示。铺层的正轴应力与偏轴应力也在图 3-3 中标明。

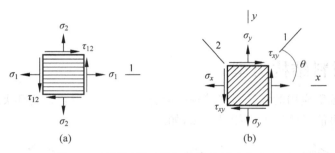

图 3-3　铺层材料正轴与偏轴坐标系和应力
(a) 正轴坐标系和应力；(b) 偏轴坐标系和应力

层合板的表示方法：为了满足设计、制造和力学性能分析的需要，必须简明地表示出层合板中各铺层的方向和层合顺序，故对层合板规定了明确的表示方法，如表 3-1 所示。

表 3-1　层合板表示方法

层合板类型		图示	表示法	说明
一般层合板		0 −45 90 45	[45/90/−45/0]	铺层方向用铺向角表示，按由下向上的顺序写出，铺向角间用"/"分开，全部铺层用"[ ]"括上
对称层合板	偶数层	0 90 90 0	$[0/90]_s$	只写出对称中面下的一半铺层，右括号外加写下标"s"，表示对称关系
	奇数层	45 0 90 0 45	$[45/0/\overline{90}]_s$	在对称中面的铺层上方加顶标"—"表示

续表

层合板类型	图示	表示法	说明
具有连续重复铺层的层合板	0 / 0 / 45	$[45/0_2]$	连续重复的层数用下标数字表示
具有连续正负铺层的层合板	-45 / 45 / 90 / 0	$[0/90/\pm 45]$	连续正负铺层用"±"或"∓"表示，上面的符号表示前一个铺层，下面的符号表示后一个铺层
由多个子层构成的层合板	-45 / 45 / -45 / 45	$[45/-45]_2$ 或 $[\pm 45]_2$	在层合板内一个多次重复的多向铺层组合叫子层合板。子层合板的重复数用下标数字示出
织物铺层层合板	0,90 / ±45	$[(\pm 45)/(0,90)]$	织物用圆括号"()"以及经纬纤维方向表示，经向纤维在前，纬向纤维在后
混杂铺层层合板	0G / 45K / 90C	$[90_C/45_K/0_G]$	纤维的种类用英文字母下标出：C 表示碳纤维，K 表示芳纶纤维，G 表示玻璃纤维，B 表示硼纤维
夹层板	45 / 0 / C_5 / 0 / 45	$[45/0/C_5]_s$	面板铺层的表示同前，C 表示夹芯，其下标数字表示夹芯厚度，单位为毫米

层合板铺层对层板结构的性能影响显著，通常采用以下铺层原则。

1. 均衡对称铺设原则

除了特殊需要外，结构一般均设计成均衡对称层合板形式，以避免拉-剪、拉-弯耦合而引起固化后的翘曲变形。如果设计需要采用非对称或非均衡铺层，应考虑工艺变形限制。将非对称和非均衡铺层靠近中面，可减小层合板工艺变形。

2. 铺层定向原则

在满足受力的情况下，铺层方向数应尽量少，以简化设计和施工的工作量。一般多选择 0°、90°和±45°等 4 种铺层方向。如果需要设计成准各向同性层合板，可采用 $[0/90\pm 45]_s$ 或 $[60/0/-60]_s$ 层合板，见图 3-4。

3. 铺层取向按承载选取原则

铺层的纤维轴向应与内力的拉压方向一致，以最大限度利用纤维轴向的高性能。具体地说，如果承受单轴向拉伸或压缩载荷，则纤维铺设方向一致；如果承受双轴向拉伸或压缩

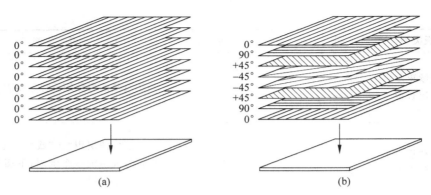

图 3-4 不同铺层的层合板结构
(a) 单一方向铺层；(b) 准各向同性铺层

载荷,则纤维方向按受载方向 0°、90°正交铺设;如果承受剪切载荷,则纤维方向按＋45°、－45°成对铺设;如果为承受拉伸(或压缩)和剪切的复合载荷情况,则纤维方向应按 0°、90°、＋45°、－45°多向铺设。90°方向纤维用以改善横向强度,并调节层合板的泊松比。

4. 铺设顺序原则

主要从三方面考虑:应使各定向单层尽量沿层合板厚度均匀分布,避免将同一铺层角的铺层集中放置。如果不得不使用时,一般不超过 4 层,以减少两种定向层的开裂和边缘分层。如果层合板中含有＋45°层、0°层和 90°层,应尽量在＋45°层和－45°层之间用 0°层或 90°层隔开,在 0°层和 90°层之间用＋45°层或－45°层隔开,并应避免将 90°层成组铺放,以降低层间应力。对于暴露在外的层合板,在表面铺设织物或±45°层,将具有较好的使用维护性,也可以改善层合板的压缩和抗冲击性能。另外,铺设顺序对层合板稳定性承载能力影响很大,这一因素也应考虑。

5. 铺层最小比例原则

为使复合材料的基体沿各个方向均不受载,对于由方向为 0°、90°、±45°铺层组成的层合板,其任一方向的最小铺层比例应≥6%～10%。

6. 冲击载荷区设计原则

对于承受面内集中力冲击部位的层合板要进行局部加强。应有足够多的纤维铺设在层合板的冲击载荷方向,以承受局部冲击载荷。还要配置一定数量与载荷方向成±45°的铺层,以便将集中载荷扩散。另外,还需采取局部增强措施,以确保足够的强度。对于使用中容易受到面外冲击的结构,其表面几层纤维应均匀分布于各个方向,相邻层的夹角尽可能小,以减小基体受载的层间分层。对于仍不能满足抗冲击要求的部位,应局部采用混杂复合材料,如芳纶或玻璃纤维与碳纤维混杂。

7. 连接区设计原则

应使与钉载方向成±45°的铺层比例不小于 40%,与钉载方向一致的铺层比例大于 25%,以保证连接区有足够的剪切强度和挤压强度,同时也有利于扩散载荷和减少孔的应力集中。

8. 变厚度设计原则

在结构变厚度区域，铺层数递增或递减应形成台阶逐渐变化，因为厚度的突变会引起应力集中。要求每个台阶宽度相近且不小于60°，台阶高度不超过宽度的1/10，然后在表面铺设连续覆盖层，以防止台阶外发生剥离破坏。

9. 开口区铺层原则

在结构开口区应使相邻铺层的夹角不大于60°，以减少层间应力。开口形状应尽可能采用圆孔，因为圆孔边应力集中较小。若必须采用矩形孔，则拐角处要采用半径较大的圆角。另外在开口时，切断的纤维应尽可能少。

3.1.2 夹层结构

夹层结构是一种非常轻质的结构形式，其具备很高的比刚度和比强度。夹层结构是复合材料结构的特殊形式，它是由不同材料相互粘接组合，通过利用各组分的性能特点达到整个系统组成的结构优势。夹层结构一般由比较薄的上面板、下面板与芯材的粘接层、较厚的芯材、下面板与芯材的粘接层以及较薄的下面板所构成，这五个要素组成了一个整体的夹层结构，如图3-5所示。夹层结构的面板可以是复合材料层合板，也可以是铝合金板、钛合金板等。典型的面板材料包括铝、玻璃纤维、芳纶及碳纤维。芯材的材料包括金属和非金属蜂窝芯、轻质木材、开孔和闭孔泡沫塑料和其他合成材料，一般情况下蜂窝芯材较泡沫芯材昂贵，但具备更好的性能，而航空产品青睐于性能更高且价格更贵的蜂窝芯材。蜂窝芯子一般是铝蜂窝、玻璃纤维蜂窝、芳纶纸蜂窝，芯子的形状有正六边形、长方形等，通常使用正六边形。为了材料的相容性，现在主要采用芳纶纸蜂窝（Nomex蜂窝芯子）。

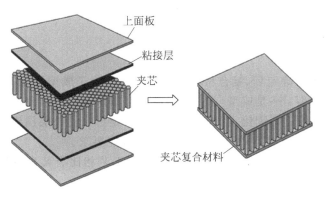

图 3-5 蜂窝夹层结构的组成

夹层结构传递载荷的方式类似于工字梁。工字梁的翼板位置离断面的中性轴最远，以承受面内拉压应力。腹板使翼板之间保持一定的距离而彼此分开，同时腹板在两个翼板之间分散剪应力。同样，夹层结构中，具有高强度、高模量的上下面板承受面内拉压应力，而质轻的芯材夹在中间使上下面板分开保持一定的距离，并分散剪应力。如果从承受侧向载荷的蜂窝夹层结构中取一个单元，则该单元的总体受力如图3-6所示，剪力 F_X 和 F_Y 由蜂窝夹芯承受，弯矩 M_X 和 M_Y 通过面板受轴力来承受，即通过上、下面板分别受拉（或压）、压

（或拉）来承受；轴力 N_X 和 N_Y 也由上、下面板承受，扭矩 M_{XY} 也由上下面板分别受剪来承受。

夹层结构的弯曲刚度性能主要取决于面板的性能和两层面板之间的高度，高度越大其弯曲刚度就越大。夹层结构的芯材主要承受剪应力并支持面板使其不失去稳定性，通常这类结构的剪力较小，芯材能足够承受。选择轻质的芯材可大幅度减小结构的质量，在飞机结构中具有重要的应用价值。面板很薄的夹层结构承受冲击载荷的能力较小，所以面板的厚度必须满足一定的条件。由于芯材是由轻质且相对于面板强度较低的材质做成，因此，芯材可以大面积地分布在上下面板之间，而并非像工字梁腹板那样对翼板提供局部支撑。

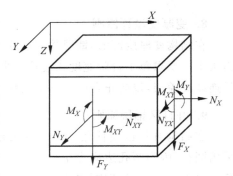

图 3-6　蜂窝夹层单元体受力状态

蜂窝夹层结构除具有上述受力特性外，还有如下特性：①蜂窝夹层结构有比常规金属结构更高的比强度；②蜂窝夹层结构与厚度等于上、下面板厚度之和的层合板相比，有更高的抗弯刚度；③蜂窝夹层结构具有较高的结构阻尼，较高的吸音和耐声振疲劳的性能；④蜂窝夹层结构具有隔热性能，并具有光滑的气动外形，蜂窝结构面板较薄，对低速冲击损伤敏感。

复合材料夹层结构在飞机结构中有着广泛的应用，对结构高度大的翼面结构和蒙皮壁板（尤其是上翼面壁板）采用夹层结构能明显减小质量。对于结构高度小的翼面结构，采用全高度夹层结构代替梁肋式结构也能带来明显的减重效果。目前飞机复合材料夹层结构主要应用部位有起落架舱门、雷达罩、地板、发动机短舱、飞行控制面（襟翼、副翼、升降舵、扰流板等）、翼身整流罩、翼梢小翼和蒙皮等。

3.2　复合材料结构成型工艺

当纤维与树脂体系确定后，复合材料的性能主要取决于成型固化工艺。所谓成型固化工艺包括两方面的内容：一是成型，就是将预浸料根据产品的要求铺置成一定的形状，一般就是产品的形状；二是进行固化，就是使已铺置成一定形状的叠层预浸料在温度、时间和压力等因素影响下使形状固定下来，并能达到预计的性能要求。

聚合物基复合材料的成型工艺与其他材料加工工艺相比有其自身特点，其制造工艺通常称为"特殊工艺"，主要有以下几个特点。

（1）材料的形成与制品的成型同时完成。复合材料的生产过程，也就是复合材料制品的生产过程。在复合材料制品的成型中，增强材料的形状虽然变化不大，但基体的形状有较大改变。复合材料的工艺水平直接影响材料或制品的性能，如复合材料的薄弱环节是层间剪切强度，它除与纤维的表面质量有关外，重要的影响因素是制品中的空隙率。又如在各种热固性复合材料的成型方法中都有固化工序，为使固化后的制品具有良好的性能，首先应科学地制定工艺规范，合理确定固化温度、压力、保温时间等工艺参数，这些参数主要取决于选用的树脂体系。工艺过程中对工艺参数的控制直接影响制品的性能，成型过程中纤维的预处理（物理或化学方法的处理），纤维的排列，驱除气泡的程度，是否挤胶，以及温度、压力、时间控制精确度等都直接影响制品性能。工艺方法的确定与制品结构有关，应该根据制品结构和使用受力情况来选择成型工艺：如成型单向受力杆件和梁应采用拉挤法，因为拉挤成型可保证制品在顺着纤维方向上有最高的强度和刚度；板壳构件可采用连续纤维缠绕工艺，以实现各个方向具有不同的强度和刚度的要求；也可选取纤维织物（或方格布、预浸料或无纬布）铺叠得到各向异性的制品；对于载荷情况不很清楚或承受随机分布载荷的制品，选用短切纤维模压、喷射等成型方法可以获得近似各向同性的制品。利用复合材料形成和制品成型同时完成的特点，可以实现大型制品一次整体性成型，从而简化了制品结构并且减少了组成零件和连接零件的数量，这对减少制品质量、降低工艺消耗和提高结构使用性能十分有利。

（2）复合材料的成型比较方便。因为树脂在固化前具有一定的流动性，纤维很柔软，因此依靠模具容易形成要求的形状和尺寸。有的复合材料可以使用廉价简易设备和模具，不用加热和加压，由原材料直接成型出大尺寸的制品，这对单件或小批量产品尤为方便，这是金属制品工艺无法相比的。一种复合材料制品可以用多种方法成型，选择余地大，在选择成型方法时应该根据制品结构、用途、生产量、成本以及生产条件综合考虑，选择最经济和最简便的成型工艺。尽管成型复合材料制品的工艺比较简单，但具体工艺操作要求比较严格，如果材料组分、配比、纤维排布（或分布）不按设计要求，操作中形成皱褶、气泡或其他缺陷，都将影响制品的质量。应当尽量避免那些降低性能的工艺操作（如钻孔和切断纤维等），尽量减少和消除性能薄弱区。如果成型过程中热固性基体的复合材料制品出现缺陷，多数情况会因不可修复而报废，材料也无法回收再利用。当前复合材料的原材料成本较高，尤其用在国防上的高级纤维和特种树脂价格昂贵，只有在操作上小心仔细才能减少和避免浪费。工艺过程中操作人员要接触化学药品、飞沙和粉尘，因此生产中应采取防护措施和注意劳动卫生，以保证人身安全和身体健康。

（3）可设计性、可配制性显著。树脂基体属线性高分子材料，具有可塑性，是一种可改变其原料种类、方式的材料。可根据最终制品的应用要求和环境条件，任意设计原材料配方，配制出适应不同要求的材料体系。

复合材料及其制件的成型方法，是根据产品的外形、结构与使用要求，结合材料的工艺性来确定的。从20世纪40年代聚合物基复合材料及其制件成型方法的研究与应用开始，随着聚合物基复合材料工业迅速发展和日渐完善，新的高效生产方法不断出现。

3.2.1 手糊成型工艺

手糊工艺是聚合物基复合材料制造中最早采用和最简单的方法。其工艺过程是先在模具上涂刷含有固化剂的树脂混合物，再在其上铺贴一层按要求剪裁好的纤维织物，用刷子、压辊或刮刀压挤织物，使其均匀浸胶并排除气泡后，再涂刷树脂混合物和铺贴第二层纤维织物，重复上述过程直至达到所需厚度为止。然后，在一定压力作用下加热固化成型（热压成型），或者利用树脂体系固化时放出的热量固化成型（冷压成型），最后脱模得到复合材料制品，如图3-7所示。

手糊成型工艺是复合材料最早的一种成型方法，虽然它在各国复合材料成型工艺中所占比例呈下降趋势，但仍不失为主要成型工艺。这是由于手糊成型具有以下优点：①手糊成型不受产品尺寸和形状限制，适宜尺寸大、批量小、形状复杂产品的生产；②设备简单、投

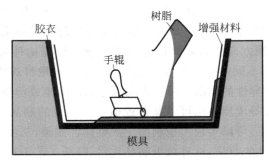

图 3-7 手糊成型示意图

资少、见效快,设备折旧费低;③工艺简便、生产技术易掌握,只需短期培训即可进行生产;④易于满足产品设计要求,可以在产品不同部位任意增补增强材料;⑤制品树脂含量较高,耐腐蚀性好。手糊成型的缺点为:①生产效率低、劳动强度大、速度慢、生产周期长、不易批量生产;②产品质量不易控制,性能稳定性不高;③产品力学性能较低;④生产环境差、气味大、加工时粉尘多,易对施工人员造成伤害。

手糊工艺也可直接使用预浸料制作复合材料制品。例如,首先在模具中涂覆脱模剂,将剪裁好的预浸料按一定方向和顺序逐层铺叠,直至所要求的厚度或层数,然后经加热、加压固化,脱模和修整后制成复合材料制品。

3.2.2 热压罐成型工艺

热压罐成型是用真空袋密封复合材料坯件组合件放入热压罐中,利用罐内均匀的温度和压力进行固化成型制备复合材料制件的一种工艺方法,热压罐法相当于将真空袋压法的抽气、加热以及加压固化放在压力罐中进行。加温前,先将袋抽真空,除去空气和挥发物,然后按不同树脂的固化制度升温、加压、固化。

热压罐通常是一个卧式金属压力容器,将未固化的手糊制品加上密封胶袋,抽真空,然后连同模具用小车推进热压釜内,通入蒸汽(压力为 1.5~2.5MPa),并抽真空,对制品加压、加热,排出气泡,使其在热压条件下固化(见图 3-8)。它综合了压力袋法和真空袋法的优点,生产周期短,产品质量高。热压罐法能够生产尺寸较大、形状复杂的高质量、高性能复合材料制品,产品尺寸受热压罐限制。热压罐成型技术经过近 30 年的发展,目前已经成为国内先进树脂基复合材料最成熟的成型技术之一,已开发应用的产品有机翼、尾翼、卫星天线反射器、导弹再入体、机载夹层结构雷达罩等。此法的最大缺点是设备投资大、质量大、结构复杂、费用高等。

热压罐成型技术从最初铺贴、裁剪主要依靠手工发展到与预浸料自动下料、激光辅助定位铺层等数字化技术相结合,提升了热压罐成型技术水平,明显提高了预浸料铺贴、裁剪的精度,进而提高了复合材料的制造效率和构件质量。热压罐成型技术的进一步发展将是和自动铺放技术相结合,满足大型复合材料构件的高效优质制造的需求。

所谓自动铺放技术是以带有隔离衬纸的单向预浸料为原料,在切割区域完成预定形状的切割,经加热装置加热后,产生适于铺放的粘性,然后在压实装置的作用下直接铺贴到模具或者上一层预浸带表面的铺放方式,采用数控铺层设备,通过数字化、自动化的手段实现

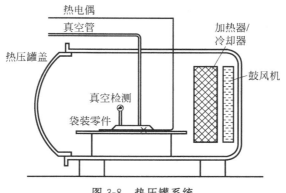

图 3-8　热压罐系统

复合材料预浸布、带的连续自动切割和自动铺放。主要过程是将复合材料预浸料安装在铺放头中,预浸料由一组滚轮导出,并由压紧滚轮压紧在工装或上一层已铺好的材料上,用切割刀将材料按设定好的方向切断,能保证铺放的材料与工装的外形一致。自动铺放技术包括预浸料自动铺带技术和纤维自动铺放技术,前者适合铺放形状相对比较简单的复合材料构件,后者可以铺放形状复杂的复合材料整体结构。自动铺带技术具有铺放效率高、纤维取向偏差小、铺层间隙控制精度高以及材料利用率高等优点,国外已广泛用于复合材料机翼和尾翼等大型复合材料构件的制造。

自动铺带技术主要涉及预浸料可铺性、高精度预浸带制造技术、铺放模具设计制造技术以及自动铺带工艺技术。国内通过对预浸料粘性和可铺性关系的研究,已经实现了预浸料粘性的调控,获得了满足自动铺带要求的预浸料,并建立了预浸料可铺性评价装置和标准。通过研究不同分切工艺对预浸带分切精度的影响,建立了预浸带高精度分切设备和技术。通过研究解决了自动铺带铺放模具定位、构件外形和局部加强对自动铺带的限制,建立了自动铺带铺放/成型模具技术和确定了自动铺带工艺参数。

纤维自动铺放技术,简称自动铺丝或纤维铺放,是 20 世纪 70 年代作为缠绕与铺放技术的改革提出的新技术。该技术既克服了纤维缠绕成型的三大限制,即周期性、稳定性、非架空,又较自动铺带有更大的灵活性,即综合了两类技术的优点。因此,自动铺丝机(见图 3-9)一经出现,就在飞机复合材料结构件制造中得到了广泛应用。自动铺丝的特点是自动化快速成型,质量可靠,主要适用于大型复合材料零件成型,在成型形状复杂的双曲面零件(如机身、翼身融合体等)时优势尤为明显,有些甚至是其他方法无法实现的。

图 3-9　自动铺丝机

3.2.3　喷射成型工艺

喷射成型一般是将分别混有促进剂和引发剂的不饱和聚酯树脂从喷枪两侧(或在喷枪内混合)喷出,同时将玻璃纤维无捻粗纱用切割机切断并由喷枪中心喷出,与树脂一起均匀沉积到模具上。待沉积到一定厚度,用手辊滚压,使纤维浸透树脂、压实并除去气泡,最后固化成制品,如图 3-10 所示。

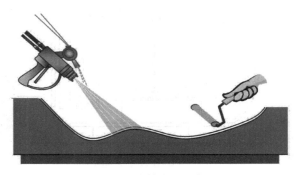

图 3-10 喷射成型示意图

喷射成型对所用的原材料有一定要求,例如树脂体系的粘度应适中,容易喷射雾化、脱除气泡和浸润纤维,以及不带静电等。最常用的树脂是在室温或稍高温度下即可固化的不饱和聚酯等。喷射法使用的模具与手糊法类似,而生产效率可以提高数倍,劳动强度降低,能够制作大尺寸制品。用该方法虽然可以成型形状比较复杂的制品,但其厚度和纤维含量都较难精确控制,树脂含量一般在 60% 以上,孔隙率较高,制品强度较低,施工现场污染和浪费较大。

3.2.4 袋压成型工艺

袋压成型工艺是将纤维预制件铺放在模具中,盖上柔软的隔离膜,在热压下固化,经过所需的固化周期后,材料形成具有一定结构的构件。袋压成型可分为三种,分别为真空袋压成型、压力袋压成型和热压罐成型。真空袋压成型的工作原理见图 3-11,其主要设备是烘箱或其他能提供热源的加热空间、成型模具以及真空系统。由于真空压力最多只能达到 0.1MPa,故该法只适用于厚度为 1.5mm 以下的复合材料板材,以及蜂窝夹层结构的成型。前者要求其基体树脂能在较低压力下固化,后者由于蜂窝夹层结构的自身特点,为了防止蜂窝芯子压塌而只能在低压下成型。成型蜂窝结构时,通常首先将面板压制出来,然后与蜂窝芯子胶接成为整体,也可采用预浸料与蜂窝芯子一次共固化成型。

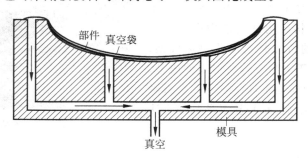

图 3-11 真空袋压成型的工作原理

压力袋成型方法(见图 3-12)是在真空袋法基础上发展起来的,目的是提高成型压力,成型一般需要压力大于 0.1MPa,而尺寸不大的结构件。薄蒙皮的成型和蜂窝结构的成型是该法的主要适用对象,压力袋成型时除了真空压力外,还加有由压缩空气产生的0.1~0.2MPa压力,因此总压力近似于达到0.2~0.3MPa,这一范围的压力适用性就相当大。本法与真空袋法一样,具有设备简单、投资较少、易于作业的优点。

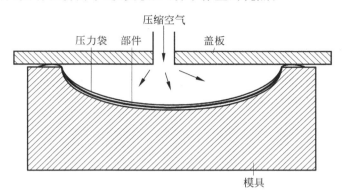

图 3-12　压力袋成型的工作原理

3.2.5　模压成型工艺

模压成型是一种对热固性树脂和热塑性树脂都适用的纤维复合材料成型方法。将定量的模塑料或颗粒状树脂与短纤维的混合物放入敞开的金属对模中,闭模后加热使其熔化,并在压力作用下充满模腔,形成与模腔相同形状的模制品,再经加热使树脂进一步发生交联反应而固化,或者冷却使热塑性树脂硬化,脱模后得到复合材料制品(见图3-13)。

模压成型工艺是一种古老的工艺技术,早在20世纪初就出现了酚醛塑料模压成型。模压成型工艺的优点为:有较高的生产效率,制品尺寸准确,表面光洁,多数结构复杂的制品可一次成型,无须有损制品性能的二次加工,制品外观及尺寸的重复性好,容易实现机械化和自动化等。模压工艺的主要缺点是

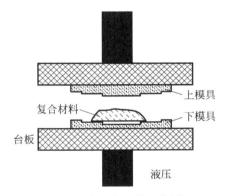

图 3-13　模压成型的工作原理

模具设计制造复杂,压机及模具投资高,制品尺寸受设备限制,一般只适合制造批量大的中、小型制品。

由于模压成型工艺具有上述优点,因此已成为复合材料的重要成型方法,其在各种成型工艺中所占比例仅次于手糊、喷射和连续成型,居第三位。近年来,由于SMC、BMC和新型模塑料的出现以及它们在汽车工业上的广泛应用,实现了专业化、自动化和高效率生产,制品成本不断降低,其使用范围越来越广泛。模压制品主要用作结构件、连接件、防护件和用于电气绝缘等,由于其质量可靠,在飞机上也得到了应用。

片状模塑料(SMC)是用不饱和聚酯树脂、增稠剂、引发剂、交联剂、低收缩添加剂、填料、内脱模剂、着色剂等混合成树脂糊浸渍短切玻璃纤维粗纱或玻璃纤维毡,并在两面用聚乙烯或聚膜包覆起来形成的片状模压成型材料。使用时,只需将两面的薄膜撕去,按制品的尺寸裁切、叠层、放入模具中加温加压,即得所需制品。

团状模塑料(dough molding compounds, DMC)及散状模塑料(bulk molding compounds, BMC)为预混模塑料。这类预混塑料主要是以聚酯为基体,因此又可称为"聚酯料团",通过增稠处理的聚酯料团称作"散状模塑料"。其成型方法主要采用压制法,此外还可采用压铸法和注射法。

3.2.6 缠绕成型工艺

将浸过树脂胶液的连续纤维或布带按照一定规律缠绕到芯模上,然后固化脱模成为增强塑料制品的工艺过程,称为缠绕成型工艺(见图3-14)。

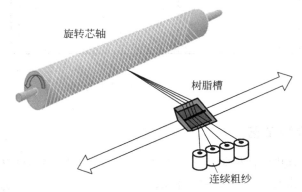

图 3-14 缠绕成型方法示意图

缠绕成型工艺具有以下优点:①由于纤维经拉伸成型,制品中纤维含量高(纤维体积分数最高可达80%),制品的强度与比强度高;通过不同的缠绕轨迹(如纵向平面、环向平面、螺旋线等)及缠绕堆积层数,可调节制品不同方向的强度来适应工作要求。②制品内表面光滑,外表面可打磨修饰。③生产效率高,可进行大批量生产。

缠绕成型工艺的缺点是制品的力学性能方向性明显,层间剪切强度低;原料、增强材料、缠绕方法等工艺参数必须互相匹配,否则对强度影响较大,不能充分发挥纤维的增强作用;缠绕设备较复杂,专用性较强。

利用连续纤维缠绕技术制作复合材料制品时有两种不同的方式可供选择:将纤维或带状织物浸渍树脂后缠绕在芯模上,或者先将纤维或带状织物缠好后再浸渍树脂,目前普遍采用前者。缠绕机类似一部机床,纤维通过树脂槽后,用轧辊除去纤维中多余的树脂。为改善工艺性能和避免损伤纤维,可预先在纤维表面涂覆一层半固化的基体树脂,或者直接使用预浸料。纤维缠绕方式和角度可以通过机械传动或计算机控制,缠绕达到要求厚度后,根据所选用的树脂类型,在室温或加热箱内固化、脱模得到复合材料制品。

利用纤维缠绕工艺制造压力容器时,一般要求纤维具有较高的强度和模量,容易被树脂浸润,纤维纱的张力均匀和缠绕时不起毛、不断头。所使用的芯模应有足够的强度和刚度,能够承受成型加工过程中各种载荷,如缠绕张力、固化时的热应力、自重等,满足制品形状尺寸和精度要求以及容易与固化制品分离。常用的芯模材料有石膏、石蜡、金属或合金、塑料等,也可用水溶性高分子材料,如以聚烯醇作粘接剂粘接型砂制成芯模。由材料力学中对承压薄壁圆筒的分析可知,当采用缠绕成型铺层时,轴向和周向铺层所用的纤维比例应为1∶2。

用连续纤维缠绕技术制造复合材料制品的优点包括:纤维按预定要求排列的规整度和

精度高,通过改变纤维排布方式、数量,可以实现等强度设计,能在较大程度上发挥增强纤维抗张性能优异的特点,制品结构合理,比强度和比模量高,质量比较稳定和生产效率较高等。其主要缺点是设备投资费用大,只有大批量生产时才可能降低成本。连续纤维缠绕法适于制作承受一定内压的中空型容器,如固体火箭发动机壳体、导弹防热层和发射筒、压力容器、大型储罐、各种管材等。在航空制造业中,主要用于雷达罩、发动机机匣、燃料储箱、飞机副油箱和过滤器等。近年来发展起来的异型缠绕技术,可以实现复杂横截面形状的回转体或断面为矩形、方形以及不规则形状容器的成型。

从缠绕方式而言,可分为极向缠绕、螺旋缠绕和周向缠绕(见图 3-15);从工艺方法上又可分为干、湿两种。随着科学技术的发展,当前缠绕机的工作已经实现了计算机控制。

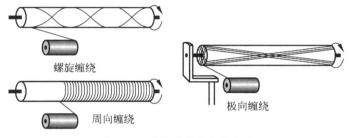

图 3-15　缠绕成型的几种方式

3.2.7　拉挤成型工艺

拉挤成型是将浸渍过树脂胶液的连续纤维束或带状织物在牵引装置作用下通过成型模定型,在模中或固化炉中固化,制成具有特定横截面形状和长度不受限制的复合材料型材(如管材、棒材、槽型材、工字型材、方型材等)。一般情况下,只将预制品在成型模中加热到预固化的程度,最后固化是在加热箱中完成的。如图 3-16 所示为拉挤成型示意图。

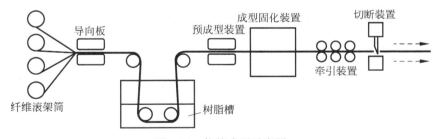

图 3-16　拉挤成型示意图

拉挤成型是复合材料成型中的一种特殊工艺,其优点为:①生产过程完全实现自动化控制,生产效率高;②拉挤成型制品中纤维含量可高达 80%,浸胶在张力下进行,能充分发挥增强材料的作用,产品强度高;③制品纵、横向强度可任意调整,可以满足不同力学性能制品的使用要求;④生产过程中无边角废料,产品无须后加工,故较其他工艺省工、省原料、省能耗;⑤制品质量稳定,重复性好,长度可任意切断;⑥通过使用不同的纤维材料与基材进行搭配(例如超高模量单向纤维或多轴向纤维、热固性树脂或热塑性树脂等),采用拉挤成型技术可以根据不同的需求生产出适用性迥异的产品,灵活性高。拉挤成型工艺的缺点是产品形状单调，只能生产线形型材，而且横向强度不高。

拉挤成型工艺过程由送纱、浸胶、预成型、固化定型、牵引、切断等工序组成。无捻粗纱从纱架引出后，经过排纱器进入浸胶槽浸透树脂胶液，然后进入预成型模，将多余树脂和气泡排出，再进入成型模凝胶、固化。固化后的制品由牵引机连续不断地从模具拔出，最后由切断机定长切断。在成型过程中，每道工序都可以有不同方法：如送纱工序，可以增加连续纤维毡、环向缠绕纱或用三向织物以提高制品横向强度；牵引工序可以由履带式牵引机完成，也可以使用机械手；固化方式可以是模内固化，也可以用加热炉固化；加热方式可以是高频电加热，也可以用熔融金属（低熔点金属）等。

传统预浸料手工铺叠成型的缺点是劳动强度大、成本高、耗时长、质量稳定性差。而传统拉挤成型的缺点是复合材料构件性能达不到主承力结构的要求，纤维/树脂比例偏低，纤维取向控制、树脂固化和二次胶接较困难。先进拉挤（advanced pultrusion，ADP）成型技术综合了手工预浸料铺叠力学性能和拉挤成型自动化的优势，根据最终型材外形和性能要求，选择预浸料的合适宽度、预浸料层数和铺层方向，使拉挤过程实现全过程自动控制，可以制备高性能、低成本的各类复合型材。由于原材料采用的是预浸料，可以根据构件的设计要求，实现任何铺层（包括单向和±45°织物预浸料）的组合，纤维含量及均匀性远优于传统的湿法纤维束拉挤，有效地提高了产品的力学性能。目前该种技术已经广泛应用于商用飞机上。ADP 成型技术的研究开始于 20 世纪 80 年代中期的日本 JAMCO 公司，经不断工艺改进，到 1995 年制造出满足空客性能要求的 T 型梁构件，1996 年开始用于 A330-200 的垂尾。随着复合材料在大型商用飞机中的大量使用，复合材料长梁、桁条型材的制造日益凸显出该成型技术的重要地位。

3.2.8 注射成型工艺

注射成型是树脂基复合材料生产中的一种重要成型方法，它适用于热塑性和热固性复合材料，但以热塑性复合材料应用最广。

注射成型是根据金属压铸原理发展起来的一种成型方法。该方法是将颗粒状树脂、短纤维送入注射腔内加热熔化和混合均匀，并以一定的挤出压力注射到温度较低的密闭模具中，经过冷却定型后，开模便得到复合材料制品。整个过程包括加料、熔化、混合、注射、冷却硬化和脱模等步骤。加工热固性树脂时，一般是将温度较低的树脂体系（防止物料在进入模具之前发生固化）与短纤维混合均匀后注射到模具，然后再加热模具使其固化成型（见图 3-17）。

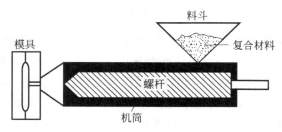

图 3-17 注射成型示意图

在加工过程中，由于熔体混合物的流动会使纤维在树脂基体中的分布有一定的各向异性。如果制品形状比较复杂，则容易出现局部纤维分布不均匀或大量树脂富集区，影响材料的性能。因此，注射成型工艺要求树脂与短纤维混合均匀，混合体系有良好的流动性，而纤维含量不宜过高，一般为30%～40%。

注射成型法所得制品的精度高、生产周期短、效率较高，容易实现自动控制，除氟树脂外，几乎所有的热塑性树脂都可以采用这种方法成型。按物料在注射腔中熔化方式分类，常用的注射机有按塞式和螺杆式两种。由于按塞式注射机塑化能力较低、塑化均匀性差、注射压力损耗大及注射速度较慢等，已很少生产，现在普遍使用的是往复螺杆式注射机。

3.2.9 反应注射成型工艺

反应注射成型(reaction injection molding, RIM)是将高反应性的树脂单体混合物注入模具中，完成聚合、交联和固化等化学反应并形成制品的工艺过程，如图3-18所示。这种将聚合反应与注射成型相结合的新工艺，具有物料混合效率高、流动性好、原料配制灵活、生产周期短及成本低的特点，适用于大型厚壁制品生产，因而受到了世界各国的重视。该法将树脂单体的聚合和模塑成型合二为一，最初成功地用于聚氨酯产品的制造，后来在此工艺中加入玻璃纤维增强材料，用来制造玻璃钢。

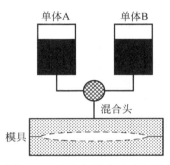

图 3-18 反应注射成型示意图

3.2.10 树脂转移模塑成型工艺

树脂转移模塑成型(resin transfer molding, RTM)是一种闭模成型工艺方法，其基本工艺过程为：在模腔中铺放按性能和结构要求设计的增强材料预成型体，采用注射设备将专用树脂注入闭合模腔，模具具有周边密封、紧固以及注射与排气系统，以保证树脂流动并排出模腔中的全部气体和彻底浸润纤维。此外，由加热系统加热固化成型复合材料构件，经固化、脱模、后加工而成制品（见图3-19）。树脂转移模塑成型技术是一种低成本复合材料制造方法，最初主要用于制作飞机次承力结构件，如舱门和检查口盖。

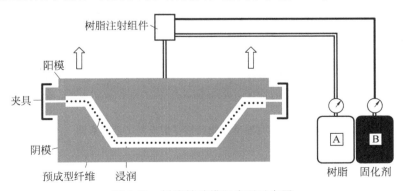

图 3-19 树脂转移模塑成型示意图

1996年美国防务预研局开展了高强度主承力构件的低成本RTM制造技术研究。目前,中小型碳纤维复合材料RTM零件的制造已经获得了较广泛的应用,而大型RTM零件也在JSF飞机垂尾上应用成功。该方法的优点是环保、形成的层合板性能好且双面质量好,在航空中应用不仅能够减少制造工作强度,而且由于能够成型大型整体件,使装配工作量减少。但是树脂通过压力注射进入模腔形成的零件存在孔隙含量较大、纤维含量较低、树脂在纤维中分布不匀、树脂对纤维浸渍不充分等缺陷,因此该技术还有改进潜力。

RTM工艺是一种不采用预浸料,也不采用热压罐的成型方法,具有效率高、投资低、绿色环保等优点,是未来新一代飞机有发展潜力的制造技术,它具有下列特点:①主要设备(如模具和模压设备等)投资少,即用低吨位压机能生产较大的制品;②生产的制品两面光滑、尺寸稳定、容易组合;③允许制品带有加强筋、镶嵌件和附着物,可将制品制成泡沫夹层结构,设计灵活,从而可获得最佳结构;④制造模具时间短(一般仅需几周),可在短期内投产;⑤对树脂和填料的适用性广泛;⑥生产周期短,劳动强度低,原材料及能源消耗少;⑦产品后加工量少;⑧RTM是闭模成型工艺,因而单体(苯乙烯)挥发少,对环境污染小;⑨建厂投资少,上马快。

一般RTM的结构存在着孔隙含量较大、纤维含量较低、树脂在纤维中分布不均、树脂对纤维浸渍不够充分等缺点,且很难适应大尺寸及厚壁制品,限制了其在船舶、汽车、建筑、航空等更多领域的广泛应用。真空辅助树脂转移成型工艺(vacuum-assisted resin transfer molding,VARTM)这一低成本的复合材料成型技术由此应运而生。与传统的RTM工艺相比,其模具成本可以降低50%~70%,它的主要特点是在RTM模具一头的进胶口和另一头出胶孔上连接真空系统(见图3-20),在树脂注入模腔前首先将进胶口封严,而出胶口的真空不断地抽吸,抽去夹杂在纤维层中的空气和附在纤维表面的水气,从而降低孔隙分量;真空使预成型纤维更紧密,使纤维体积含量大幅提高;真空形成了负压,树脂就顺真空通路沿预成型体各层面流动,充分浸渍纤维,并使纤维与树脂分布均匀。波音787的襟副翼和扰流片的制备就运用了VARTM技术,并采用了新的注射胶料和新的碳纤维丝束编织的无纬布,将纤维布缝合放入设备并预成型后注胶,在热压罐外加温模压固化。

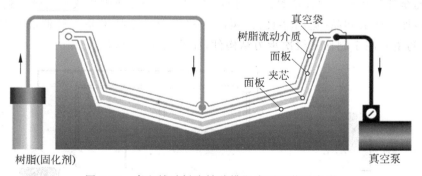

图3-20 真空辅助树脂转移模塑成型工艺示意图

3.2.11 电子束固化成型工艺

热固性树脂复合材料大多是通过加热引发固化反应而成型的,其特点是时间长,设备复杂,使得制造成本提高,限制了其在更广泛领域的应用。电子束固化成型是应用高能电子束引发预浸料中的树脂基体发生交联反应,从而得到高交联度的热固性树脂复合材料的成型方法(见图3-21)。

电子束固化工艺是辐射固化的一种,与传统的热固化成型相比,它具有许多独特的优点:①可以实现室温或低温固化。这不仅简化了成型工艺,降低了成本,而且使制件的收缩率和残余应力下降,提高了制件质量。②节约能源。电子束固化所需能量仅为热固化的1/20～1/10,采用电子束固化1kg复合材料仅需0.1～0.72kW的能量,而热固化需1.72～2.86kW的能量。③固化速度快,成型周期短。电子束固化时间常为秒级至分级,比常规热固化快10～1000倍,可成倍缩短固化时间;同时采用电子束固化方式,避免了热压罐尺寸限制制件尺寸的弊端。④适合于制备大型复合材料制件。

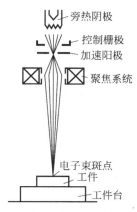

图3-21 电子束加工示意图

由于电子束固化工艺不需要热压罐等设备,因此只要电子加速器的屏蔽室允许,可以用电子束固化很大的复合材料制件。⑤可选择区域固化。电子束固化可以在构件上选择需要固化的区域进行电子束辐射,而不必对整个构件进行固化处理。⑥使用电子束固化的树脂体系一般不含易挥发的溶剂或有毒的固化剂,减少了对环境和人体的危害。⑦易于实现连续化操作。它可以与缠绕、拉挤、RTM、纤维铺放等成型工艺结合,进一步降低复合材料制造成本。⑧允许同时固化或胶接不同的材料。这主要是由于固化温度接近室温,可以忽略不同性质的材料在流动性、热膨胀系数等方面的差异,从而减少复合材料加工环节,减少成型后再切削打磨的加工费用,降低制造成本。⑨延长了树脂体系的储存期。电子束固化的预浸料在黑暗环境下理论上可无限期存放。

3.3 复合材料的界面

复合材料界面是指复合材料的基体与增强材料之间化学成分有显著变化的、构成彼此结合的、能起到载荷传递作用的微小区域。由于复合材料是由两种或两种以上的化学性质或物理相不同的材料组成的,所以除了材料的本体性质、表面性质外,还有不同材料之间的相互接触面,称为界面,如图3-22所示。界面使不同材料结合成一个整体,且对复合材料的整体性能有着决定性的影响。聚合物基复合材料通常由增强材料和基体组成,在复合材料内部存在着大量的界面(界面层)。

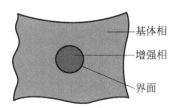 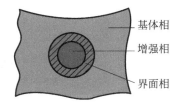

图3-22 复合材料界面

3.3.1 界面的形成

对于聚合物基纤维复合材料而言,其界面的形成可以分成两个阶段。

第一阶段是基体与增强纤维的接触与浸润过程。由于增强纤维对基体分子的各种基团或基体中各组分的吸附能力不同,它总是要吸附那些能降低其表面能的物质,并优先吸附那些能较多降低其表面能的物质,因此,界面聚合物层在结构上与聚合物本体是不同的。

第二阶段是聚合物的固化阶段。在此过程中聚合物通过物理或化学的变化而固化,形成固定的界面层。固化阶段受第一阶段影响,同时它直接决定着所形成界面层的结构。以热固性树脂的固化过程为例,树脂的固化反应可借助固化剂或靠本身官能团反应来实现。在利用固化剂固化的过程中,固化剂所在位置是固化反应的中心,固化反应从中心以辐射状向四周扩展,最后形成中心密度大、边缘密度小的非均匀固化结构,密度大的部分称作胶束或胶粒,密度小的称作胶絮。在依靠树脂本身官能团反应的固化过程中也出现类似的现象。

界面结构包括界面的结合力、界面的区域(厚度)和界面的微观结构。界面结合力存在于两相之间,并由此产生复合效果和界面强度。界面结合力又可分为宏观结合力和微观结合力:前者主要指材料的几何因素,如表面的凹凸不平、裂纹、孔隙等所产生的机械咬合力;后者包括化学键和次价键,这两种键的相对比例取决于组成成分及其表面性质。化学键结合是最强的结合,可以通过界面化学反应而产生。通常进行的增强纤维表面处理就是为了增大界面结合力。水的存在常使界面结合力显著减弱,尤其是玻璃表面吸附的水严重削弱玻璃纤维与树脂之间的界面结合力。

界面及其附近区域的性能、结构都不同于组分本身,因而构成了界面层。或者说,界面层是由纤维与基体之间的界面以及纤维和基体的表面薄层构成的。基体表面层的厚度约为增强纤维的数十倍,它在界面层中所占的比例对复合材料的力学性能有很大影响。对于玻璃纤维复合材料而言,界面层还包括偶联剂生成的偶联化合物。增强纤维与基体表面之间的距离受化学结合力、原子基团大小、界面固化后的收缩等方面因素影响,界面结合好坏直接影响复合材料宏观的力学性能(见图 3-23)。

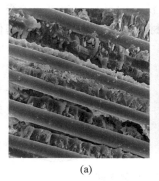
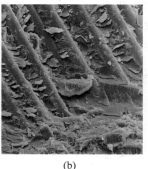

(a)　　　　　　　　(b)

图 3-23　树脂与纤维界面结合的扫面电镜图
(a)界面结合差;(b)界面结合好

3.3.2 界面作用机理

界面层使纤维与基体形成一个整体,并通过它传递应力。若纤维与基体之间的相容性不好,界面不完整,则应力的传递面仅为纤维总面积的一部分。因此,为使复合材料内部能够均匀地传递应力,显示其优异性能,要求在复合材料的制造过程中形成一个完整的界面层。

界面对复合材料的性质特别是力学性能起着极为重要的作用。从复合材料的强度和刚度来考虑,界面结合达到比较牢固和比较完善是有利的,它可以明显提高横向和层间的拉伸与剪切强度,也可适当提高横向和层间拉伸模量、剪切模量。碳纤维、玻璃纤维等韧性差,如果界面很脆、断裂应变很小而强度较大,则纤维的断裂可能引起裂纹沿垂直于纤维方向扩展,诱发相邻纤维相继断裂,所以这种复合材料的断裂韧性很差。在这种情况下,如果界面结合强度较低,则纤维断裂所引起的裂纹可以改变方向而沿界面扩展,遇到纤维缺陷或薄弱环节时裂纹再次跨越纤维,继续沿界面扩展,形成曲折的路径,这样就需要较多的断裂能量。因此,如果界面和基体的断裂应变都较低时,从提高断裂韧性的角度出发,适当减弱界面强度和提高纤维延伸率是有利的。

界面作用机理是指界面发挥作用的微观机理,关于这方面的研究工作目前已有许多理论,但还不能说已达到完善的程度,主要有以下几种。

(1) 化学键理论。就聚合物基玻璃纤维复合材料而言,化学键理论认为,偶联剂是双官能团物质,它的一部分可与玻璃纤维表面形成化学键,而另一部分能与树脂形成化学键,所以偶联剂在玻璃纤维与树脂之间起着化学媒介的作用,把它们牢固地连接在一起。在无偶联剂存在时,如果基体与纤维表面可以发生化学反应,那么它们也能够形成牢固的界面。这种理论的实质即强调增加界面的化学作用是改进复合材料性能的关键。化学键理论在偶联剂选择方面有一定指导意义。

(2) 物理吸附理论。这种理论认为,增强纤维与树脂基体之间的结合属于机械咬合与基于次价键作用的物理吸附,偶联剂的作用主要是促进基体与增强纤维表面完全浸润。一些试验表明,偶联剂未必一定促进树脂对玻璃纤维的浸润,甚至会适得其反。这种理论可作为化学键理论的一种补充。

(3) 变形层理论和抑制层理论。如果纤维与基体的热膨胀系数相差较大,固化成型后在界面会产生残余应力,将损伤界面和影响复合材料性能。另外,在载荷作用下,界面上会出现应力集中,若界面化学键破坏,产生微裂纹,同样也将导致复合材料性能变差。增强纤维经表面处理后,在界面上形成一层塑性层,可以松弛并减小界面应力,这种理论称作变形层理论。另一种理论即抑制层理论认为,处理剂是界面层的组成部分,它的模量应介于增强纤维和树脂基体之间才能起到均匀传递应力、减缓界面应力的作用。但变形层理论和抑制层理论都未能说明变形层和抑制层的形成过程和明确结构。

(4) 减弱界面局部应力作用理论。减弱界面局部应力作用理论认为,基体与增强纤维之间的处理剂提供了一种具有"自愈能力"的化学键,在载荷作用下,它处于不断形成与断裂的动平衡状态。低分子物质(主要为水)的应力侵蚀使界面化学键断裂,而在应力作用下处理剂能沿增强纤维表面滑移,使已断裂的键重新结合。与此同时,应力得以松弛,减缓了界面处的应力集中。

3.4 复合材料结构的加工

复合材料制品成型后,由于材料自身特性、模具和制品设计因素及成型条件的局限等诸因素,还要进行后处理、后加工。后加工的内容主要包括制品飞边、毛刺、料把的清除,制品表面抛光,为装配需要而进行的机械加工或连接等。

纤维增强复合材料的机械加工会出现一些常规材料所没有的问题,如纤维硬且脆(或坚韧),使刀具磨损大;树脂基体韧、不导热且温度不允许超过一定范围,复合材料传热能力很低,加工时产生的热量不易散发,粘刀具;层压复合材料在加工时极易分层等。应根据这些特点,采取相应措施,如选择坚硬的金属合金制造刀具,选择合理的加工余量,制定专门的加工工艺等,加工时应采取一些相应的润滑和冷却措施,必要时还应设计专门的加工夹具以保证加工质量。

3.4.1 复合材料切割

成形的复合材料板材、管材、棒材或层合板常需按尺寸要求进行切割。常用的切割方式有机械切割、砂轮切割、高压水切割、超声波切割和激光切割等。用机械切割纤维复合材料时易产生毛边或分层现象,故在操作过程中应特别注意。高压水切割、超声切割和激光切割能保证切割精度,自动化程度高,但需专门设计的大型设备,加工成本高。

1. 机械切割

复合材料机械切割包括砂轮片切割、带锯切割和铣削。复合材料切割一般选用金刚石砂轮片,切割的工艺参数主要有主轴转速 n 和进给量 f。主轴转速 n 较低时,刀具不易切断纤维,容易将纤维从基体中拉出;主轴转速 n 很高时,切削温度较高,易使基体熔化粘在刀具上,影响材料性能和切割质量。为保证切割表面的质量,进给量 f 不宜过大。

带锯切割切割效率较高,是目前航空企业中使用较多的一种切割方法,如图 3-24 所示,但此种切割的切口质量较差,切口不平整,往往还会在出口边产生纤维毛刺。带锯切割一般只能用于粗加工,切割复合材料时一般采用钨砂带锯条。

砂轮片切割和带锯切割一般只适合直边或圆形等简单形状的零件切割,对于复杂外形零件的切割可以采用铣削方法。复合材料铣削可采用普通铣床铣削和数控铣床铣削,普通铣削的质量差,效率低。

图 3-24 带锯切割机

在对复合材料进行维修时,经常需要去除损伤部位的材料,可采用切割机磨去或割去损伤部位的材料,如图 3-25 所示。

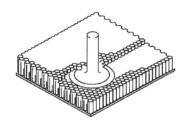 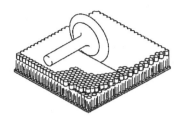

图 3-25　切割机加工复合材料

2. 高压水喷射切割

高压水喷射切割使用的介质是 $30000\sim50000\text{lb/in}^2$（$1\text{lb/in}^2=1\text{PSI}=6.895\text{kPa}$）压力下的高压水，经过一个 0.008in^2 的小孔，沿着预先规划路径用高压水喷射切割，允许以非常小的公差切割，用于已固化的零件或用于预浸料铺层的切割，以备机器或手工铺叠成复合材料，加工热随水流带走。采用高压水切割具有精度高、不产生粉尘或烟雾、表面质量好、无须二次加工、适用于自动化和较厚的零件等优点。

高压水切割通常有两种类型（见图 3-26）：一种是无研磨水喷射切割，采用这种系统切割某些类型材料时，系统的加工能力受到材料厚度的限制；另一种是有研磨水喷射切割，该系统能够切割密度大、较厚的复合材料。

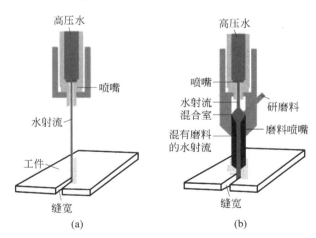

图 3-26　高压水切割示意图
(a) 纯水压切割；(b) 有研磨水压切割

使用高压水切割时应注意：射流通常会偏离切割方向一定的角度，随着壁板厚度的增加影响更明显；研磨砂砾的尺寸是确定切割面精度的一个重要因素，加工材料的类型对精度也有一定的影响；高压水切割所产生的切割缝宽大于 0.001in，并且喷射水入口的切缝比出口处宽；建议单独实验来确定切割参数，以优化切割效果。

在众多的切割方法中，只有水切割属于冷态切割，其直接利用高压水射流的动能对材料进行切削而达到切割目的，切割过程中无化学变化，它具有对切割材质理化性能无影响、无热变形、切缝窄、精度高、切面光洁等优点。高压水切割与常规切割方法相比，具有以下优点：①可切割多种复合材料，如金属基复合材料、树脂基复合材料、高分子材料等，不论材料软硬、熔点高低都可切割，尤其对硬度大、质脆的复合材料更为适用。②切缝表面质量高，边缘无毛刺和飞边，不会出现剥离和开裂缝，也不会由于水短暂暴露于边缘上而使材料性能下降，通常一次完成，不需要精加工。③由于水本身就是切割工具，被切割材料不会受热变形，也不会产生磨损和卡刀现象。适合切割热敏材料，如环氧树脂。④切割力小，尤其是沿径向方向和侧向的力小，从而避免了零件由于附加应力而变形，对薄壁零件的切割非常有利。⑤加工效率高。⑥经济效益好。高压水切割的切缝较窄，亦可进行套切，可节省材料，特别是它能切割难加工材料和加工成复杂形状。目前航空企业广泛应用高压水切割钛合金材料，可以大幅降低切割成本。

3. 激光切割

激光切割是一种热工艺，通过激光照射到材料表面，使材料温度升高，进而引起材料熔化、汽化和分解，如图 3-27 所示。激光切割是一种非接触工艺，因此可以用于复杂、易碎构件的切割，与复合材料的强度和硬度无关。然而，采用激光切割对一些不允许发生碳化和热退化的材料受到限制。

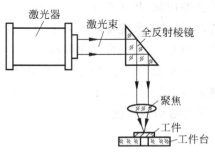

图 3-27 激光切割原理

激光切割分为激光汽化切割、激光熔化切割、激光氧气切割和激光划片与控制断裂四类。

1) 激光汽化切割

利用高能量密度的激光束加热工件，使其温度迅速上升，在非常短的时间内达到材料的沸点，材料开始汽化，形成蒸气，这些蒸气的喷出速度很大，在蒸气喷出的同时，在材料上形成切口。材料的汽化热一般很大，所以激光汽化切割时需要很大的功率和功率密度。激光汽化切割多用于极薄金属材料和非金属材料（如纸、布、木材、塑料和橡皮等）的切割。

2) 激光熔化切割

激光熔化切割时，用激光加热使金属材料熔化，然后通过与光束同轴的喷嘴喷吹非氧化性气体（Ar、He、N_2 等），依靠气体的强大压力使液态金属排出，形成切口。激光熔化切割不需要使金属完全汽化，所需能量只有汽化切割的 1/10。激光熔化切割主要用于一些不易氧化的材料或活性金属的切割，如不锈钢、钛、铝及其合金等。

3) 激光氧气切割

激光氧气切割原理类似于氧-乙炔切割。它是用激光作为预热热源，用氧气等活性气体作为切割气体。喷吹出的气体一方面与切割金属作用，发生氧化反应，放出大量的氧化热；另一方面把熔融的氧化物和熔化物从反应区吹出，在金属中形成切口。由于切割过程中的氧化反应产生了大量的热，所以激光氧气切割所需要的能量只是熔化切割的 1/2，而切割速度远远大于激光汽化切割和熔化切割。激光氧气切割主要用于碳钢、钛钢以及热处理钢等易氧化的金属材料。

4) 激光划片与控制断裂

激光划片是利用高能量密度的激光在脆性材料的表面进行扫描，使材料受热蒸发出一条小槽，然后施加一定的压力，脆性材料就会沿小槽处裂开。控制断裂是利用激光刻槽时所产生的陡峭的温度分布，在脆性材料中产生局部热应力，使材料沿小槽断开。

总之,激光加工技术拥有普通加工技术所不能比拟的优势:激光与工件之间没有力的加工作用,具有无接触、热影响小等特点;激光光束易于导向、聚焦,可以实现柔性加工,加工过程易于控制和实现自动化;激光束能量密度高,加工速度快,加工生产效率高,节约能源;整个激光加工过程清洁无污染,是一种绿色环保的加工技术。

4. 超声波切割

随着纤维复合材料在航空航天领域得到越来越广泛的应用,传统的以高速铣钻为基础的切割技术已明显力不从心,而超声切割技术可以有效地应对所有类型的复合材料。

超声切割技术的基本原理是利用一个电子超声发生器产生一定范围频率的超声波,然后通过置于超声切割头内的超声-机械转换器,将原本振幅和能量都很小的超声振动转换成同频率的机械振动,再通过共振放大,得到足够大的、可以满足切割工件要求的振幅和能量(功率),最后将这部分能量传导至超声切割头顶端的刀具上进行预浸带的切割加工。超声波切割机利用超声波的能量,将被切割材料的局部加热熔化,从而达到切割材料的目的。

典型的例子是对凯芙拉纤维的切割:用常规刀具几乎无法切断此类材料,而超声切割则很容易。另外,复合材料加工所要求的工效越来越高,而超声切割可以获得高达 60m/min 的切割速度,加工效率高。

传统高速加工方法在加工蜂窝材料时不可避免地会产生粉尘,对操作人员和工件本身造成污染,而且无法得到理想的表面和型面加工质量,而超声切割属于无切屑加工,可以完全避免对操作人员和工件的污染,并可显著地改善工件型面质量。如果采用其他方法(如高压水加工、激光切割等),蜂窝工件会受潮或发生烧灼现象,而超声切割可以完全避免这些缺点。

由于超声切割工艺具有以上优点,国外主要飞机制造企业已经广泛采用。随着复合材料技术的发展及其在航空领域的广泛应用,超声切割技术正在大范围替代以往的高速铣削、高压水切割和激光切割工艺。

3.4.2 复合材料磨铣

复合材料结构的磨铣主要包括铣削、修边、倒角、打磨等几个部分,主要要求如下。

(1) 手动铣:最好采用扭矩较大、速度较低的铣切工具。碳化铣头进刀速度高时,应该用冷却剂,铣刀直径磨损 0.04mm 就要更换刀头。反式螺纹碳化物铣头特别适于芳纶树脂复合材料,可用于分割、切缝和修整蜂窝夹层板。手动铣的缺点是要求切割力大,生产效率取决于操作者的熟练程度。采用靠模铣能克服上述缺点,速度可控,但只适用于平板形制件。一般来说,其进刀速度小,铣磨质量高。

(2) 修边和倒角:采用金刚石碳化物刀具,特别适于芳纶树脂复合材料的修边。

(3) 打磨可分为配合面打磨与胶接面打磨两种情况。对于配合面打磨及打毛边,应采用转速不小于 2000r/min 的直角打磨器。具体步骤是先用 80 号氧化铝打磨盘粗磨(干磨),然后用 240~320 号碳化硅盘去毛刺和倒角(水磨)。注意不可用打磨法消除树脂复合材料制件表面缺陷,对于胶接面打磨,采用 240 号砂纸,转速不少于 2000r/min 的打磨和修边方式。

（4）划窝速度一般为1750～6000r/min,特别适于芳纶树脂复合材料新的划窝刀具。刀具材料可用碳化物、高强度钢和嵌金刚砂的划窝头,碳化物材料适于碳纤维树脂复合材料和玻璃纤维树脂复合材料,对于硼纤维树脂复合材料和碳纤维树脂复合材料进刀要慢。

（5）磨铣与层板边缘连通的平面时,刀具从边缘进入,决不可由里向外。冷却剂采用碳氟化物,喷头应与刀具保持一定距离,最好用四槽铣刀,刀刃要锋利,铣刀为前倾角型。

3.4.3　复合材料钻孔

在热固性树脂基复合材料制品加工过程中,受模具结构和物料加工特性以及制品结构设计的限制,成型的制品在质量、精度和形状结构上不会完全满足使用要求,还得靠后加工加以解决,特别是像细长盲孔、高精度孔距、多向通孔等精度要求较高的孔,在模具设计时由于受脱模和其他因素的制约很难一次成型,因此,孔的后加工是不可避免的工序。

钻孔所用工具如下：在复合材料制品上钻出圆孔所用的工具为钻头；将工件上已有的孔眼内部加光或修整到所需尺寸的操作为铰孔,所采用的工具是铰刀；用可调整的单刃刀具使孔眼扩大的操作称为镗孔,镗孔通常由车床完成,而钻孔和铰孔由钻床完成。

在复合材料制品上钻孔的特点：由于复合材料属于粘弹性材料,与金属相比其热导率很小,热传导性能差,而钻孔过程中,钻头与孔壁之间摩擦力相当大,会产生大量的摩擦热量,而这种摩擦热会造成热固性树脂的焦化。尽管其制品经固化后已形成体形结构,其结构整体性很强,但在钻孔时,由于钻切作用会影响制品的整体性,而会使制品残留下内应力；不管是用钻头（如麻花钻）,还是用镗孔钻和铰孔铰刀加工,其加工面比较粗糙,对刀具磨损也比较大。

机械钻树脂基复合材料所用钻头用粒度小于$1\mu m$的碳化钨制成,进钻速度1.5～3mm/s。快速钻透时,压力要小,如设备能自动调节压力则更好。

芳纶树脂复合材料最好用平头钻,可使孔边飞毛少。使用一般钻头时,背面一定要衬垫牢固,垫材可用胶木。也可在复合材料两面附上撕离层（如玻璃布、压敏胶带等）,钻孔后再撕去。钻头转速为2500～3500r/min,应加水润滑。

硼纤维树脂复合材料最好用浸涂金刚砂的钻头,进钻速度为0.08～0.14mm/s。玻璃纤维树脂复合材料用涂有二硼化钛的钻,寿命可大大延长。碳纤维树脂复合材料可采用碳化钨钻头,背面需要垫板。钻的形式如标准麻花钻,每钻50～60个孔后则需要重新打磨,钻孔时用水冷却。碳纤维树脂复合材料两表层可各附一层玻璃布撕离层,钻头转速控制在2750～3200r/min区间。

超声波钻孔可大大提高金刚石钻头寿命,钻头嵌有（或烧结）80号～100号的金刚石,钻时用水冷却。典型的超声装置是：功率600W的钻轴共振器,使之在20kHz频率下共振。钻头直径不大于1.27cm的钻孔参数为：转速2250～4000r/min,进钻速度为2.54mm/min。

第 4 章 复合材料结构缺陷损伤与检测

4.1 环境对复合材料结构的影响

飞机生存环境复杂多样,飞机复合材料结构同样也需要承受执行不同任务所面临的巨大环境因素变化,包括热、冷、湿度、雷击、紫外线(UV)辐射、液体、燃料及其组合。复合材料结构通过铺层设计和组件化整体设计提高了结构整体性,减少了零件数目,减小了结构质量,简化了装配程序。然而,整体性使复合材料结构有更大的面积暴露在外界中,明显增加了结构的环境敏感性,表 4-1 列出了飞机在使用过程中可能遇到的各种环境作用的情况。

表 4-1 飞机在使用过程中可能遇到的各种环境作用的情况

分 类	转移和运输过程	储 存 过 程	飞机使用过程	维护和修理过程
自然环境	低压 低温 雨/凝露/结霜 砂/尘	高温(干/湿) 低温 雨/凝露/结霜 砂/尘 盐雾 太阳辐射 霉菌 化学侵蚀	高温(干/湿) 低温(结冰) 温度冲击 雨 冰雹/鸟撞 粒子冲击 太阳辐射 盐雾 霉菌	腐蚀老化
诱发环境	搬运冲击 振动(道路上)	无	振动 跑道碎片 气动扰动 气动加热 射弹 噪声 电磁干扰	机械冲击 振动 误操作

4.1.1 气象环境对复合材料结构的影响

复合材料结构对温度和湿度环境敏感,湿热相结合会明显降低复合材料的性能。复合材料的温度、湿度特性主要是材料的热膨胀和湿膨胀。复合材料的热膨胀系数一般较小,有利于其在精密装配方面的应用,但高温对材料性能影响较大,而在干冷环境会使基体的脆性增加。复合材料的基体和部分增强材料都具有吸湿性,复合材料的吸湿量受到一系列因素的影响,如基体和纤维的类型、吸湿时间、构件几何形状、温度、相对湿度以及暴露条件。一般情况下,热固性复合材料的吸湿量为 1%~2%,热塑性复合材料的吸湿量为 0.1%~0.3%,且 350°F(177℃)下的吸湿量大于 250°F(121℃)下的吸湿量。水分渗入基体会导致基体膨胀,从而对基体起塑性化或软化的作用,使基体玻璃转化温度(T_g)降低,导致基体控制的力学性能在高温下降低,如复合材料在较高温度的使用范围内,其压缩强度显著降低,而拉伸性能基本不变。吸湿的梯度会导致复合材料内产生微小裂纹,表面的吸湿与收缩使表面处于拉伸受力状态,如果表面的残余应力超过基体的强度,裂纹就会产生。此外,湿膨胀还增加了结构质量,减小了材料界面间应力,改变了材料的设计性能,使材料的最高使用温度严重降低。为了最大限度地减少吸湿量,可采取如下措施:①对复合材料结构机械加工的边缘和层合板的表面进行密封处理;②复合材料结构表面涂漆或保护层;③针对没有涂漆的层合板,可在构件表面铺覆一层很薄的热固性或热塑性树脂膜,以减少表面的孔隙率,防止水分通过表面渗入;④针对表面暴露在大气环境中的层合板,可在表面涂覆密封剂,以降低雨水、空气氧化、风沙及紫外线辐射的影响。

尽管碳纤维、玻璃纤维、硼纤维不受紫外线的影响,但是紫外线却能使 Kevlar-49 纤维性能降低。此外,基体材料也会受紫外线影响,损害复合材料的完整性。如果湿热环境再加上紫外线共同作用,复合材料的性能退化将更加严重。因此,飞机复合材料表面通常采用涂漆来阻挡紫外线的辐射。

机翼、尾翼的前缘容易受到雨水、冰雹和外来物的损伤,要使飞机结构完全不受冲击损伤几乎是不可能的,因此,复合材料零件的厚度应等于或接近相应铝合金零件的厚度,如大型运输机的厚度为 0.06in,小型飞机的厚度应该更小一些。副翼、升降舵和方向舵等飞行操纵面偶尔也会受到冰雹的冲击,对部件蒙皮造成损伤,甚至穿透部件蒙皮,因此也要采取必要的保护措施。

对于长期暴露在雨水、尘土和沙尘中的复合材料结构,其边缘容易受到侵蚀,可采取如下措施:①飞机的前缘构件采用橡胶涂层进行保护;②复合材料表面,如机翼、水平安定面和垂直安定面的前缘表面等,在可能的情况下,最好使用金属外层对复合材料前缘进行保护,也可使用油漆、合成橡胶、金属涂层或聚氨酯涂层;③暴露在气流下的复合材料层合板表面特别容易损坏,应该用前缘包覆膜或防剥离层(如包边)加以保护。

对于长期在沿海地区或岛屿活动的飞机,一般情况下复合材料能经受海洋环境的侵蚀,而金属材料则很难做到这一点。但海洋环境会对飞机复合材料结构的二次胶接区域和金属接头产生影响,进而降低复合材料整体的结构强度,应重点关注上述区域的腐蚀情况,以避免出现重大事故。

4.1.2 雷击对复合材料结构的影响

相较于铝合金,复合材料的导电性能较差,一些类型(例如玻璃纤维复合材料)甚至根本不导电,因此必须在飞机的复合材料结构区域采取雷电防护措施。飞机外表面的突出部位、前缘和后缘是容易遭受雷击的主要区域,机翼、尾翼表面为遭受雷击的次要区域,上述区域必须设置导电措施,以使雷击电流顺利通过,并引导到地线或静电放电器中。如图 4-1 所示,可将飞机划为三个雷击区域。区域1是雷击直接附着或离开概率较高的区域,如机头、机身尾椎等区域。区域2是从区域1(雷击直接附着点)开始,出现雷电向后扫掠冲击概率高的飞机表面,如机翼中段等扫掠冲击区。区域3是除区域1和区域2以外所有飞机表面,区域3直接遭遇雷击附着概率很低,但是其他区域一些直接附着点或扫掠附着点之间通电所产生的电流会通过其中,所以该区域也会存在相当大的电流。一般来说,飞机结构的端部,如机头、尾椎、机翼翼尖、尾翼翼尖和发动机短舱等,容易发生雷击附着,雷击附着点后面的区域为可能发生雷击扫掠冲击的区域。

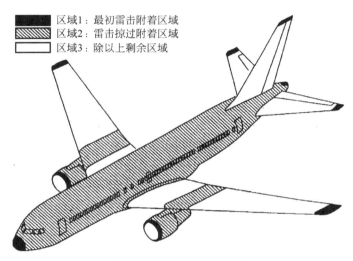

图 4-1 雷击影响的区域

雷击对复合材料的影响可分为直接影响和间接影响。直接影响由闪电通道直接造成,会对飞机结构或电子/电气系统形成物理损伤,包括撕裂、弯曲、燃烧、汽化、飞机表面/结构的爆裂,以及电子系统的损伤;间接影响是闪电所引起的飞机导线内电压或电流的瞬变,会对电子/电气系统的元件造成干扰。

飞机上的某些结构用非导电的复合材料制成,如用玻璃纤维或 Kevlar 纤维增强的树脂基复合材料制成的雷达罩。雷击对该类材料造成损伤的主要情形有以下几种。

(1) 雷击时的高电压造成该类材料的结构被击穿。原因是结构的电绝缘强度不够,特别是当在该类结构的内表面处有导体时更易被击穿。

(2) 雷击电弧和电流会使具有封闭内腔结构的腔内压力缓慢增长,最终导致结构破坏。如 F-4 的雷达罩曾两次发生这类破坏。

(3) 雷击放电电弧和雷击持续电流会引起材料烧蚀或燃烧,形成局部损伤。

(4) 雷击时的冲击波和磁力也会引起结构损伤。雷击时冲击波的压力峰值可达 10.13MPa(一般为 3.0~5.5MPa),磁力可达 10kN,但由于它们的作用时间很短,一般不会造成结构的严重损伤。

对大型飞机来说,目前在结构上为了防止雷击采取了一系列措施,下面给出常用的几种方法。

1. 网箔保护法

该方法是将铝或铜格网贴在结构表面或埋在最外层下面。Dexmet 公司的 Microgrid

格网是目前常选用的材料,为波音、安博威和其他许多飞机制造商所采用。铝和铜格网代替了旧的用金属丝编织的产品,丝束不会松开,可层压、喷涂和电镀。格网粘贴到复合材料结构上后,可承受 2×10^5 A 的电流(一般雷击电流为 1×10^5 A),修理时将其损坏部分剥掉,砂除表面,重新胶粘即可。波音公司的 787 飞机采用了铜网"全屏蔽方案"。此外,直接用不带孔的金属箔板也可以,但质量较大。

2. 表面层保护法

外表涂层中可结合加入一些导电材料,如表面喷上一些金属材料,或是在喷涂材料中掺入金属粒子,或者在漆层面上镶上装饰的导电金属条,进一步还可将装饰条发展为装饰层,能像墙纸一样贴上去,既代替了喷漆又兼有导电作用,并能容易地贴上或撕下。美国 Integument Technologies 公司开发了一种以聚合物为基料的装饰层,可在结构形成后贴上和撕下,它比传统的网状材料轻,遇雷击后粘贴的环氧基胶料汽化,可迅速更换,而且由于雷击使装饰层破坏,消耗了电能,从而保护了内层结构的安全。该材料的规格是:宽度 6～36in(152～914mm),厚度 0.076mm。美国 Lightning Diversion System 公司发展了一种很薄的被称为 Conformal Shield 的护罩产品(实际上是一种很薄的、光滑的、柔性很好的金属膜),可铺在复合材料构件外表面,能保护构件不受雷击。该产品轻,铜、铝材质的都有,表面镀镍,打磨光滑,虽价格较贵,但延展性好,适用于双曲面部位,无电极腐蚀,规格为 24～26in(610～660mm),厚度小于 0.0254mm。

3. 金属条保护法

在复合材料结构中加入导电金属条,构成通电路径,比网箔保护法质量特性更好。早期应用例如 A320 玻璃纤维雷达罩中的避雷条,而 A350XWB 针对大规模的复合材料防雷采用了多功能电网络结构,抛弃了传统的铜网屏蔽方案而代之以铜带方案,用金属条带代替一般回流用的电缆。另外在靠近机载设备、座椅滑轨、复合材料框架等处安装金属型材及条带,这样做的效果是减小屏蔽装置的质量,提高效率(见图 4-2)。空客公司已用 6063 铝合金条带做了模拟试验,并获得了良好效果,可保证设备电流的回流、导体的所有部位处于同一电位、雷击感生电流的引出等,可以保持电位的连续性,实现与金属机身等同的电网络。

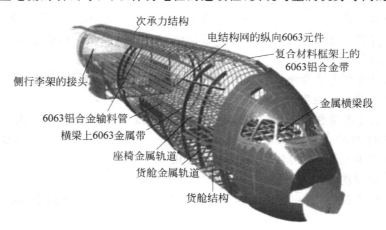

图 4-2 A350XWB 等电位结构原理图

4.2 复合材料结构缺陷与损伤的基本类型和特征

复合材料因其组分的多样性和各向异性等因素影响,其内部质量存在难以预见性,因此无论是在材料工艺研究阶段,还是在结构设计制造阶段和服役阶段,都可能产生缺陷和损伤。按照习惯分类,通常将制造过程中产生的结构异常称为缺陷,而将使用和维护过程中产生的结构异常称为损伤。

从产生缺陷与损伤的原因来看,复合材料结构的损伤可以分为制造缺陷、使用损伤以及环境损伤。所谓制造缺陷,是指材料或结构在生产过程中由于工艺方法不合理、组分材料不合格或工人操作不当等造成的损伤;使用损伤是指飞机在服役期间,由于操作失误引起的损伤,如冲击损伤、疲劳损伤;环境损伤是指飞机服役期间非人为操作引起的损伤,如雷击损伤。复合材料结构常见损伤及产生原因见表 4-2。

表 4-2 复合材料常见损伤及产生原因

损伤类型	损伤名称	典型原因
制造缺陷	表面损伤	操作失误,脱模不当
	孔隙	固化压力过低,树脂/纤维浸润性差,低分子挥发超标
	分层	存在夹杂物,含胶量过低,固化工艺不合理,制孔缺陷
	脱胶	胶接面贴合性差,胶接压力不够,胶膜工艺性差
使用损伤	表面划伤	尖锐物划伤
	表面凹陷	践踏,冲击损伤
	分层	工具跌落,设备跌落,维护台架撞击
	脱胶	非设计面外载荷,超载
	边缘损伤	边角受到撞击,可拆卸部件使用不当,开闭引起的磨损或擦伤
	穿透损伤	弹伤,尖锐物冲击
环境损伤	腐蚀坑	沙蚀,雨蚀,腐蚀性溶剂作用
	分层	冰雹冲击,跑道碎石冲击,鸟撞,热震,声震
	穿透损伤	鸟撞
	表面氧化	高温,雷击
	夹层结构面芯脱粘	蜂窝芯进水,冲击环境

根据复合材料的损伤程度,结构修理手册将损伤分为许用损伤、可修损伤及不可修损伤。

(1) 许用损伤。该类损伤不会影响飞机结构的完整性,不需要立即修理,但应在规定的时间内按规定的方法进行永久性修理。

(2) 可修损伤。这类损伤将影响飞机结构的完整性或使用功能,必须进行临时性或永久性修理,或先进行临时性修理,再在规定的时间内按规定的方法进行永久性修理。

(3) 不可修损伤。这类损伤按现有方法进行修理后无法保持结构完整性或基本的使用功能,或者即使能修理但经济性很差,必须进行更换或返回给制造商。

4.2.1 常见缺陷

聚合物基复合材料中最易产生的缺陷主要有孔隙、分层、夹杂、贫/富树脂区、纤维褶皱等。根据缺陷面积的大小,可以分为微观缺陷和宏观缺陷。在服役过程中,一些小的微观缺陷可能会因结构受力产生扩展而变成宏观缺陷。

1. 孔隙

孔隙(空隙)是复合材料的主要缺陷之一,一般分为沿单纤孔隙和层板间孔隙,包括纤维束内孔隙。当孔隙率小于 1.5% 时,孔隙一般为球状,直径 5~20μm;当孔隙率大于 1.5% 时,孔隙一般为柱状,其直径更大,孔隙与纤维轴向平行。复合材料中孔隙率高表示基体树脂没有完全浸渍纤维,从而产生如下后果:①由于纤维树脂界面粘接弱,导致复合材料的强度和模量降低;②由于纤维之间相互摩擦,使纤维损伤、断裂;③由于孔隙的连通,在复合材料中产生裂纹并扩展,孔隙通常是复合材料结构失效的裂纹源。

复合材料中孔隙的形成和长大主要是由于固化过程中挥发性气体的滞留,当滞留气体的蒸气压力超过树脂流体的内压时(即 $P_{气孔} > P_{树脂流体}$)就会形成孔隙并长大,当树脂粘度骤增,出现凝胶时,孔隙就被封闭在树脂中。孔隙产生的原因一般有如下几种:①树脂与纤维浸润性差,空气难以挤压出去;②稀释树脂所使用的溶剂、树脂中的低分子组分在加工过程中的挥发,以及固化过程中树脂的化学反应的挥发物形成孔隙;③成型工艺不合理,固化压力过低导致孔隙的产生。

根据《碳纤维复合材料层合板和层合件通用规范》(GJB 2895—1997)规定,复合材料制件关键区域的孔隙含量不大于 1%,重要区域的孔隙率不大于 1.5%,一般区域的孔隙率不大于 2%。

2. 分层

分层指层间的脱胶或开裂,这是树脂基复合材料层合结构制件中最常用的一种缺陷。通常有两类分层:①位于层合结构内部的分层,织物铺层产生了分离,这种分层与铺层界面的结合质量有着密切的联系;②边缘分层,常见的边缘分层有在层合结构周边产生的分层和在层合结构连接孔周围产生的分层。

分层对压缩性能影响较大,可能引起局部分层屈曲。在屈曲区域边缘产生高的层间剪应力和正应力,这又会引起分层的进一步扩展。如果不阻止局部屈曲,或者载荷没有改变,分层会发展到结构总体失稳,导致整个层合板破坏。复合材料层合板和夹芯结构中的分层或脱胶往往发生在最外层或接近表面的铺层。在压缩载荷作用下,分离薄层容易产生屈曲,分层出现屈曲后,减小了整个层合板的弯曲刚度,减小了结构的承载能力,进而促进了分层的不稳定快速扩展,最终可能导致结构破坏。

3. 纤维褶皱

在制备复合材料构件时,需要将增强织物铺成各种形状,这时织物易产生褶皱,呈现波纹状。褶皱将降低复合材料构件的拉伸、弯曲、剪切等性能。

4. 贫/富树脂区

在复合材料构件中,贫/富树脂区均易产生裂纹。富树脂区域强度偏低,抗疲劳、湿热与抗冲击性能较差。在无变化铺层的复合材料层合板中,采用相同冲击能量进行试验,较厚区域的冲击凹坑深度明显大于较薄区域。贫树脂区会导致两层之间不能彼此浸润,层间结合强度偏低,产生层间裂纹。

4.2.2 常见损伤类型

复合材料常见的损伤类型有：①非穿透性损伤，主要包括划痕、擦伤与分层、脱粘两种；②穿透性损伤，指所有铺层全部破坏，相当于出现孔洞；③热损伤，指由于雷击、起火、修理中的过热或操作失误导致树脂材料降解，造成局部铺层部分或全部失效。

不同复合材料结构的损伤现象也有差异，具体如下。

1. 层合结构常见损伤

层合结构在使用过程中易产生的损伤主要有以下几种。

1）表面损伤

这种损伤是指复合材料层合结构在服役过程中引起的接触划伤、划痕、裂痕、浅层裂口、凹痕等，多位于树脂表面，而未扩到层合板纤维部位。如图 4-3 所示为典型的表面凹痕。

此外，材料受外来冲击等也可引起表面损伤，如开口裂缝和凹坑等。这种损伤通常扩展到复合材料结构内部。图 4-4 和图 4-5 所示为复合材料层合结构表面产生的开口裂缝和凹坑。

对于表面损伤可以借助放大镜、手电筒等简易工具通过目视检测确定损伤位置和外观大小，对于第二种表面损伤（外来冲击）还应采用专门的检测仪器确定其扩展的深度和严重程度。

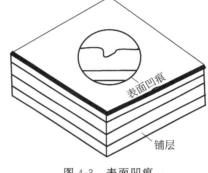

图 4-3 表面凹痕

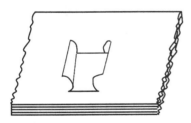

图 4-4 表面开口裂缝

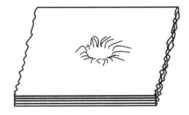

图 4-5 表面凹坑

2）分层与检测评估

分层是复合材料层合机构中最常见的损伤形式，通常主要有两类分层：①位于层合结构内部的分层。这是指织物铺层产生了分离，如图 4-6 所示，只要分层间隙没有发展成为表面可见的鼓包，通常必须应用专用的检测仪器才能检出和确定其大小、深度位置。②边缘分层。常见的边缘分层有两种，一种是在层合结构周边产生的边缘分层，如图 4-7 所示；另一种是在复合材料层合结构连接孔周围产生的分层，也叫孔边分层，如图 4-8 所示。超声是检测这些边缘分层的最有效方法，有些结构和部位的分层还可以用全息干涉、X 射线和涡流等方法检测。

3）铺层损伤与检测评估

因纤维断裂、孔隙形成而产生的裂缝、撕裂、裂口等是树脂基复合材料层合结构中的常

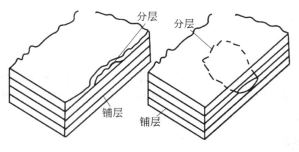

图 4-6　分层

见铺层损伤,通常分为两种形式:一种位于层合结构表面,如图 4-9 所示,这种损伤通过目视检测就能发现;另一种位于层合结构内部或在表面,虽有纤维断裂或开口痕迹,但不明显,而内部损伤则较严重,如图 4-10 所示,这种损伤必须借助超声等方法检测,以确定其大小和位置。

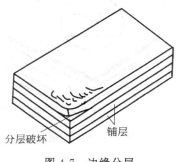

图 4-7　边缘分层

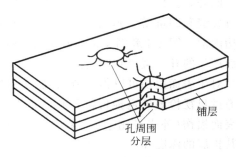

图 4-8　孔边分层

图 4-9　铺层表面损坏

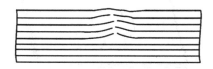

图 4-10　深层铺层损伤

4）鼓包

如图 4-11 所示为在树脂基复合材料层合结构中产生的一种最常见的鼓包损伤,主要是由于铺层间结合质量不良,在外部环境和负载作用下引起的损伤。它通常位于胶接界面,通过目视检测就可以发现,但其深度位置和损伤面积等必须用超声等方法检测和评估。

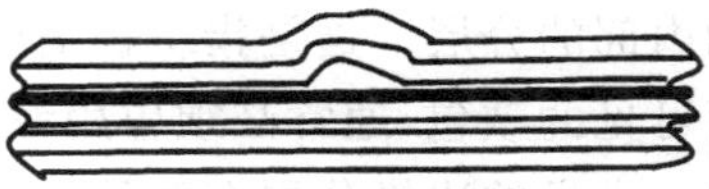

图 4-11　鼓包损伤

5）冲击损伤

冲击损伤是复合材料层合结构在服役过程中易产生的一种常见损伤,如图 4-12 所示。有的冲击损伤利用目视检测显示,其表面损伤情况并不严重,但内部损伤却严重得多。通常应采用超声检测,全息干涉法和热图方法也是冲击损伤的有效检测方法。

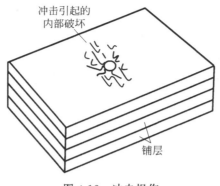

图 4-12 冲击损伤

2. 夹层结构中常见损伤

夹层结构在服役过程中产生的常见损伤主要有以下几种。

1）蒙皮-芯间脱粘

图 4-13 所示为在夹层结构中产生的常见蒙皮-芯间脱粘。用敲击法、阻抗法或谐振法能很容易地检测出这类损伤的范围和大小。

2）压坑

压坑是夹层结构中易产生的另一类损伤,如图 4-14 所示。通常芯被压皱或断裂,可分为两种类型：一种是不脱粘压坑,在结构表面虽然出现压坑,但蒙皮与芯间并未脱粘；另一类是脱粘压坑,蒙皮与芯间产生了脱粘。区分这两种损伤具有一定的难度,需要借助阻抗法、超声法、X 射线法等多种检测方法会诊才能确定。

图 4-13 蒙皮-芯间脱粘

图 4-14 蒙皮压坑

3）裂口

裂口是夹层结构在服役过程中因受到冲击等在一侧蒙皮与芯体产生的一种损伤形式,如图 4-15 所示,采用目视检测和敲击法就能很容易地确定其损伤区域。

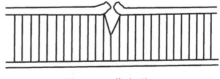

图 4-15 蒙皮裂口

4）蒙皮-芯损伤

夹层结构在服役过程中最易产生的蒙皮-芯损伤有两种形式：一种是在一侧蒙皮和芯区都产生了损伤,如图 4-16(a)所示；另一种是在两侧蒙皮和芯区都产生了损伤,如图 4-16(b)所示。这两种损伤都有可能伴随产生脱粘和芯损伤,需要借助目视检测、敲击法、X 射线法等方法检测和综合评定。

针对复合材料在飞机上的应用,从复合材料维护的角度,习惯上又将复合材料的损伤分

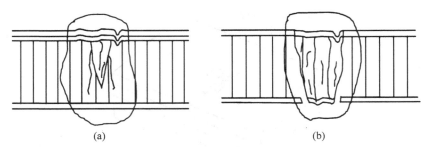

图 4-16 蒙皮-芯损伤形式
(a) 蒙皮-芯损伤；(b) 蒙皮-芯-蒙皮损伤

为三大类，即许可损伤、需修理损伤和不可修理损伤。许可损伤是指在设计寿命之内不需进行修理的结构损伤和缺陷。不可修理损伤是指损伤已经超过可修理极限，在这种情况下，复合材料结构只能进行更换。而复合材料飞机构件可分为三类：①关键部件，如果严重破坏，将会造成飞机失事；②主要部件，如果受损，将严重干扰飞机的操纵；③次要部件，如果受损，不会干扰飞机的正常操纵。损伤的评估是对这三种类型构件的损伤的检测和评估，目的是彻底了解破坏的类型，以及损伤可能对部件安全性的影响。

(1) 许可损伤

许可损伤是指不影响完整性或部件性能的小损伤。这种损伤在设计寿命之内不需要进行结构修理。许可损伤的具体尺寸在复合材料结构的检验标准或有关手册中查出。这些尺寸指的是结构本身的尺寸，并不包括表面涂层的尺寸。需要注意的是，一些许可损伤具有时间限制，这些损伤虽然是不影响结构完整及部件功能的小损伤，但在使用条件下，这些缺陷和损伤可能扩展，使结构的剩余强度下降，从而降低设计寿命，因此在时间限制结束之前，必须进行永久修复。有些损伤在许可损伤尺寸范围的边缘，这些损伤会轻微地影响部件的完整性及设计寿命，因此对这些损伤在按规定进行永久修复之前，要进行暂时修复。

许可损伤的类型：①擦伤——由于磨损、碰擦或其他表面腐蚀而引起的横截面有变化的区域损伤；②划槽——由于与尖锐物体接触而形成的连续的、尖锐或平滑的表面沟状破坏；③刻痕——一种有尖锐边缘的局部划槽，连成一线的一系列刻痕等价于一个划槽破坏；④刮痕——一种引起横截面变化的线状破坏，通常是与非常尖锐的物体接触而引起的。

具有时间限制的许可损伤类型：①裂纹——在复合材料上部分或完全断裂，它可能引起横截面的变化，但其形式通常是不规则线状，常发生于树脂基体内部；②孔洞——完全穿透表面，通常是由尖锐物体冲击而形成；③分层——由钝器冲击面引起的层间分离破坏；④脱粘——夹层结构的面板与芯体，或者共固化或胶接结构的凸缘、长梁、筋条与结构的分离，通常由钝器冲击引起；⑤潮气——通常发生在夹层结构中，由水、溶剂等通过孔洞或裂纹进入到蜂窝芯体内；⑥化学侵蚀——由化学物质对材料的侵蚀而引起的破坏。

(2) 需修理损伤

凡在制造和使用过程中产生的、影响结构完整性或部件性能的损伤均为需修复的损伤。严重损伤大都由操作不当和由外来物体的冲击造成。这些损伤在飞机使用中有可能继续扩展，例如，在交变应力作用下，分层和脱胶会进一步扩展。而对于复合材料结构，有关缺陷和损伤的进一步发展的条件，以及有关监控手段和方法还没有建立，因而复合材料结构中出现的这类损伤必须修复。

其中对脱胶与分层损伤应根据载荷性质进行具体分析。一般在拉伸载荷作用下,小的脱胶和分层对结构的影响较小,损伤的扩展也非常缓慢,应变能释放速率不会随损伤面积增大而增加。在胶接中,接头承受拉剪载荷,设计时如果有足够的安全裕度,搭接长度足够长,即使发生脱胶,脱胶层剪应力也能够重新分布,可以允许相当大的脱胶区而不影响部件的使用。而在压缩载荷作用下,复合材料结构中的分层和脱胶损伤扩展较快,可能导致复合材料屈曲破坏。根据经验,分层直径小于20~30mm,一般不会降低结构件的剩余强度。在以压缩为主的交变载荷作用下,在4000μm应变水平上,直径小于20~30mm的分层也不会扩展,因此对其可以不加修理。但若属于大面积分层,并且这类分层发生在高应力区,则必须修理和排除。

4.3 复合材料损伤的常规无损检测方法

确定进行修理之前,必须对损伤和缺陷进行检查评估。对于擦伤、刮痕、划槽及刻痕,可采用目视检查,确定损伤面积和深度。对于分层和脱粘,先目视检查表面,初步确定损伤面积和相对于任何内部结构的位置,然后用无损检测法精确标定破坏区域。对于表面穿透损伤,可用目视进行检查并确定破坏的类型和程度,确定破坏相对于内部结构的精确位置,使用X射线来确定内部破坏程度,并检查是否有分层及脱粘破坏。

当前,对于复合材料主要采用无损检测技术进行损伤的检测与判定。无损检测就是利用声、光、磁和电等特性,在不损害或不影响被检对象使用性能的前提下,检测被检对象中是否存在缺陷或不均匀,给出缺陷的大小、位置、性质和数量等信息,进而判定被检对象所处技术状态(如合格与否、剩余寿命等)的所有技术手段的总称。无损检测经历了三个发展阶段,即无损检查(non-destructive inspection,NDI)、无损检测(non-destructive testing,NDT)和无损评价(non-destructive evaluation,NDE),目前一般统称为无损检测(NDT)。工业发达国家的无损检测技术已逐步从NDI和NDT阶段向NDE阶段过渡,即用无损评价来代替无损探伤和无损检测。在无损检测技术中,自动无损评价(auto non-destructive evaluation,ANDE)和定量无损评价(quality non-destructive evaluation,QNDE)是其两个主要组成部分。

20世纪70年代以来是无损检测技术飞速发展的时期,其特点是计算机技术不断应用到无损检测领域,同时无损检测技术本身的新方法和新技术也不断出现,从而使无损检测仪器的性能得到很大的提高。目前,无损检测诊断技术正向快速化、标准化、数字化、程序化和规范化的方向发展,其中包括高灵敏度、高可靠性、高效率的无损检测诊断仪器和无损检测诊断方法,无损检测诊断和验收标准的制定以及操作步骤的程序化、实施方法的规范化、缺陷判定和评价的标准化等,将在工业生产中发挥越来越重要的作用。

无损检测在金属材料领域已经运用得很成熟,主要集中在射线检测、超声波检测、磁粉检测、渗透检测、涡流检测等常规方法。射线检测主要检测气孔、夹杂、未焊透、疏松等体积型缺陷;超声波检测主要检测裂纹、未融合、白点等面积型缺陷;磁粉检测主要检测铁磁性材料表面、近表面裂纹等缺陷;渗透检测主要检测非多孔材料开口缺陷;涡流检测主要检测导电性材料表面和近表面缺陷。

4.3.1 目视检测法

目视检测法是指仅用人的眼睛或眼睛与一些辅助设备,对飞机构件表面进行直接观察,发现构件表面损伤,并根据个人的技能和技术规范对损伤做出判断和评价。

在对飞机进行的维护工作中,目视检测法是最基本、最常用的检查方法。在对飞机进行其他的无损检测之前,对能目视到的部位都应进行必要的目视检测。对飞机的目视检测包括从最粗略的飞行前绕机一周的检查、借助照明设备和放大镜对机体表面的仔细检查,直到借助内窥镜和反光镜对机体内部表面的检查。进行目视检测时,可能要求对被检查的表面做一些准备工作,比如清洗表面,清除表面灰尘、污垢等,去除表面油漆等保护层。有时,还需要打开检查口盖、整流罩等,甚至会要求放掉油箱中的燃油、起落架减振支柱内的油液,进行结构件内表面检查。所有复合材料结构在进行无损检测之前,凡是能够目视检查到的部位都必须进行目视检查,它是复合材料结构修理检测基本的检测方法,其特点如下:

(1) 简便、快速;
(2) 能有效发现具有表面特征的损伤;
(3) 是损伤的初检方法,有利于早期发现损伤;
(4) 只需要使用普通检测工具;
(5) 检测结果受检测人员的主观因素影响大。

在进行目视检查时,因环境条件不同,检查技术要求不同,视线可达性和视力局限性及要达到的检查目的不同,还可能需要借助一些简易可行的辅助工具,以进一步提高目视检测的可检性和可靠性,如手电筒、反光镜、内窥镜等,如图 4-17 所示。

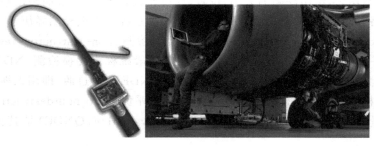

图 4-17 目视检测常用的辅助工具(内窥镜)

机场目视检测迄今仍为复合材料最基本的检查手段,最为通用的方法是被称为"绕机巡视"的目视检查。采用目视检测可以发现冲击损伤压痕、擦伤、边缘分层、边缘脱胶、裂纹、紧固件松动、雷击损伤等。应当指出:当目视检测到损伤以后,应对损伤部位进行无损检测,尽量确定损伤程度,如凹坑深度、表面和内部损伤范围等。

4.3.2 敲击法

敲击法检测是一种常用的比较粗糙的检测方法。敲击法检测是基于声学原理,用一小锤、硬币等轻轻敲击被检测复合材料结构,根据声音的变化确定损伤部位,这种方法对于检查脱胶和分层损伤是最简单和最通用的方法。当用一枚硬币或其他小的金属件轻轻敲打没有脱胶的夹芯结构时,将会听到清脆的金属铃声;如果出现脱胶,将会听到钝的重击声。敲击的速率应当足够快,以便产生足够的声响并用耳朵来辨别任何的声调差异。敲击法突出的特点如下:

(1) 简易可行、廉价;
(2) 可检出分层、脱粘等损伤;
(3) 最适合夹层结构中脱粘损伤的检测。

最常见的检测工具是根据被检测结构制作的敲击小锤,敲击小锤可以由有机玻璃、木材、钢、铜等制成。如图 4-18(a)所示为一典型的敲击法检测用的敲击小锤,采用铝合金制成。敲击法特别适用于检测层数≤3 的层合板分层损伤。

在此基础上发展起来的智能敲击检测法是利用声振检测原理,通过数字敲击锤激励被检件产生机械振动,根据被检件振动的特征来判定胶接构件的缺陷及测量胶接强度等,可用于蜂窝状结构检测、复合材料检测、胶接强度检测等。

也可以利用电磁线圈制作敲击传感器模拟敲击锤工作,然后通过电子线路对传感器接收到的因敲击产生的低频声信号进行测量分析,从而确定损伤区域。如日本生产的 WP-632"啄木鸟"(见图 4-18(b))和北京航空工艺研究所研制生产的 WSL-1 涡流声检测仪都是基于敲击原理的检测仪器。

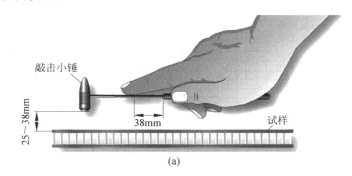

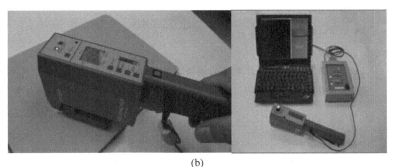

图 4-18 敲击小锤
(a) 普通敲击小锤;(b) WP-632"啄木鸟"分层敲击检测仪

采用敲击法有可能把结构内部元件变化所产生的声调改变误认为缺陷。此外,这种方法不适于噪声较大的环境,应当在尽可能安静的地方,由熟悉零件内部结构的人员进行检测。在检查薄壁件时,应避免工作表面产生小的凹坑。

不同公司规定的敲击扫描的方式也有所差异,如图 4-19(a)所示为波音公司要求的敲击扫描方式。方式一为对未修理过的结构进行测试,方式二用于修理过的区域,扫描检测时需要扩大检测的区域至少为缺陷区域尺寸的 1/3。敲击棒可以从波音公司直接购买,也可以使用按其推荐的敲击棒的具体形状及要求加工制作的铜、铝或钢棒。空客公司要求采用轻而稳定的动作以 10mm 间隔的网格形式敲击整个表面,如图 4-19(b)所示。同样,空客飞机无损检测手册中也有推荐的敲击棒和敲击锤的材料和尺寸。应注意的是,在敲击的时候敲击力要适度,避免损伤工件,特别在检测薄壁结构时。

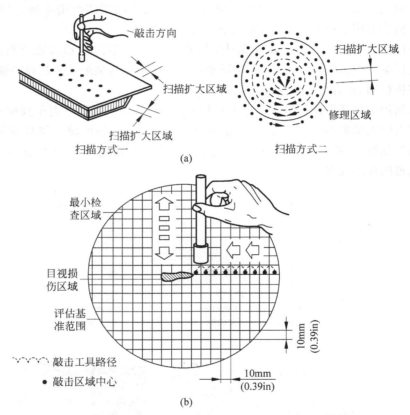

图 4-19 波音和空客公司要求的敲击检测扫描方式
(a)波音公司要求的敲击检测扫描方式;(b)空客公司要求的敲击检测扫描方式

4.3.3 超声检测法

超声检测一般指使超声波与试件相互作用,对反射、透射和散射的波进行研究,进行试件宏观缺陷检测、几何特性测量、组织结构和力学性能变化的检测与表征,并进而对其特定应用性进行评价的技术。声波可以划分为次声波($f<20$Hz)、可闻声波(20Hz$\leqslant f\leqslant 20$kHz)、超声波和特超声波($f>10$MHz)。在超声检测中,所使用的频率范围为 500kHz~10MHz。

超声波检测在均质材料检测中是项成熟技术,但在检测复合材料时遇到许多困难。复合材料的纤维和层状结构形成许多超声波反射界面,使超声波穿过试件形成许多回波,这样,要将缺陷与噪声区别开来是困难的。超声波在穿过整个复合材料的过程中,多界面使得大部分声能衰减,很难直接检查出该试件的部位缺陷。在检测较小的缺陷时,要求采用较高的频率检测来达到较高的分辨率,而频率越高的超声波在复合材料中衰减越严重,因此用超声波检测复合材料时需要采用一些与金属材料不同的方法,对仪器设备也提出了不同的要求。

作为目前国内外最为实用有效、应用最为广泛的无损检测技术之一,超声检测技术能够可靠地检测出复合材料构件中的分层、疏松、孔隙等大部分危害性缺陷,已经全面应用于航空领域的制造及维护过程中。

超声波检测法的原理:超声波对各种材料的穿透力较强,指向性好,并且遇到界面会发生反射,超声波检测法就是利用超声波的上述特性来检测构件表面及内部的缺陷。超声波在传播的路径上,如果遇到细小的缺陷,如气孔、裂纹等,就会在界面上发生反射,检测者通过分析反射的声束,便可以发现缺陷并确定缺陷的位置。超声波包括纵波、横波、板波和表面波。图 4-20 所示为横波探伤示意图。

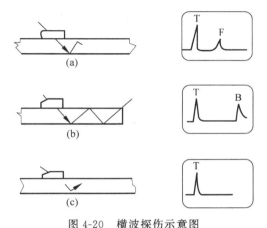

图 4-20　横波探伤示意图
(a) 有缺陷时的反射情形;(b) 端面波反射;(c) 探头离端面远时

超声波穿透法(through transmission ultrasonic,TTU)是依据脉冲波或连续波穿透构件之后的能量变化来判断损伤或缺陷的方法。穿透法常用两个探头,一个作为发射端,另一个作为接收端,分别放置在被测构件两侧进行检测,如图 4-21、图 4-22 所示。

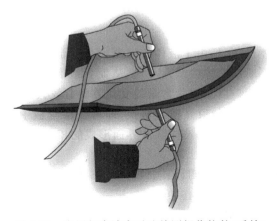

图 4-21　应用超声波穿透法检测损伤构件(手持)

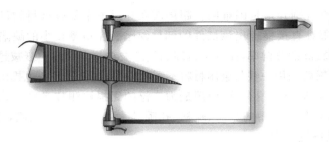

图 4-22　应用超声波穿透法检测损伤构件(水耦合)

1. 超声 C 扫描检测

超声 C 扫描检测常用脉冲回波法。超声 C 扫描已成功地用于复合材料的气孔含量、夹杂、分层、疏松等缺陷以及厚度、纤维含量、纤维取向等参数的检测。在复合材料的超声 C 扫描时,超声换能器和试件放在水槽中,用水作耦合剂,回波经门电路返回。为保证只有来自复合材料的回波能够通过,选定一个幅度阈值,如果回波幅度在阈值之上即可判定为不合格区域,在阈值之下,则可判定为合格区域。将换能器连接在机械装置上,以便在整个试件上运动,这种装置还可以配备标注阈值的绘图机构。C 扫描图像能提供试件表面之下特定深度的限幅平面图,可采用荧光示波器进行超声 C 扫描显示。

在层合板检测中,把鉴别器等级调节到最小和最大幅度间的中间位置,能够用超声波 C 扫描方法检测出纤维的取向错误。超声 C 扫描检测分层、粘合缺陷、气孔和杂质并不困难,可以在灰度色调图形中得到缺陷显示。纤维的厚度偏差在一定条件下可以检测,但试件表面的平整度和平行度、换能器的阻抗匹配、入射角和耦合状况等因素都会对检测结果产生影响。

2. 超声频谱法

利用超声频谱法检测的是从受检材料反射的超声脉冲的频谱分量或频谱,由频谱分析仪来完成,它能把接收到的波形在 CRT 上显示出来。频谱技术以材料中声波的谐振干涉现象为基础,当材料的厚度为 1/2 声波波长的整数倍时,由材料中多次反射引起的返回回波的相消干涉会产生反射信号频谱的反谐振下陷,下陷的周期与垂直于声束通道的材料厚度有关,垂直于声波传输方向的平面中的分层或气孔可以通过它们的表征反谐振频率观察到,在良好的试件与有缺陷件的反谐振频率间进行比较,即可确定缺陷大小和位置。

3. 漏兰姆波检测

兰姆波器件用于液体检测时,由于液体的出现会产生能量泄漏而成为漏兰姆波,此时在兰姆波的传播过程中会不断向液体内漏入能量,从而导致声场分量的衰减。漏兰姆波在检测复合材料的分层、疏松、切口以及树脂含量的变化方面有较大的潜力。正确选定发射频率(通常为 0.5~15MHz),使斜入射束做模式转换,即可在层合板中引发兰姆波,引发的兰姆波会改变反射场,声波中一定分量的波与漏波界面形成的相位抵消,这两组波分量之间的相位为零。

通过单向层合板实测和计算表明,沿与纤维成 45°传输的脉冲波形与沿其他方向传输相比,反射脉冲的特性差别很大:沿 45°传输时,第一主脉冲以外的响应比较弱,呈复杂的波形,而沿其他方向传输时呈现重复波形。沿与石墨纤维成 45°传输,试件中包含无缺陷区和分层区,无缺陷区没有响应,而分层区引起显著的第二脉冲,这两种区域的响应存在明显的差别,可以为复合材料进行无损检测提供有价值的信号。

超声波检测法可用于金属、非金属、复合材料制件的损伤探测,既可以检测工件内部的缺陷,也可以检测工件表面的缺陷。该方法可用来检测锻件、型材的裂纹、分层、夹杂等缺陷,铸件中的气孔、裂纹、疏松等缺陷,焊缝中的裂纹、气孔、未焊透等缺陷,复合材料的分层、脱胶等缺陷,还可以测定工件的厚度。超声波检测法的优点为:超声波的指向性好、穿透性强,对平面型缺陷十分敏感,只要声束方向与裂纹方向之间夹角达到一定的要求,即可显出损伤波,探测出缺陷所在位置,所以超声波对于检测表面或内部缺陷都是一种灵敏度很高的方法。检测使用的超声波对人体和环境无害,设备轻便,便于携带,可进行现场检测,易于实现自动化检测。该检测方法的局限性包括以下几方面:不适用于形状复杂或表面粗糙工件的损伤探测;若对工件中的缺陷做精确的定性、定量分析,需要有标准;通常需要用耦合剂充填满探头和被测构件表面之间的空隙,并不适合对大型航空复合材料构件进行外场原位检测。

麦克唐纳飞机公司研制的计算机控制超声扫描和数据采集系统(auto ultrasonic scan system,AUSS)不仅能实现高分辨率的超声检测,还扩大了缺陷检测范围,能检测胶层气孔、分层和平面型气孔的不连续性,还能检测出复合材料构件中的线型气孔、夹杂台阶-板间隙等缺陷。北京航空制造工程研究所(625所)研制的大型复合材料结构自动化超声检测系统有20个检测通道,具有独特的扫描跟踪技术,可实现对复合材料结构的B、C、T自动扫描检测,能够用于尺寸不超过7500mm×6000mm的大型结构件自动化扫描成像检测。

1997年,美国Ultran实验室利用压缩光纤作为声阻抗匹配层,成功研制出新一代空气耦合式超声换能器,解决了传统超声检测必须采用液体作为声耦合介质的缺点,为外场快速检测大型构件创造了条件。美国QMI公司的空气耦合式数字超声波探伤仪,性能可与普通超声波探伤仪相比。意大利空军已将空气耦合技术用于飞机的复合材料检测中。在美国联邦航空局的资助下,艾奥瓦州立大学NDT中心采用空气耦合超声技术(air-coupled ultrasonic testing,简称AC-UT)对复合材料蜂窝夹层结构操纵面等部件进行现场检测,涉及空客A320、波音737、MD-80和"黑鹰"直升机等多种机型,该中心开发了由低成本软硬件构成的手动通用型空气耦合超声C扫描系统GenScan,可以兼容其他仪器(如Panametrics Epoch Ⅳ裂纹检测仪),提高了复合材料的检测效率。中国飞机强度研究所研制的IUCS-Ⅱ型便携式智能超声C扫描仪基于超声脉冲反射法,超声探头采用自主研发的聚焦水囊探头,具有非常高的检测分辨率,能够定位损伤所在层,并且无须喷水耦合,可用于平面、曲面及装配后的结构件的无损检测,通过拉线式大位移传感器扫描定位系统能够在800mm/s的探头运动速度下实现缺陷的精确定位,针对不同的材料和结构形式,可按需要进行回波距离方式和回波幅度方式成像,检测结果按照与实际尺寸1∶1的显示比例实时显示输出。

激光超声检测技术利用激光束可以在空气中远距离传播的特点,无须使用耦合剂。美国F-22战机的复合材料结构已采用激光超声检测,法国、加拿大等国的民用航空飞机上复合材料及胶接结构也开始采用激光超声快速检测技术。该技术通过选择激光束的照射面积,可以实现大面积的快速扫描,针对大型复合材料蒙皮、壁板及金属胶接结构,单通道超声扫描速度可达300mm/s以上,检测结果可实现超声B、C、T扫描成像。

4.3.4 射线检测法

在过去的 50 多年里，射线检测（radiograph inspection）已成为工业无损检测的主要技术之一，在工业产品的结构测量、缺陷监测和损伤评价等方面获得了广泛应用，显示出射线检测在现代无损检测领域的重要地位和作用。射线法具有检测结果直观、形象、可靠等优点，不过，该法对薄板复合材料构件的分层缺陷以及扁平型气孔几乎是无法检测的。

X 射线检测方法的基本原理是：当 X 射线透过被检工件时，有缺陷的部位，如气孔、非金属夹杂等和无缺陷部位的基体材料对 X 射线的吸收能力不同。以金属为例，缺陷部位所含空气、非金属夹杂物对 X 射线的吸收能力远远低于金属的吸收能力，这样通过有缺陷部位的射线强度高于无缺陷部位的射线强度。当用感光胶片来检测射线强度时，内部有缺陷的部位就会在感光胶片上留下黑度较大的影像。常采用此方法进行夹芯复合材料蜂窝夹芯水分含量的测定。

在复合材料无损检测中，X 射线检测是应用很普遍的方法。由于复合材料的密度远小于金属，因此其 X 射线透射特性与金属材料有很大差别。X 射线检测的原理是根据射线穿过不同材料时衰减量不同引起透射射线强度的变化，而在胶片上呈现明暗不同的影像，从而检测出被测物体中存在的缺陷，见图 4-23。

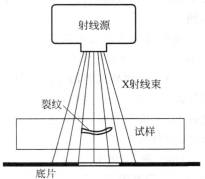

图 4-23　射线照相原理示意图

强度均匀的平行 X 射线束垂直入射到厚度为 T 的工件上，工件中有厚度为 ΔT 的、吸收系数可以忽略不计的小缺陷，在工件的另一侧，放置了装有 X 射线胶片的暗盒。

工件的无缺陷部位对应于 P 点，此点的射线强度 I_P 应为

$$I_P = I_0 e^{-\mu T} \tag{4-1}$$

忽略缺陷对 X 射线的吸收，假设缺陷为真空，有缺陷部位对应的 P' 点射线强度 I'_P 应为

$$I'_P = I_0 e^{-\mu(T-\Delta T)} \tag{4-2}$$

ΔI 为有缺陷部位和无缺陷部位的强度差：

$$\Delta I = I'_P - I_P \tag{4-3}$$

$\dfrac{\Delta I}{I_P}$ 称为缺陷部位射线强度的对比度或称主因对比度：

$$\frac{\Delta I}{I_P} = \frac{I'_P - I_P}{I_P} = \frac{I_0 e^{-\mu(T-\Delta T)} - I_0 e^{-\mu T}}{I_0 e^{-\mu T}} = e^{-\mu T} - I \tag{4-4}$$

缺陷部位射线强度对比度的大小，是引起缺陷显示作用强弱的主要原因，它对于射线照相底片上缺陷成像的对比度以及射线探伤的灵敏度具有重要的实际意义。由式（4-4）可以看出，选择合适的透照方向以增大 ΔT，可以提高对缺陷的检出能力。

由此可见，波长较短的 X 射线，由于它的衰减系数 μ 值小，因此被物质吸收较少，底片的对比度较弱；波长较长的 X 射线则有较强的对比度。如何根据材料的密度和厚度选择刚好能穿透被测材料的 X 射线波长，进而得到对比度强的 X 射线照片，是进行 X 射线检测时应解决的问题。由于复合材料的密度 ρ 比一般金属小，为了满足一定的 μ 值要求，一般只

能采用管电压在160kV以下、波长较长的软X射线。在某些情况下,当软X射线不能满足要求时,也可以采用管电压160kV以上甚至高达200~300kV的X射线。

X射线源以直线进行透射,必须以接近直角的方位被底片接收,因此对于某些具有复杂几何形状的试件难以进行有效检测,在检测这类试件时,很难保持试件-胶片的正确位置,底片受到散射辐照或图形畸变的负面影响,不大能够获得清晰正确的X射线检测照片。不同密度材料对X射线透射有不同的吸收程度,其信息可以记录在射线照片上,若试件存在薄层型缺陷等小体积的非连续缺陷,则在透射时会因为未能呈现足够的密度或厚度的差别而造成检测不出来。

纤维增强复合材料X射线照相技术采用低吸收材料窗口、较小的射线焦点尺寸(通常在0.5mm以下),适当延长X射线源与底片的间距,会使小缺陷获得良好的灵敏度和分辨率;采用低功率和长曝光时间能提高灵敏度和对比度,极细颗粒底片有助于提供清晰的图像和良好的对比度。

X射线的优点:①几乎适用于所有材料,而且对工件形状及表面情况均无特殊要求,适用于飞机上结构件的原位检查。②不但可检测出材料表面缺陷,还可以检查出材料内部缺陷;对目视可达性差或被其他构件覆盖的结构件,如蒙皮覆盖下的桁条、框、肋等,都可以用X射线检测法来检查损伤情况。③能直观显示缺陷影像,便于对缺陷进行定性、定量分析。④感光胶片能长期存档备查,便于分析事故原因。⑤对被检工件无破坏、无污染。

X射线的局限性:①射线在穿透物质的过程中因被吸收和散射而衰减,使得用它检测工件的厚度有一定的限制;②X射线检测设备一次性投资大,检测费用高;③X射线对人体有伤害,检测人员应作特殊防护。

4.3.5 涡流检测法

涡流检测适用于导电材料探伤,利用电磁感应原理,采用正弦波电流激励探头线圈,当探头接近导电材料表面时,线圈周围的交变磁场在材料表面产生感应电流。对于平板材料,感应电流的流向是与线圈同心的圆形,形似旋涡,称为涡流(见图4-24)。同时,涡流也产生相同频率的磁场,其方向与线圈磁场方向相反。涡流通道的损耗电阻,以及涡流产生的反磁通又反射到探头线圈,改变了线圈的电流大小及相位,即改变了线圈的阻抗。因此,探头在导电材料表面移动,遇到缺陷或材质、尺寸等变化时,使得涡流磁场对线圈的反作用不同,引起线圈阻抗变化,通过涡流检测仪器测量出这种变化量就能鉴别材料表面有无缺陷或其他物理性质变化。影响涡流场的因素有很多,诸如探头线圈与被测材料的耦合程度、材料的形状和尺寸、电导率、磁导率以及缺陷等。

涡流检测所用频率范围为200Hz~6MHz或更大。在具体检测中,实际所选用的频率由被检

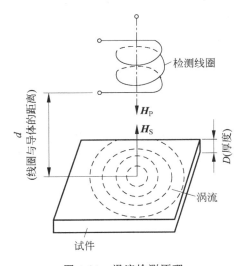

图4-24 涡流检测原理

工件的厚度、所希望透入的深度、要求达到的灵敏度或分辨率以及不同的检测目的等所决定。

提高检测频率会使检测灵敏度提高,加快检测速度,但涡流渗透深度会减少,可能会达不到要检测损伤的深度要求;降低频率会使涡流渗透深度加大,但检测灵敏度和速度却会降低。所以,在能达到所要求的渗透深度的情况下,应选择尽可能高的频率,以提高检测的灵敏度和检测速度。特别是只需要检测工件表面缺陷时,可选用高达几兆赫的频率。但若需要检测相当深度的缺陷时,只能采用较低的频率,以达到所要求的渗透深度,这样检测的灵敏度会降低,很难发现细小的缺陷。

涡流检测仪分为高频和低频两种,高频涡流检测仪只能用来检测工件表面的缺陷,低频涡流检测仪可以用来检测工件内部的损伤。

涡流检测法适用于检测导电材料制件的表面或近表面损伤,如裂纹、折叠、气孔、夹杂等的检测;不适用于热处理的碳钢或合金钢等强磁性材料构件的损伤检测,因为强磁性材料不均匀的导电率会影响测量结果。涡流检测法设备简单、操作方便、成本低,易于实现自动化操作,速度快,无须对检测表面做特殊清洁和准备工作,便于进行现场检测。对导电材料制件表面或近表面的疲劳裂纹、应力腐蚀裂纹有很高的灵敏度,特别适用于飞机结构中的铝合金构件,在复合材料无损检测中只适用于碳纤维增强复合材料的检测。

4.3.6 渗透检测法

将溶有荧光染料或着色染料的渗透剂施加在工件的表面上,渗透剂在毛细作用下可以渗入到表面各种类型的开口细小缺陷中,清除附着在工件表面上多余的渗透剂,干燥后再在工件表面涂一层显像剂,缺陷中的渗透剂在毛细作用下重新被吸附到工件表面上,从而显示出工件表面上的开口缺陷(见图 4-25)。

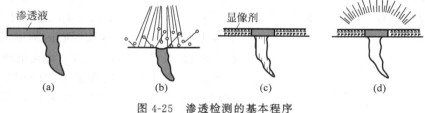

图 4-25 渗透检测的基本程序
(a)渗透;(b)清洗;(c)显像;(d)观察

按照渗透检测法所使用的渗透剂中的溶质不同,可将渗透检测法分为着色检测法和荧光检测法;而按照所使用的渗透剂清洗方法不同,又可分为水洗型渗透检测、溶剂清洗型检测和后乳化型检测。

1. 着色检测法和荧光检测法

1)着色检测法

使用的渗透剂含有红色染料,施加显像剂以后,重新被吸附到工件表面上的着色渗透剂在白光源下显示红色痕迹,形成颜色较深、鲜艳、边缘不十分清晰的缺陷图像。着色检测法不需要暗室和紫外线光源,操作简单、成本低,对于浅色复合材料构件使用比较有利,但与荧光检测法相比,灵敏度较低。

2) 荧光检测法

使用的渗透剂含有荧光物质,缺陷观察采用紫外线光源(也称黑光灯),施加显像剂以后,重新被吸附到工件表面上的荧光渗透剂在紫外线照射下呈现出黄绿色荧光。荧光检测法比着色检测法灵敏度高,适用于检测工件表面疲劳等细小裂纹,但需要暗室和紫外线光源,成本较高。

2. 水洗型检测、溶剂清洗型检测和后乳化型检测

1) 水洗型检测

水洗型检测是直接用水将工件表面剩余的渗透剂清洗掉。在这三种检测方法中,它的灵敏度最低,但适用于检测表面粗糙的工件,清洗方便,也适用于中小型工件的批量检测。

2) 溶剂清洗型检测

溶剂清洗型检测要用溶剂清洗掉工件表面剩余的渗透剂。在这三种检测方法中,它的灵敏度较高,可对大型工件进行局部检测,适用于检查疲劳等造成的细小裂纹,但不易操作,成本较高,不适用于表面粗糙的工件和批量工件的检测。

3) 后乳化型检测

后乳化型检测要在清洗工件表面剩余渗透剂之前增加一道乳化工序。采用浸渍等方法,在工件表面施加乳化剂,乳化剂扩散并溶解到渗透剂中,便于用水将工件表面的渗透剂和乳化剂混合物冲洗掉。使用后乳化型检测,应根据工件表面光洁度、乳化剂的浓度等严格控制乳化剂在工件表面上停留的时间,在乳化剂还没有来得及向缺陷中的渗透剂扩散时,就用水把乳化剂冲掉,于是,缺陷中的渗透剂由于还没有被乳化就会被很好地保留下来。

在这三种检测方法中,这种检测方法的灵敏度最高,适用于检测精密工件,能探测出极细微的缺陷和宽而浅的缺陷,但不适用于检测表面粗糙的工件,而且多一道乳化的工序,应用也受到设备条件的限制。

渗透检测法的操作步骤如下:

(1) 被检测工件表面的准备和清洗。

(2) 渗透剂的施加和停留。可采用浸、涂、喷、静电喷涂等方式施用渗透剂,渗透剂应在工件表面停留一定的时间,使渗透剂能渗入到工件表面的开口缺陷中。

(3) 去除工件表面多余的渗透剂。可采用水洗、溶剂清洗,对后乳化检测应增加乳化工序后再清洗。

(4) 干燥处理。可采用擦干、热风吹干或烘干装置进行干燥处理。

(5) 施加显像剂。可采用浸渍、喷涂、喷粉等方法,若采用湿显示剂还需增加干燥工序。

(6) 检测并评定显示。

(7) 检测后处理工作。

渗透检测法除了表面多孔性材料外,几乎可以用于各种金属、非金属材料以及磁性和非磁性材料的表面开口缺陷的检测。其特点是原理简单、操作容易,而且不受被检工件的几何形状、尺寸大小的影响,一次操作可同时检测出表面各种开口缺陷,缺陷显示直观,检测灵敏度较高。这种方法的局限性是不能用于多孔材料,只能检测表面开口缺陷,不能测出缺陷的深度、内部的形状和大小,工件表面粗糙度对检测会产生影响,而且检测前后必须对被检工件表面进行彻底清洁。

4.4 复合材料无损检测新技术

复合材料无损检测技术有的是在金属材料无损检测的基础上根据复合材料的特点改进而来的,如射线检测技术(包括 X 射线、红外线、微波、CT 照相等方法)、声发射检测技术、超声检测、涡流检测、敲击法检测等。另外,根据复合材料的特性,发展了许多新的检测技术,如压力传感器检测,包括光纤传感器的表面检测和埋入复合材料内部的检测方法等(液晶图像分析方法也算是传感器检测的一种)。随着图像技术的发展,结合图像技术,复合材料检测出现了多种检测技术联合检测的趋势,如声-超声检测、超声-红外检测、激光电子剪切散斑红外检测等联合方法检测技术,同时出现了如液晶热图像检测法、压电阵列兰姆波检测等新的检测方法。20 多年来,随着工业生产和科学技术的进步,激光全息干涉、激光超声、红外、声发射、微波、磁记忆等众多的无损检测新方法、新技术在航空维修中得到应用。

4.4.1 微波无损检测

微波无损检测技术是将 330～3300MHz 中某段频率的电磁波照射到被测物体上,通过分析反射波和透射波的振幅和相位变化以及波的模式变化,了解被测样品中的裂纹、裂缝、气孔等缺陷,确定分层媒质的脱粘、夹杂等的位置和尺寸,检测复合材料内部密度的不均匀程度。

微波是一种高频电磁波,其特点是波长短、频率高、频带宽。微波在环氧基体复合材料中穿透力强、衰减小,可克服一般方法如超声波法和 X 射线法的不足,而且微波能贯穿介电材料,能够穿透声衰减很大的非金属材料,所以微波技术在大多数非金属和复合材料内部的缺陷检测等方面获得了广泛的应用,例如用微波检测仪检查雷达天线罩等。

微波检测的基本原理是根据微波反射、透射、衍射干涉、腔体微扰等物理特性的改变,以及被检测材料的电磁特性——介电常数和损耗正切角的相对变化,通过测量微波基本参数的变化,来实现对缺陷、故障和非电量的检测,也就是研究被微波作用的介电材料的两个电磁参数所产生的相对变化。微波对导体和介质的作用是不同的,微波在导体表面上基本被全反射,利用金属全反射和导体表面介电常数反常可以检测金属表面裂纹。微波可以透过介质并且受介电常数、损耗角正切和材料形状、尺寸的影响,如有不连续处就会引起局部反射、透射、散射、腔体微扰等物理特性的改变。通过测量微波信号基本参数(如幅度衰减、相移量或频率等)的改变量来检测材料或工件内部缺陷和测定其他非电量,以此分析评价工件质量和结构的完整性。微波物理特性中的腔体微扰是指谐振腔中遇到某些物理条件的微小变化,腔内引入小体积的介质等。这些微小扰动将导致谐振腔的一些参量(如谐振频率、品质因数等)发生相应的微小变化,称为"微扰"。根据"微扰"前后物理量的变化来计算腔体容量的改变,从而确定所测量厚度的变化及温度、线径、振动等数值。

微波无损检测的方法主要有穿透法、反射法、散射法等。

1. 穿透法

按入射波类型不同,穿透法可分为三种形式,即固定频率连续波、可变频率连续波和脉冲调制波。这种方法是将发射和接收天线分别放在试件的两边,从接收喇叭探头得到的微波信号可以直接与微波源的微波信号比较幅值和相位,如图 4-26 所示。一般用于检测材料的厚度、密度和固化程度,也可以用来检测复合材料胶接件的缺陷,主要是监视接收微波束相位或幅度的变化。这种检测方法的灵敏度较低。

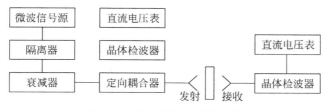

图 4-26 微波穿透法检测系统

2. 反射法

由材料内部或背面反射的微波,随材料内部或表面状态的不同而变化,利用这种原理进行微波检测的方法称为反射法,主要有连续波反射法、脉冲反射法和调频波反射法等。反射法检测要求收发传感器轴线与工件表面法线一致,它是利用不同介质的分界面上会有反射和折射现象来研究材料的介电性能。

3. 散射法

散射法是通过测试回波强度变化来确定散射特性。检测时微波通过有缺陷部位时被散射,因而使被接收到的微波信号比无缺陷部位要弱,根据这些特性来判断工件内部是否存在缺陷。

微波检测技术的优点:由于微波能够贯穿介电材料,具有能穿透声衰减很大的非金属材料的特性通过测量各种非电量参数,常用于检测复合材料胶接结构和蜂窝结构件中的分层、脱粘等缺陷。缺点:不能穿透金属或导电性能较好的复合材料,如碳纤维树脂基复合材料。此外,微波检测还需要参考标准并要求操作人员有比较熟练的技能。

4.4.2 红外无损检测

红外无损检测是利用红外物理理论,把红外辐射特性的分析技术和方法应用于被检对象的无损检测的一个综合性应用工程技术。众所周知,材料、装备及工程结构等运行中的热状态是反映其运行状态的一个重要指标,热状态的变化和异常过热,往往是确定被测对象的实际工作状态和判断其可靠性的重要依据,对被检对象红外辐射特性的确定和分析,是确定和判断其热状态的良好途径。因此,红外无损检测技术在材料、装备及工程结构等的检验与评价中越来越受到人们重视。

在自然界中,任何高于绝对零度(−273℃)的物体都是红外辐射源,辐射能量的主波长是温度的函数,并与表面状态有关,因此红外无损检测就是检测通过物体的热量和热流来鉴定该物体质量的一种方法。当物体内部存在裂缝和缺陷时将会使该物体的热传导性能发生改变,从而使物体的表面温度分布有差别,用检测装置就可测出它的热辐射不同,于是就能判别和检查出缺陷的位置。

红外检测技术可以用来检测飞机上胶接结构在使用和制造过程中产生的脱胶等损伤,也可用来检查飞机蜂窝结构内部是否有损伤或者残存的水。针对航空复合材料,红外热波无损检测主要用于飞机多层复合材料受单点撞击后的层析探伤、厚度测量以及裂纹检测等方面。受单点撞击后的碳纤维增强多层复合材料试件表面无明显可见损伤,脉冲加热后,应用红外无损检测技术可得到一组热图,不同时间的热图能够显现不同深度层的损伤状况,并且各层损伤会沿该层纤维方向扩展。俄罗斯研究人员使用 UK-10II 型快速热像仪可以检测出塑料-金属-塑料胶接结构中 10mm×10mm 的脱胶情况。美国红外热波检测(TWI)公司的脉冲闪光红外热成像检测系统已经被美国军方等应用于在役飞机的检测,主要检测蜂窝结构是否进水、脱粘和层板结构的冲击损伤及分层类损伤。

红外无损检测技术与其他常规检测技术相比,具有如下优点。

(1)操作安全。由于进行红外无损检测时不需要与被检对象直接接触,所以操作十分安全,这个优点在带电设备、转动设备及高空设备的无损检测中非常突出。

(2)灵敏度高。现代红外探测器对红外辐射的探测灵敏度很高,目前的红外无损检测设备可以检测出 0.1℃ 的温度差,因此能检测出设备或结构等热状态的细微变化。

(3)检测效率高。由于红外探测器的响应速度高达纳秒级,所以可迅速采集、处理和显示被检对象的红外辐射,提高检测效率。一些新型的红外无损检测仪器可与计算机相连或自身带有微处理器,实现数字化图像处理,扩大了其功能和应用范围。

同时,红外无损检测也存在一些问题,具体如下。

(1)确定温度值困难。使用红外无损检测技术可以诊断出设备或结构等热状态的微小差异和细微变化,但是很难准确地确定出被检对象上某一点确切的温度值。其原因是被检物体的红外辐射除与其温度有关外,还受其他因素的影响,特别是物体表面状态的影响。

(2)难于确定被检物体的内部热状态。物体的红外辐射主要是其表面的红外辐射,主要反映了表面的热状态,而不可能直接反映出物体内部的热状态。所以,如果不使用红外光纤或窗口作为红外辐射传输的途径,则红外无损检测技术通常只能直接诊断出物体暴露于大气中部分的过热故障或热状态异常。

(3)价格昂贵。红外无损检测仪器是高技术产品,更新换代迅速,生产批量不大,因此与其他检测仪器或常规检测设备相比,其价格是很昂贵的。

如图 4-27 所示为 A、B 两块金属板胶接在一起的工件,需要检查胶接面是否胶接良好,有无缺胶的部位,必须检查出胶接状态而又不能使工件受到任何损伤,这时可采用红外检测技术。

在工件的一个表面上均匀地加热,在另一个表面上测量它的温度分布,它的温度分布场就可显示出胶接界面是否良好。因为当均匀加热 A 板时,A

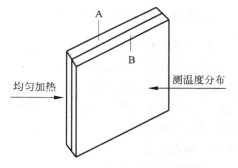

图 4-27 红外无损检测示意图

板温度升高,热量就经过胶接面向 B 板传导。如胶接质量好,胶接面是均匀粘润的,热流就会分布均匀地流向 B 板,因而测量出的 B 板表面温度也应是均匀分布的。如胶接面某个地方胶接质量差,就会影响热流均匀地流向 B 板,B 板外表面的相应部位就会出现温度异常现象,所以通过红外检测装置来测量温度场,就可以探测出工件内部的缺陷。

4.4.3 激光全息检测

激光全息检测是利用激光全息照相来检测物体表面和内部缺陷的。物体在受到外界载荷作用下会产生变形,这种变形与物体是否含有缺陷直接相关,在不同的外界载荷作用下,物体表面变形的程度是不相同的。激光全息照相,是通过外界加载的方法,在相应的物体表面造成局部的变形,用全息照相来观察和比较这种变形,并记录在不同外界载荷作用下的物体表面的变形情况,进行观察和分析,然后判断物体内部是否存在缺陷。

物体表面微差位移的观察方法有以下几种。

1. 实时法

先拍摄物体在不受载时的全息图,冲洗处理后,把全息图精确地放回到原来拍摄的位置上,并用与拍摄全息图时的同样参考光照射,则全息图就再现出物体的三维立体像(物体的虚像),再现的虚像完全重合在物体上。这时对物体加载,物体的表面会产生变形,受载后的物体表面光波和再现的物体虚像之间就形成了微量的光程差。由于这两个光波都是相干光波(来自同一个激光源),并几乎存在于空间的同一位置,因此,二者叠加就会产生干涉条纹。

由于物体的初始状态(再现的虚像)和物体加载状态之间的干涉度量比较是在观察时完成的,所以称这种方法为实时法,其优点是只需要用一张全息图就能观察到各种不同加载情况下的物体表面状态,从而判断出物体内部是否含有缺陷。因此,这种方法既经济,又能迅速而确切地确定出物体所需加载量的大小。其缺点是:①需要有一套附加机构,以便使全息图位置的移动不超过几个光波的波长;②由于全息干版在冲洗过程中乳胶层不可避免地要产生一些收缩,因此当全息图放回原位时,虽然物体没有变形,但仍有少量的位移干涉条纹出现;③显示的干涉条纹图样不能长久保留。

2. 两次曝光法

这种方法是将物体在两种不同受载情况下的物体表面光波摄制在同一张全息图上,然后再现这两个光波,其叠加时仍然能够产生干涉现象。此时所看到的再现图像,除了显示出原来物体的全息像外,还产生较为粗大的干涉条纹图样,这种条纹表现为观察方向上的等位移线,两条相邻条纹之间的位移差约为再现光波的半个波长,若用氦-氖激光器作光源,则每条条纹代表大约 $0.316\mu m$ 的表面位移,从这种干涉条纹的形状和分布可以判断物体内部是否有缺陷。

两次曝光法是在一张全息片上进行两次曝光,记录了物体在产生变形之前和之后的表面光波。这不但避免了实时法中全息图复位的困难,而且也避免了感光乳胶层收缩不稳定的影响,因为这时每一个全息图所受到的影响是相同的。其主要缺点是对于每一种加载量都需要摄制一张全息图,无法在一张全息图上看到不同加载情况下物体表面的变形状态,对于确定加载参数比较繁琐。

3. 时间平均法

这种方法是在物体振动时摄制全息图,在摄制时所需的曝光时间要比物体振动循环的一个周期长得多,即在整个曝光时间内,物体要能够进行许多个周期的振动,但由于物体是作正弦式周期性振动,因此把大部分时间消耗在振动的两个端点上,所以全息图上所记录的状态实际上是物体在振动的两个端点状态的叠加。当再现全息图时,这两个端点状态的像就相互干涉而产生干涉条纹,从干涉条纹的图样的形状和分布可以判断物体内部是否有缺陷。

这种方法显示的缺陷图案比较清晰,但为了使物体产生振动就需要有一套激励装置,而且由于物体内部的缺陷大小和深度不一,其激励频率各不相同,所以要求激励振源的频带要宽,频率要连续可调,其输出功率大小也有一定的要求,同时还要根据不同产品对象选择合适的换能器来激励物体。

激光全息检测具有以下特点。

（1）由于激光全息检测是一种干涉计量技术,其干涉计量的精度与波长同数量级,因此极微小的变形都能检验出来,检测的灵敏度高。

（2）由于激光的相干长度很大,因此,可以检验大尺寸物体,只要激光能够充分照射到的物体表面,都能一次检验完毕。

（3）激光全息检测对被检对象没有特殊要求,可以对任何材料、任意粗糙的表面进行检测。

（4）可借助于干涉条纹的数量和分布状态来确定缺陷的大小、部位和深度,以便于对缺陷进行定量分析。如图4-28所示为检测复合材料表面缺陷的全息光路图。

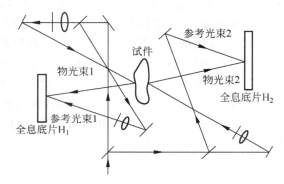

图4-28 全息干涉法检测复合材料表面缺陷光路图

这种检测方法还具有非接触检测、直观、检测结果便于保存等特点。但是,物体内部缺陷的检测灵敏度取决于物体内部的缺陷在外力作用下能否造成物体表面的相应变形。如果物体内部的缺陷过深或过于微小,就不能使用激光全息检测方法。对于叠层胶接结构来说,检测其脱粘缺陷的灵敏度取决于脱粘面积和深度比值,在近表面的脱粘缺陷面积即使很小,也能够检测出来,而对于埋藏较深的脱粘缺陷,只有在脱粘面积相当大时才能够检测出来。

另外,激光全息检测目前多在暗室中进行,并需要采用严格的隔振措施,因此不利于现场检测。正是由于以上特点,所以随着计算机技术的发展,激光全息照相检测的应用领域也逐步扩大,目前已成功应用于复合材料结构、蜂窝、涡轮叶片等缺陷的检测。

4.4.4 声发射检测法

声发射检测法（acoustic emission,AE）的基本原理是：在对被检测的复合材料构件施加载荷的过程中,构件内的应力造成其原有缺陷的扩展或原质量不良区的新缺陷产生,原有缺陷扩展及新缺陷产生的同时均产生声信号,根据声信号的分析,定性评价复合材料构件的整体质量水平，检测构件质量的薄弱区。声发射检测方法与其他无损检测方法的主要区别在于它是一种动态无损检测技术。其优点是：对裂纹的遥测和定位灵敏度高，只需要相对很小的负载。其局限性是：结构必须承载，定位的精度有限，对裂纹类型只能给出有限信息。声发射检测技术仅应用于复合材料承力结构构件的无损检测，对单个缺陷的检测准确性较低。

声发射以实时方式检测，对局部瞬态失稳非常敏感，复合材料结构件远在整体失稳之前就会发生局部失稳，这些失稳造成局部的动态位错，如塑性变形、滑移或裂缝的萌生和扩展等，这正是复合材料能采用声发射检测的重要依据。如图 4-29 所示为典型加载过程中的声发射信号图。此外，由于其为实时检测，限于探测缺陷周围的应力场改变时暴露出来的活动性缺陷，而对静态缺陷无能为力。

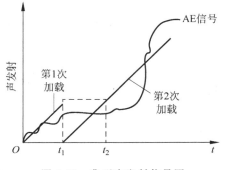

图 4-29　典型声发射信号图

在典型的情况下，单一发射事件的声发射信号时域特征是，先按指数增加，接着又按指数衰减。声发射事件是根据超越预置的或浮动的电压阈值的模拟量电压确定的，当电压超过阈值时，便认为该声发射事件已被检出。复合材料声发射设备通常有以下几种方式表征声发射事件：

(1) 声发射事件的峰值电压；

(2) 声发射事件的持续时间，即信号超过阈值的时间；

(3) 声发射事件的上升时间，即从开始与阈值相交到峰值电压的时间；

(4) 声发射事件出现的时间，即最早发生超越阈值的时间或相对于另一声发射存在的该声发射超过阈值的时间；

(5) 在持续时间内的声发射能量；

(6) 事件的计数，即在该事件的持续过程中，正向超越阈值的次数。

另一种典型形式的声发射信号为连续性声发射，其特点是在一短时间周期内出现大量的声发射事件，使声发射事件在时间上互相重叠，不再分出各个离散的声发射事件。对连续声发射，可以测量声发射计数率和峰值幅度。

在许多情况下，观察到的复合材料声发射是突发声发射和连续声发射两者的结合。这种情况下，就需要仔细选择阈值和停滞时间等声发射参量以得到满意的结果。这种声发射的最佳表征采用均方根仪表，连续测量声发射的能量率和各个突发声发射脉冲的能量，一般通过均方根数据确定声发射系统设置的阈值参量。

声发射已成为研究复合材料断裂机理的一种重要手段。声发射检测技术主要应用于监控领域中，同时它也是地面有效的无损检测方法，用以检测缺陷位置和损伤程度，如检测蜂窝结构的腐蚀、复合材料的缺陷和质量等。目前采用声发射技术已能检测每根碳纤维或玻璃纤维丝束的断裂及丝束断裂载荷的分布，从而评价碳纤维或玻璃纤维丝束的质量。

声发射技术适合飞机复合材料构件早期损伤的动态检测，相关研究也比较活跃。俄罗斯西伯利亚航空研究所对飞机副翼的复合材料结构构件进行循环应力疲劳试验，利用声发射系统和张力仪研究其断裂过程，结果比较有效。基于振幅分布动力学分析声发射信号，可以实时获得信号流特征变化信息,利用群分析对信号进行处理,可以从断裂区发出的所有信号中分离出疲劳裂纹生长信号,并对复杂构件的声发射信号进行定位。

4.4.5 剪应力成像法

剪应力成像法(shearography)是一种使用相干光的光学测量技术,用于光学表面的干涉测量仪检测。被测样品由激光照亮,并经由一个特殊的光学剪切元在 CCD 摄像机上成像,剪切元允许图像平面内样品表面两幅横向偏移图像连贯的重叠,两幅图像的重叠称为剪应力成像,这是一幅物体波与剪切物体波的干涉图。样品在不同载荷条件下的两幅这样的图像被记录下来,它们的绝对差就形成了一个干扰带模式,这是直接与变形状态的差异相关的。物体内部的缺陷可能改变由载荷引起的局部表面形变并引起载荷带的波动,这样就可以使用剪应力图像对缺陷进行检测和归类。

欧洲直升机公司利用激光剪应力成像系统对直升机尾翼部件复合材料板进行缺陷检测、结构分析和疲劳实验检测,可以发现人为引入的脱层缺陷、冲击损伤,以及非连续性缺陷;另外,利用剪应力成像技术能够对样品进行疲劳实验的实时研究,从而观察缺陷的演化和估计疲劳失效,使用相移技术提高图像的对比度及缺陷的可见性,使得剪应力成像技术可实现更快速和大面积的检测。

欧洲直升机公司还采用激光剪应力成像技术对直升机转子叶片进行检测,转子叶片被置于真空容器中并被施加一定压力差的载荷,则连接缺陷和结构缺陷就以表面的微小变形显示出来,并由安装在转子叶片两边的剪应力成像摄像头记录下来,同时该激光剪应力成像系统可观察这些变形并自动判别出诸如脱粘和分层等缺陷。

4.4.6 声振检测

声振检测是激励被测件产生机械振动,通过被测件振动的特征来判定其质量的一种无损检测技术。当一个物体的振动状态不同时,它的振动幅度、频率、振动持续的时间以及单一振动和复合振动等也会随之改变,这些物理量与振动物体的材料、结构等的性能是相关的。振动系统在单一频率情况下机械振动的基本方程为

$$F = Zu \tag{4-5}$$

式中,F 为机械振动的驱动力;u 为质点的振动速度;Z 为等效力阻抗。Z 的表达式为

$$Z = j\omega M + \frac{i}{j\omega C} + R = jX + R \tag{4-6}$$

其中,M 为等效质量;C 为等效柔顺性;R 为等效损耗阻抗。

声振检测可以用于检测复合材料层合板中一层或者几层与基层的分离、纤维增强材料中的裂痕、蜂窝结构的脱粘、蒙皮与芯体脱粘等缺陷的检测。

4.5 损伤评估

一个具体复合材料部件损伤结果的评估应从四个方面考虑:部件的类型、损伤的类型、损伤所影响的范围、损伤的程度。每个部件按其结构重要性不同分成不同的区域,根据不同

区域的应力水平、由结构试验确定的安全系数以及结构的设计类型和几何形状,确定部件损伤的可接受水平,即许可损伤、可修理损伤或不可修理损伤。损伤评估一般按如下步骤进行。

4.5.1 最小检测区域

检测复合材料损伤时,要在以可见损伤的最长轴单边至少扩大 100mm 的圆形区域进行检测,该检测区域称为最小检测区域,以查出可能的分层与脱胶损伤,如图 4-30 所示,检测结构损伤时必须遵循最小检测区域原则。

4.5.2 损伤程度确定

如果两个或多个损伤区域靠得很近,则应视为一个整体的损伤区域,其接近程度由 X 描述(图 4-31)。不同的损伤区域 X 值不相同,一般在维修手册中给出。如果两个损伤分属不同的结构区域,又要按一个损伤考虑修理,则应按要求高的结构区域规定的方法进行修理;如果一个损伤区横跨两个结构区,也应按要求高的结构区域规定的方法进行修理;两个相邻区域损伤修理的铺层不宜重叠。如图 4-32 所示为共固化和加强片修理时,两修理区域最小间距示意图,相关的 Y 值一般在手册中给出,在没有特别规定的情况下,一般修理完成后其间必须有 5mm 的间隙。

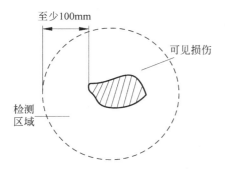

图 4-30 无损检测的最小检测区域(从可视损伤区域的最长轴测量)

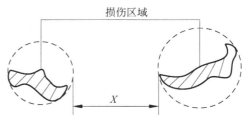

图 4-31 多个损伤视为一个损伤的距离

复合材料结构已用于飞机结构的主要结构件和次要结构件,因此复合材料结构按重要性可分为关键部件、主要部件和次要部件。关键部件是指如果该部件受到严重损伤而失效将会导致飞机出现危险,危及安全,甚至造成飞机失事;主要部件是指如果该部件遭受严重损伤而失效,将会严重干扰飞机的正常操作;次要部件是指如果该部件受到严重损伤而失效,不会干扰飞机的正常操作,也不会发生人机安全问题。损伤程度则主要包括损伤面积的大小、损伤深度和损伤数量等。

4.5.3 可接受损伤水平的确认

为了确定每个部件损伤的程度,即许可损伤、可修理损伤或不可修理损伤,每个部件按其结构重要性的不同分成不同的区域,通过考虑下列数据来确定这些区域:局部的应力水平、由结构试验确定的安全系数、所涉及结构的设计类型及几何形状。如图 4-33 所示,将一个部件根据结构重要性分成不同区域,每个区域都有推荐的修理类型和修理限制,在维修设

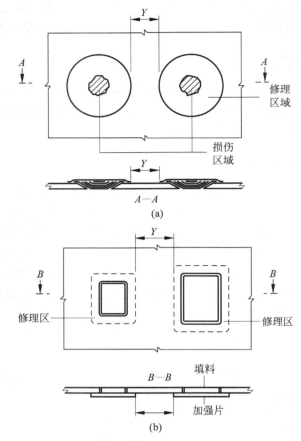

图 4-32 共固化和加强片修理两修理区的最小间距
(a) 共固化修理；(b) 加强片修理

计的过程中应参照上面的损伤评估内容进行损伤评估。假设从 A 区到 D 区修理限制是逐渐降低的，那么第 1 个损伤不能用 D 区的修理方法进行修理，第 2 个损伤不能用 B 区的修理方法进行修理，第 3 个损伤和第 4 个损伤靠得很近，必须考虑为一个损伤，且不能用 C 区的修理方法进行修理。

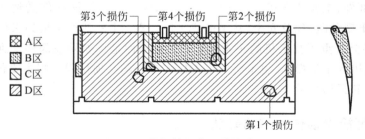

图 4-33 某部件的典型结构分区

第 5 章　复合材料结构维修设计

修理设计是整个修理过程中的重要步骤之一,修理设计合理与否往往直接影响到修理的成败。一般来讲,修理设计包括修理选材、修理方法的选择、修理参数的确定以及整个修理方案的制定,当然在这个过程中要和工艺人员密切合作。在上述工作中修理参数的确定是重要环节之一,在确定修理参数时往往要进行修理的计算分析,必要时还需进行修理验证,一般在确定修理方法时先需经试验验证,所以修理的计算分析和修理的试验验证也属于设计内容。

5.1　复合材料层板基本理论

本节主要针对树脂基连续纤维增强复合材料层合板的力学性能、应力应变分析以及失效判据进行一些简单性的概述,目的是建立一些基本的复合材料力学概念,读者如有更为详细的知识需求,可查阅《复合材料力学》等相关书籍。

5.1.1　基本原理和理论应用

由多层单向带组成的层合板按经典层板理论构成均质各向异性板的板单元,层合板的物理方程,即力学性能是按经典的层板理论和薄板理论来推导的。

1. 经典层板理论基本内容

(1) 层合板方程由各单层推导。
(2) 每单层为平面应力状态。
(3) 假设各单层胶接完好,且层内树脂与层间树脂相同,层与层间无滑移产生,因此,层合板可以当作一个均质各向异性整体板来看待。
(4) 经典层板理论属于薄板理论。

2. 薄板理论

推导层合板应力-变形的方法,主要是根据板的厚度尺寸远小于板的平面尺寸。常用的层合板为 8~50 层,一般较薄。在各向同性薄板分析中,习惯将面内载荷和弯曲载荷分别处理。采用平面应力的弹性理论描述面内情况,采用经典的板弯曲理论描述弯曲情况。对于对称层板来说,由于这两种载荷不耦合,故分别处理,当两种载荷同时作用时可将分析结果叠加。

薄板理论的经典假设为：
（1）板厚远小于板的平面尺寸；
（2）不计表面形状的改变；
（3）垂直于未变形板平面的法线仍垂直于变形后的板平面；
（4）板的法向挠度沿板厚不变；
（5）忽略垂直于板面方向的应力。

3. 单层板应力-应变关系

（1）正轴方向(L,T)

$$\begin{Bmatrix} \sigma_L \\ \sigma_T \\ \tau_{LT} \end{Bmatrix} = \begin{bmatrix} Q_{11} & Q_{12} & 0 \\ Q_{12} & Q_{22} & 0 \\ 0 & 0 & Q_{66} \end{bmatrix} \begin{Bmatrix} \varepsilon_L \\ \varepsilon_T \\ \gamma_{LT} \end{Bmatrix} \tag{5-1}$$

简写为$\{\sigma_L\}=[Q]\{\varepsilon_L\}$。根据单层应变-应力关系，很容易推导出式(5-1)中的Q_{ij}为

$$Q_{11}=\frac{E_L}{1-\nu_{LT}\nu_{TL}}, \quad Q_{12}=\frac{E_L\nu_{TL}}{1-\nu_{LT}\nu_{TL}}, \quad Q_{22}=\frac{E_T}{1-\nu_{LT}\nu_{TL}}, \quad Q_{66}=G_{LT} \tag{5-2}$$

式中，E_L、E_T、G_{LT}、ν_{LT}为4个独立常数，根据定义很容易证明$E_L\nu_{TL}=E_T\nu_{LT}$。

式(5-1)中，σ_L为单层(或单层层合板)纤维方向的正应力，σ_T为垂直纤维方向的正应力，ε_L、ε_T为单层(或单层层合板)纤维与σ_L、σ_T对应的应变。

（2）任意方向(x,y)

如图5-1所示，取三角形单元体平衡，求得

$$\sigma_y = \sigma_L n^2 + 2\tau_{LT} nm + \sigma_T m^2$$

$$\tau_{xy} = \sigma_L mn - mn\sigma_T + (m^2-n^2)\tau_{LT}$$

其中

$$m=\cos\alpha, \quad n=\sin\alpha$$

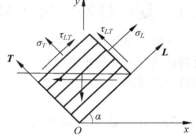

图5-1 三角形单元体平衡

同理，取另外的三角形单元体平衡可求得σ_x，从而得到层合板任意方向应力的矩阵形式为

$$\begin{Bmatrix} \sigma_x \\ \sigma_y \\ \tau_{xy} \end{Bmatrix} = \begin{bmatrix} m^2 & n^2 & -2mn \\ n^2 & m^2 & 2mn \\ mn & -mn & m^2-n^2 \end{bmatrix} \begin{Bmatrix} \sigma_L \\ \sigma_T \\ \tau_{LT} \end{Bmatrix} \tag{5-3}$$

简写为

$$\{\boldsymbol{\sigma}_x\} = [\boldsymbol{T}]_\sigma \{\boldsymbol{\sigma}_L\} \tag{5-4}$$

（3）$\{\sigma_L\}$与$\{\sigma_x\}$的关系

不管平面还是三维问题，只要式(5-4)成立，则必有式(5-5)成立：

$$\{\boldsymbol{\varepsilon}_L\} = [\boldsymbol{T}]_\sigma^{\mathrm{T}} \{\boldsymbol{\varepsilon}_x\} \tag{5-5}$$

其中$\{\boldsymbol{\varepsilon}_L\}$、$\{\boldsymbol{\varepsilon}_x\}$分别是与$\{\boldsymbol{\sigma}_L\}$、$\{\boldsymbol{\sigma}_x\}$对应的应变列阵。

（4）$\{\sigma_x\}$与$\{\varepsilon_x\}$的关系

由式(5-4)及式(5-5)推导得单层板任意方向的应力-应变关系：

$$\{\pmb{\sigma}_x\} = [\bar{\pmb{Q}}]\{\pmb{\varepsilon}_x\} \tag{5-6}$$

其中

$$[\bar{\pmb{Q}}] = [\pmb{T}]_\sigma [\pmb{Q}][\pmb{T}]_\sigma^\mathrm{T} \tag{5-7}$$

4. 层合板本构关系

1) 基本假设

(1) 层合板的各单层之间粘接牢固,不产生滑移。

(2) 各单层认为是平面应力状态。

(3) 变形前垂直于中面的直线段,变形后仍垂直于变形后的中面,且长度不变。

(4) 平行于中面各截面上的正应力与其他应力相比很小,可略去。

2) 层合板几何描述

如图 5-2 所示,其中 z_k 是 z 轴的坐标值,不是距离,因此是有正负号。

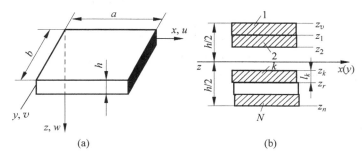

图 5-2 几何关系及参数

根据上述假设,得到层合板的内力-应变关系如下:

$$\begin{Bmatrix} \pmb{N} \\ \pmb{M} \end{Bmatrix} = \begin{bmatrix} \sum_{k=1}^n \int_{z_{k-1}}^{z_k} [\bar{\pmb{Q}}^{(k)}]\mathrm{d}z & \sum_{k=1}^n \int_{z_{k-1}}^{z_k} [\bar{\pmb{Q}}^{(k)}]z\,\mathrm{d}z \\ \sum_{k=1}^n \int_{z_{k-1}}^{z_k} [\bar{\pmb{Q}}^{(k)}]z\,\mathrm{d}z & \sum_{k=1}^n \int_{z_{k-1}}^{z_k} [\bar{\pmb{Q}}^{(k)}]z^2\,\mathrm{d}z \end{bmatrix} \begin{Bmatrix} \pmb{\varepsilon}^0 \\ \pmb{\kappa} \end{Bmatrix} \tag{5-8}$$

其中 $\{\pmb{\varepsilon}^0\}$、$\{\pmb{\kappa}\}$ 是中面内的应变及弯曲应变。

将式(5-8)积分并展开,得

$$\begin{Bmatrix} N_x \\ N_y \\ N_{xy} \\ M_x \\ M_y \\ M_{xy} \end{Bmatrix} = \begin{bmatrix} A_{11} & A_{12} & A_{16} & B_{11} & B_{12} & B_{16} \\ A_{12} & A_{22} & A_{26} & B_{12} & B_{22} & B_{26} \\ A_{16} & A_{26} & A_{66} & B_{16} & B_{26} & B_{66} \\ B_{11} & B_{12} & B_{16} & D_{11} & D_{12} & D_{16} \\ B_{12} & B_{22} & B_{26} & D_{12} & D_{22} & D_{26} \\ B_{16} & B_{26} & B_{66} & D_{16} & D_{26} & D_{66} \end{bmatrix} \begin{Bmatrix} \varepsilon_x^0 \\ \varepsilon_y^0 \\ \gamma_{xy}^0 \\ \kappa_x \\ \kappa_y \\ \kappa_{xy} \end{Bmatrix} \tag{5-9}$$

简写为

$$\begin{Bmatrix} \pmb{N} \\ \pmb{M} \end{Bmatrix} = \begin{bmatrix} \pmb{A} & \pmb{B} \\ \pmb{B} & \pmb{D} \end{bmatrix} \begin{Bmatrix} \pmb{\varepsilon}^0 \\ \pmb{\kappa} \end{Bmatrix} \tag{5-10}$$

其中

$$\begin{cases} A_{ij} = \sum_{k=1}^{n} \overline{Q}_{ij}^{(k)}(z_k - z_{k-1}) \\ B_{ij} = \frac{1}{2} \sum \overline{Q}_{ij}^{(k)}(z_k^2 - z_{k-1}^2), \quad i,j = 1,2,6 \\ D_{ij} = \frac{1}{3} \sum \overline{Q}_{ij}^{(k)}(z_k^3 - z_{k-1}^3) \end{cases} \qquad (5-11)$$

其中,矩阵 A 为面内刚度矩阵,B 为耦合刚度矩阵,D 为弯曲刚度矩阵。

式(5-9)表示的是层合板最基本的本构关系,由层合板的刚度系数或柔度系数可求得层合板的工程弹性常数。一般层合板有 36 个刚度系数,但工程弹性常数为 18 个。

5.1.2 复合材料层合板强度和失效

可以根据应力分析结果评估层合板的强度,而强度的评估是利用各种失效准则进行的。在飞机复合材料结构设计实践中,进行复合材料层合板失效分析时,是采用建立在试验基础上的宏观理论,一般采用由单向板(lamina)试验测量各主应力方向的强度值而不采用组分性能推导值,在单向板试验得到的强度数据的基础上建立单层的破坏准则,然后逐层进行强度分析,这就是所谓的"逐层破坏"理论。现在飞机复合材料结构分析中广泛使用的最大应力理论、最大应变理论,用于组合应力情况的二阶张量多项式理论,都属于"逐层破坏"理论的范畴。

1. 层合板的力学特点及"逐层破坏"理论

在前面的层合板理论介绍中,认为各单层无滑移紧密粘在一起。由于应变的一致性,单层对于某方向刚度是不同的,因此不同方向层的应力是突变的,加上横向剪切应力的存在,因而存在较大的层间应力。实践证明,层合板法向强度很弱,容易产生分层。人们在进行应力分析及强度分析时,很自然地将单层作为基本单位。

在单向板(或单层)中,以下 5 个强度值是基本的强度参数。

X_t:纵向(纤维方向)拉伸强度。

X_c:纵向(纤维方向)压缩强度。

Y_t:横向(垂直纤维方向)拉伸强度。

Y_c:横向(垂直纤维方向)压缩强度。

S:平面内剪切强度。

以飞机中常用的某碳纤维树脂基单层板的强度值为例,Y_t 非常小,$Y_t \approx 3.5\% X_t \approx 4.5\% X_c \approx 25\% Y_c$,可见强度的方向性相差很大。因此,研究单向主应力及主应变(类似金属中的定义)是没有意义的,因为主应力及主应变是与材料无关的最大值。有些书中把单层的纵向纤维方向(及它的垂直方向)称为主应力方向,但其意义已不同于金属中的定义。对于层合板来说,不同方向的强度差别很大,由于法向强度 Z_t 很低,容易因为法向应力与层间应力造成分层。在研究层合板强度时,通常忽略层板之间的相互作用,将单层作为分析单位,采用平面应力假设,在求出各单层应力之后,孤立地研究各单层的强度。其做法是:采用各层的应力对该单层进行破坏分析,由于应力差别及方向性,出现某些层先破坏,然后进行退化处理,在外载作用下,再进行重新分析,又有些层发生破坏,以此类推,再进行重新分析。这就是第一层破坏(first ply failure,FPF)及最后一层破坏(last ply failure,LPF)的破坏机理及分析方法。我们称这种理论为"逐层破坏"理论,现在普遍采用的破坏理论均属"逐层破坏"理论。

"逐层破坏"理论常见的有最大应力理论、最大应变理论、二阶张量多项式破坏理论等。二阶张量多项式破坏理论中又有希尔理论、霍夫曼理论及蔡-吴理论。由于蔡-吴理论在复合材料结构设计中应用较为广泛,因此下面简单介绍其分析方法。

2. 二阶张量多项式(蔡-吴)理论

其通式为

$$F_{ij}\sigma_i\sigma_j + F_i\sigma_i = 1, \quad i,j = 1,2,\cdots,6 \tag{5-12}$$

其中,$\sigma_4 = \tau_{23}$,$\sigma_5 = \tau_{31}$,$\sigma_6 = \tau_{12}$。其余采用常用的应力简写符号。

对于平面应力问题,$i,j = 1,2,6$,τ_{12} 取偶次项,式(5-12)变为

$$F_{11}\sigma_1^2 + 2F_{12}\sigma_1\sigma_2 + F_{22}\sigma_2^2 + F_{66}\sigma_6^2 + F_1\sigma_1 + F_2\sigma_2 = 1 \tag{5-13}$$

其中,F_i、F_{ij} 分别为二阶及四阶强度张量。用 5 个单向板的强度试验能定出这些系数,分别为

$$F_{11} = \frac{1}{X_t X_c}, \quad F_{22} = \frac{1}{Y_t Y_c}, \quad F_{66} = 1/S^2, \quad F_1 = \frac{1}{X_t} - \frac{1}{X_c}, \quad F_2 = \frac{1}{Y_t} - \frac{1}{Y_c}$$

F_{12} 的确定较难。

1) 一般的强度校核

可将式(5-12)改写为

$$f(\sigma_i, \sigma_j, F_i, F_{ij})_i = 1 \tag{5-14}$$

上式左边 f 称为破坏标注。当 $f < 1$ 时,未破坏;当 $f \geqslant 1$ 时,破坏发生。

2) 求破坏发生时的 σ_i、σ_j 值

有时也称破坏发生时的 σ_i、σ_j 值为强度 $\sigma_{\max,i}$、$\sigma_{\max,j}$,这涉及应力包线作法。因为式(5-12)中有多个未知数,仅一个方程,设已知它们的比例且假设 σ_i、σ_j 从开始增加到失效为比例加载,即各应力比始终不变。可能有两种做法。

(1) 引入强度/应力比 R,即

$$\{\boldsymbol{\sigma}_{\max}\} = R\{\boldsymbol{\sigma}\} \tag{5-15}$$

其中,$\{\boldsymbol{\sigma}_{\max}\}$ 为强度矢量,也可称为应力矢量强度;$\{\boldsymbol{\sigma}\}$ 为外加应力矢量。

例如,$\{\boldsymbol{\sigma}_{\max}\}/\{\boldsymbol{\sigma}\} = R > 1$ 时不失效。失效发生时,应满足

$$F_{ij}\sigma_{\max,i}\sigma_{\max,j} + F_i\sigma_{\max,i} = 1 \tag{5-16}$$

将式(5-15)代入式(5-16),得到

$$F_{ij}\sigma_i\sigma_j R^2 + F_i\sigma_i R = 1 \tag{5-17}$$

此式仅需求强度/应力比 R,这相当于解一元二次方程:

$$\begin{cases} aR^2 + bR - 1 = 0 \\ a = F_{ij}\sigma_i\sigma_j, \quad b = F_i\sigma_i \end{cases} \tag{5-18}$$

正确的解是取正平方根,即

$$R = -\frac{b}{2a} + \left[\left(\frac{b}{2a}\right)^2 + \frac{1}{a}\right]^{\frac{1}{2}}$$

当所有外加应力分量反向时,强度比取负平方根的绝对值,最终得到强度比的表达式为

$$R^+ = -\frac{b}{2a} + \left[\left(\frac{b}{2a}\right)^2 + \frac{1}{a}\right]^{\frac{1}{2}} \tag{5-19}$$

$$R^- = \left| -\frac{b}{2a} + \left[\left(\frac{b}{2a}\right)^2 + \frac{1}{a}\right]^{\frac{1}{2}} \right| \tag{5-20}$$

(2) 外加应力比已知,即 $\{\sigma\} = \{R\}x$,不管 x 为何值,$\{R\}$ 为已知,代入式(5-12)得

$$F_{ij}\sigma_i\sigma_j x^2 + F_i\sigma_i x = 1, \quad i,j = 1,2,\cdots,6 \tag{5-21}$$

以上我们对复合材料力学中与维修设计关系比较密切的有关内容做了概要介绍,下面将对复合材料维修设计进行讨论。

5.2 复合材料结构连接

结构维修的实质是连接,因此有必要掌握复合材料结构连接的特性。据统计,飞机结构中连接件质量占结构总质量的 5%~6%,成本占全机成本的 3%~5%;同时,连接区往往是结构中容易发生破坏的部位,特别是某些重要的连接接头,一旦发生破坏,可能危及飞机的安全,故必须加以重视。

5.2.1 复合材料胶接设计

1. 胶接的形式和特点

主要胶接形式如图 5-3 所示,包括单面搭接、双面搭接、阶梯搭接、楔形搭接和加盖板对接以及其他特殊连接形式。几种主要胶接形式的连接强度比较见图 5-4。

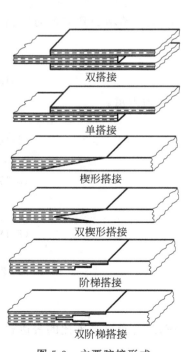

图 5-3 主要胶接形式

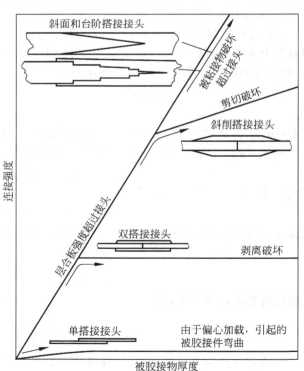

图 5-4 主要胶接形式的连接强度比较

由受力分析来看,沿接头胶接线的剪切应变分布是不均匀的,这是由以下三个因素引起的。

(1) 对于搭接板相同的接头,胶层的剪切应变集中是由搭接板的拉伸和压缩变形产生的。以双面搭接接头为例,刚性较好的搭接板有助于提高胶接质量。搭接板的强度与其厚度成正比,而胶接强度却与搭接板厚度的平方根成正比。在其他(除厚度以外)参数保持不变的情况下,接头效率受到搭接板厚度的限制,即搭接板的刚度增加受到限制,其伸长或缩短必然发生变形,因此胶层应变集中不可避免。

(2) 搭接板刚度不同也促使胶层应变集中。刚度较小的搭接板由于纵向变形大,其端部胶层的应变更加集中,也减小了接头效率。

(3) 搭接板热膨胀系数不同在胶层引起热应变集中。使用碳纤维-环氧层合板和铝合金板胶接,或者硼纤维-环氧层合板和钛合金板胶接时,这种效应相当显著。与刚度不均衡接头不同,热应力不匹配产生的应力集中与载荷方向有关,并随着搭接板厚度增加也同此增大。有些接头固化后在降温过程中胶层产生破坏,此时并没有外载作用,说明热应力对于搭接效果的影响很大。

均匀厚度搭接板的胶接接头,载荷实际上是通过搭接端部区传递的。搭接长度中间部分为胶层剪切弹性区,剪应力较小,端部剪应力区的大小在很大程度上取决于胶层的塑性特性。除了搭接短的接头外,增加搭接长度并不能改变载荷的传递特性。阶梯形连接和楔形连接与等厚度板的连接略有不同,胶接长度上虽然也包含一定的塑性区,但是弹性区传递的载荷却随着搭接长度的增加而增大。楔形连接的主要特点是平均胶层剪应力与峰值胶层剪应力之比等于接头中小刚度搭接板与大刚度搭接板的拉伸刚度之比。

胶接的另一特点是存在着与胶层剪应力有关的剥离应力。与剪应力一样,其峰值也出现在搭接端部。复合材料层合板较低的层间拉伸强度限制了层合板的厚度,为了减缓剥离应力,可将搭接端部制成楔形,这样可以提高接头的剪切强度。

粘接连接板的结构胶,其剪切应力-应变曲线如图 5-5 中的实线所示。在设计分析时,一般有两种简化处理方法:一种是等效弹-塑性曲线,又称理想弹-塑性曲线,如图 5-5 中的点画线所示;另一种是等效双线性曲线,如图 5-5 中的虚线所示。等效是指曲线下面包含的面积与实际剪切应力-应变曲线下包含的面积相等。

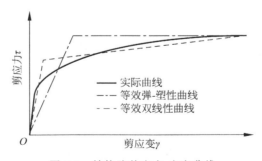

图 5-5 结构胶剪应力-应变曲线

在设计中,采用结构胶相应的理想弹-塑性剪应力-应变曲线或双线性近似,可以使接头强度的理论计算值与试验值较为接近。但应稍加修正,即将峰值许用剪应力乘以 0.8 的系数,用以考虑胶粘剂浸渍不完全、试验室试件与生产线加工的差别以及大面积胶接表面出现空隙较多等因素的影响。胶层峰值剪应力的试验值分散性较小,破坏应变试验值分散性较大,在计算中采用各自的平均值。

从破坏应变得出有效许用值时,可以采用以下两种方法之一:①采用破坏应变的某一百分数;②许用极限胶层剪应变的选取应使胶层可能的最大胶接强度至少比连接板的强度高50%。因此,当较弱的连接板达到其极限强度时,在胶层中还没有达到极限剪应变值,这是因为考虑到胶接接头在使用期间环境影响使胶接强度降低的缘故。胶层剪切强度富余量大,可以延长胶接结构的使用寿命,而结构质量却增加很少。对于复合材料层合板而言,如果破坏主要是由层间较低的拉伸强度造成的,则连接板之间的胶接强度应比连接板强度高25%。为了提高连接效率,设计时应尽量使破坏发生在搭接部分外面的连接板上。

2. 单面搭接胶接设计

如图 5-6 所示,两个连接元件通过一个胶接面搭接起来的连接接头称为单面搭接胶接设计。这种形式的连接有三种主要破坏形式,即:

(1) 在搭接板两端发生破坏;
(2) 搭接板之间的胶层产生剪切破坏;
(3) 剥离破坏,可能发生在胶层、搭接板或是连接界面。

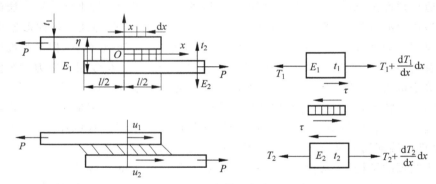

图 5-6 单面搭接胶接的几何形状和符号

单面搭接胶接的几种主要破坏形式如图 5-7 所示。

一个结构接头设计的好坏主要体现在结构连接效率上,设计得好,连接效率就高。两连接板之间刚度不均衡量越大,连接效率越低;搭接长度与连接板厚度的比值越大,连接的剥离应力越小,连接效率越高。如果两连接板有不同的热膨胀系数,而且连接结构的使用温度与连接板之间粘接时的固化温度不同(实际情况绝大多数均如此),则连接接头中产生热应变,导致接头产生初始曲率。此时如果再受外载(拉剪或压剪),则由于热应变的存在改变了接头两端的弯矩值,进而改变了胶层的剪应力和剥离应力分布。通常,热应变使接头一端的弯矩增大,另一端的弯矩减小,这样便减小了连接接头的承载能力,降低了连接效率。当金属元件与纤维复合材料层合板连接时,层合板的热膨胀系数一般比金属小,在层合板一端的弯矩增大。

连接使用的胶粘剂的韧性大小影响连接的破坏形式,也影响连接效率,有以下设计指导原则。

(1) 搭接长度 l 与连接板厚度 t 之比 l/t 对连接效率的影响较明显,l/t 值越大,连接效

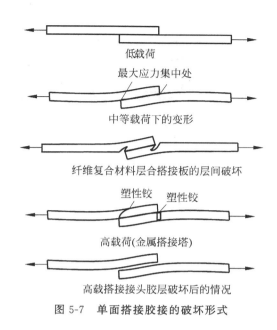

图 5-7 单面搭接胶接的破坏形式

率越高。

(2) 复合材料连接接头强度受层间剪切强度的限制,对于给定的 l/t 值,当 l 值超过某数值后,剥离(层间拉伸)应力使连接强度急剧降低,而且随着连接板厚度的增加,剥离问题变得更加严重。

(3) 胶层剪切破坏对连接接头强度的影响很小,发生胶层剪切破坏的限于两类接头,一类是搭接长度短、连接板强度大的连接,另一类是连接板厚度大而且搭接长度大的接头,后一类连接的剥离应力由于 l 值大而得到减缓。

(4) 连接板厚度小的接头,对连接破坏起主要作用的是连接板上产生的弯矩;而连接板厚度大的连接,对连接破坏起主要作用的是剥离应力。

(5) 侧向无支持的单面搭接胶接的效率低,设计时应增加侧向支持,以改进连接效率。

有关在不同条件下(如不计入载荷偏心影响、计入载荷偏心影响的连接板的内力和胶层剪切应力分布,均衡单面搭接连接的剥离应力)连接板刚度不均衡对连接强度影响的分析计算等复杂情况在其他更为专业的书籍中进行了阐述。

3. 双面搭接胶接设计

双面搭接胶接是由三个连接元件通过两个胶接面粘接而成的,如图 5-8 所示。中间连接元件称为内搭接板,用下标 i 表示其几何量和物理量;两侧连接元件称为外搭接板,用下标 o 表示其几何量和物理量。

双面搭接胶接有以下三个重要特性。

(1) 对于给定的搭接板和胶粘剂,接头的胶接强度存在一个极限值,随着搭接长度的增加,接头的承载能力达到这个极限后,进一步增加搭接长度不会再增加承载能力。

(2) 决定胶层剪切强度的唯一参数是每单位粘接面积的胶层剪切应变能,胶层的剪切应力-应变曲线形状仅仅影响胶层的剪应力分布,而不会影响连接接头胶层的承载能力。

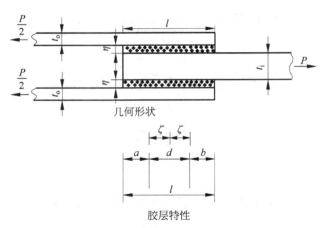

图 5-8　双面搭接胶接的几何参数

（3）复合材料搭接板厚度较大时，连接处容易产生剥离破坏，存在一个搭接板的厚度极限，超过某一厚度，就应采用阶梯形或变厚度连接代替双面搭接胶接。

在实际连接结构中，如界内、外搭接板热膨胀系数不同，在胶接层中将产生相当大的热应力，直接影响接头的胶接强度。当连接接头两端搭接刚度不同，即内、外搭接板的刚度不满足关系式 $E_i t_i = 2 E_o t_o$ 时，胶层剪应力分布就不对称，胶层胶接强度的潜力也不能充分发挥。

对于双面搭接胶接，令 P 为作用于内搭接板的外载荷，t_i 和 t_o 分别表示内搭接板和外搭接板的厚度，l 表示搭接长度，η 表示胶层厚度。在胶层处于弹性状态时，外搭接板的内力与胶层剪应力的关系式为

$$T_o = \frac{P}{2}\left[-\frac{1}{2}\frac{\text{sh}(\lambda r)}{\text{sh}\frac{\lambda l}{2}} + \frac{E_i t_i - E_o t_o}{2(E_i t_i + E_o t_o)}\frac{\text{ch}(\lambda x)}{\text{ch}\frac{\lambda l}{2}} + \frac{E_o t_o}{E_o t_o - E_i t_i} \right] \quad (5\text{-}22)$$

如果计算出的 T_o 值为负值，则意味着接头内的热应力较大，即使不施加外载，连接也可能破坏。

按照胶接剪切"平台"强度计算，设计时需要的最小搭接长度为

$$l_{\min} = \frac{P}{2\tau_P} + \frac{2}{\lambda} \quad (5\text{-}23)$$

而

$$\lambda = \sqrt{\frac{G}{\eta}\left(\frac{1}{E_o t_o} + \frac{2}{E_i t_i}\right)} = \sqrt{\frac{\tau_P}{\eta \gamma_e}\frac{1}{E_o t_o}\left(1 + \frac{2 E_o t_o}{E_i t_i}\right)} \quad (5\text{-}24)$$

其中，胶层弹性位移（$\eta \gamma_e$）可由胶层剪切应力-应变曲线确定。

上述计算适用于连接承受拉剪载荷的情况。如果是压剪载荷，方程中的温度项应改变正负号，高应力区可能从搭接的一端改变到另一端；对于面内（边缘）剪切载荷，应将式中的有关量做相应代换。

设计成功的连接接头，破坏应该发生在胶接区外边。对于薄搭接板接头，胶接强度与搭接板强度之比远大于1；对于厚搭接板接头，这个比值小于1。前者破坏发生在胶接区外边的连接板上，而后者破坏发生在胶接区内，属于胶层剪切破坏。发生前一种破坏所需要的设

计搭接长度为

$$l = \frac{\text{搭接板强度}}{2 \times \text{峰值胶层剪应力}} + \frac{2}{\lambda} + \Delta \tag{5-25}$$

式中,Δ 是为了考虑胶层胶接缺陷和环境影响而增加的长度,而 $\frac{2}{\lambda}$ 项为最小胶层剪切弹性区长度。连接板厚度增大将会导致发生剥离破坏。峰值剥离应力 σ_P 以无量纲形式表示为

$$\frac{\sigma_P}{\tau_P} = t_o \sqrt[4]{\frac{E_c^1}{4\eta D}} = \sqrt[4]{\frac{3E_c^1(1-\nu^2)t_o}{\eta E}} \tag{5-26}$$

要确保连接板厚度不使剥离应力太大,外搭接板厚度值可由下式得出

$$t_{o\max} = \frac{\eta E_o}{3(1-\nu^2)} \left[\frac{1}{E_c} + \frac{\kappa_1}{E_{in}} + \frac{\kappa_2}{E_{on}} \right] \left(\frac{\sigma_P}{\tau_P} \right)^4 \tag{5-27}$$

在此可取 σ_P 为胶层(或层间拉伸)允许用剥离应力。减小剥离应力的方法是将外搭接板的端部制作成楔形,如图 5-9 所示。

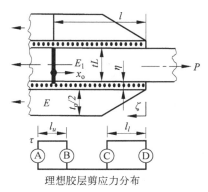

图 5-9 减小剥离应力的双面搭接设计和符号

4. 楔形搭接胶接设计

为了提高楔形搭接胶接的承载能力,最重要的是确定最佳楔形角。当补强材料和原损伤结构材料相同时,可获得均匀胶接剪应力分布,并且得到最大胶接强度的最佳楔形角 θ 为

$$\theta = \arctan \frac{\tau_{\max}}{\sigma_{\max}}$$

式中,$\tau_{\max}$ 为最大许用胶层剪应力;$\sigma_{\max}$ 为连接最大许用正应力;θ 角的定义见图 5-10。

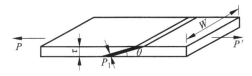

图 5-10 楔形搭接胶接示意图

在以上分析中,没有考虑连接板各纤维层和树脂层的非均质影响。根据其他参考资料文献数据,将由各层刚度差引起的胶层应力集中系数设为 2.88,用来修正连接板的非均质影响。

最大胶层剪应力 $\tau_{\max}$ 为

$$\tau_{\max} = \kappa_a \tau_m \tag{5-28}$$

式中

$$\tau_m = \frac{P}{\omega t} \cos\theta \sin\theta, \quad \kappa_a = 2.88 \tag{5-29}$$

所以

$$\tau_{\max} = \frac{2.88P}{\omega t} \cos\theta \sin\theta \tag{5-30}$$

对于小于 10° 的楔形角,有

$$\tau_{\max} = \frac{2.88P}{\omega t}\cos\theta \tag{5-31}$$

连接板 L 的最大拉伸应力

$$\sigma_{\max} = \kappa_t \frac{P}{\omega t}, \quad 其中 \kappa_t = 1.35\cos^2\theta + 1 \tag{5-32}$$

对于小于 10° 的楔形角,有

$$\sigma_{\max} = 2.35 \frac{P}{\omega t} \tag{5-33}$$

楔形连接的承载能力用楔形角的函数表示(见图 5-11),图中的理论值是根据上述方程得出的。随着楔形角减小,连接板的剖面厚度减少,楔形尖部应力增大(随着楔形角减小,连接端部的应力集中增加),这样连接的拉伸破坏临界部位移到连接板上。而随着楔形角减小,胶接面积增加,胶层承载能力增大。最佳楔形角为胶层剪切破坏载荷等于连接板破坏载荷的情况。

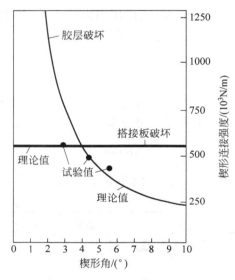

图 5-11 楔形连接强度

5. 阶梯形搭接胶接设计

均匀厚度板件的搭接连接,随着连接元件厚度或拉压刚度的增加,连接效率逐渐降低。解决这种问题的有效途径是采用阶梯形或楔形的搭接胶接。这两种连接形式同样可分为单面胶接(一个胶接面)和双面胶接(两个胶接面),见图 5-12。在阶梯形连接中,对于每一个台阶,其基本分析方法与相应的单面或双面搭接胶接相同。如果阶梯形台阶数较多、台阶长度较短,其内力分布与楔形胶接相近;如果台阶数较少、台阶长度较长,在每个台阶上胶层都可能出现弹性区和塑性区,对其内力分布需要逐个台阶进行分析。因为每个台阶的内力都与前一个台阶的端部内力有关,所以其计算是比较复杂的。在设计时,还可以采用双面搭接(有两个搭接面)或单面搭接(有一个搭接面)做近似设计计算。

针对有三个或少于三个台阶的情况,如图 5-13 所示,可以按单面搭接的胶接接头设计,即把每个台阶当作厚度为台阶厚度的单搭接板连接。假设有三个台阶,其连接板的内力分

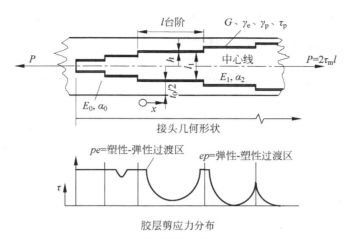

图 5-12　阶梯形搭接连接的几何形状

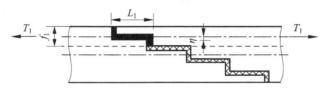

图 5-13　阶梯形连接简化计算示意

别为 T_1、T_2、T_3，各台阶的长度分别为 L_1、L_2、L_3，台阶厚度分别为 t_1、t_2、t_3，则对每个台阶有平均剪应力

$$\tau_{av} = \frac{T_i}{L_i} \tag{5-34}$$

最大剪应力为

$$\tau_{max} = \kappa \tau_{av} \tag{5-35}$$

式中

$$\kappa = WL_i(1+3\alpha)\coth WL_i + 3(1-\alpha)$$

$$W = \sqrt{2(1-\nu_{xy}\nu_{yx})G/(\mu E t_i)}$$

$$\alpha = \frac{1}{1 + 2\sqrt{2}\tanh\dfrac{L_i}{t_i}\sqrt{\dfrac{3(1-\nu_{xy}\nu_{yx})T_i}{2Et_i}}}, \quad i = 1,2,3$$

对于四个或四个以上台阶的阶梯形连接，可以通过取台阶厚度 $t_1, t_2, \cdots, t_n$，按照双面搭接连接进行设计。

5.2.2　复合材料机械连接设计

复合材料连接主要可分为胶接、机械连接和二者兼有的混合连接等三种类型。其中机械连接主要指螺栓连接和铆钉连接，混合连接指胶铆或胶螺连接。胶接和机械连接是最常用的两种连接形式。一般来说，胶接适用于传递载荷较小的部位，机械连接用于传递载荷较大或强调可靠性的部位，胶铆（螺）混合连接较少采用。机械连接是将构件局部开孔，然后用铆钉、销钉、螺栓等紧固件将它们连接成整体。

1. 复合材料机械连接的特点及破坏模式

复合材料与金属材料机械连接部位的设计和强度分析具有不完全相同的内容,有些方面有本质的差别,须特别注意。目前应用最多的复合材料层合板由多层纤维/树脂构成的单层铺叠而成,而机械连接部位的钉孔会切断纤维,导致孔边应力分布较复杂,又由于复合材料属脆性材料,故其孔边的应力集中程度要较金属严重;多钉连接传力时,钉孔载荷分配更不均匀。此外,影响复合材料机械连接接头强度的因素远比金属要多:首先是材料参数,包括纤维/树脂的类型、纤维的取向和形式(单向带、编织布)以及铺层顺序等,还有连接形式(搭接或对接、单剪或双剪等)和连接的几何尺寸(排距、端距、边距与孔径的比值等),紧固件的类型(螺栓或铆钉的类型)与尺寸,载荷的种类(静载、动载或疲劳载荷)和方向,以及环境因素(温度、湿度、介质)等。要了解这些因素对复合材料连接强度的影响与对金属材料影响的相同与不同点,并在分析中认真加以考虑。

其破坏模式有层合板的挤压破坏、拉伸破坏、剪豁破坏、劈裂破坏、拉脱破坏,紧固件的弯曲失效、剪断和拉伸破坏以及上述某些单一模式的组合型破坏,如图 5-14 所示。破坏模式主要与其几何参数和铺层方式有关。由于挤压破坏是局部性质的,通常不会引起结构的灾难性破坏。对单排钉连接,从保证连接的可靠和提高效率出发,应尽可能使其产生挤压型破坏,而尽量避免劈裂和剪豁破坏两种低强度破坏模式发生。多排钉连接一般为拉伸型破坏。

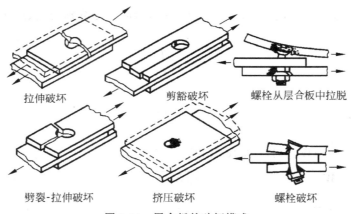

图 5-14 层合板的破坏模式

复合材料机械连接的一般设计原则是:①满足连接强度要求;②连接系统质量要小;③便于加工制造、装配和维修;④满足抗电化腐蚀的要求;⑤满足接头的可靠性和疲劳寿命的要求;⑥满足破损-安全要求;⑦考虑使用环境的影响和要求;⑧连接系统的成本要低。

2. 复合材料螺栓连接设计

螺栓连接与胶接相比,螺栓连接容易拆卸,拆卸时不易损伤;连接件不需要做特殊的表面处理;强度分散性小,连接质量容易检查;抗剥离能力大。其缺点是:开孔削弱了构件截面,并引起应力集中,接头质量较大,可能带来电化腐蚀问题等。

虽然玻璃纤维和芳纶纤维复合材料的紧固件都不会遇到电化腐蚀问题,但碳纤维复合材料就存在这个情况。一般碳纤维作为阳极,铝、镉等紧固件为阴极。钛合金作为紧固件材料时,与碳纤维的相容性最好,而且钛合金具有较高的比强度。奥氏体不锈钢、A286 超合金、Incone 1718、多相合金(如 MP135、MP159 等)与碳纤维也表现出很好的相容性,但已经发现 A286 有腐蚀点。Monel 镍铜合金有生成严重腐蚀产物的倾向,虽然其引起的强度损失很小,但腐蚀客观存在。因此,在碳纤维复合材料结构中,Ti-6Al-4V 钛合金是最常用的紧固件材料。

螺栓连接的形式通常有搭接和对接两种。搭接和单盖板对接都会产生附加弯矩,而用双盖板对接能避免产生弯矩,带锥度的连接形式在多排螺钉情况下能消除边缘螺钉的过大载荷。螺栓连接结构的一般形式如图 5-15 所示。

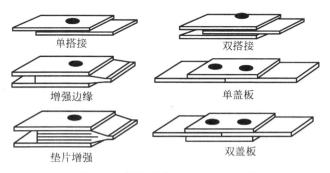

图 5-15　螺栓连接的几种主要形式

复合材料连接的结构效率主要由它的接头决定,与材料的基本性能相关度不高。正确的复合材料结构设计,首先是确定接头的位置和大小,再确定纤维的最优排布。在连接设计中,连接效率是衡量接头设计成功与否的重要指标。

由于接头中存在孔,它的强度不可能超过本体层合板的强度。经过研究表明,经过仔细设计的螺栓接头,其强度甚至只有本体层合板强度的一半,较简单的螺栓接头的强度不会超过层合板强度的 1/3。纤维复合材料的连接效率范围如图 5-16 所示,图中还示出了韧性材料和完全脆性材料的连接效率,因为复合材料是由两种不同性能的材料组成的,因此不会像完全脆性材料那样破坏。碳纤维复合材料(CFRP)连接中,螺栓直径与板宽之比对连接效率的影响如图 5-17 所示。显然,将单孔或单排接头改进到最佳是困难的,要使连接效率有大的改善,可以采用多排紧固件的连接形式。

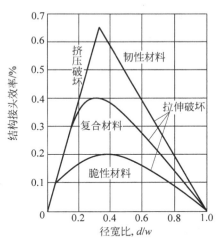

图 5-16　韧性、脆性材料和复合材料螺栓接头的效率

在复合材料连接中,最重要的是挤压设计应力,它是钉孔直径扩大 4% 时所对应的应力值。美国格鲁门飞机公司建议,一些复合材料的挤压设计应力可取表 5-1 中的值。而有关边缘剪切、剪切撕裂和层间剪切设计应力值列于表 5-2 中。必须注意,表中的这些数值是在

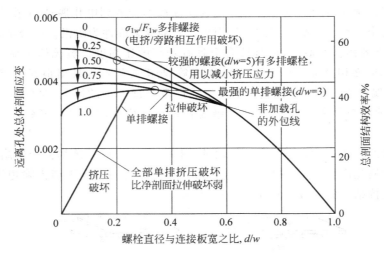

图 5-17　CFRP 螺栓接头设计对接头效率的影响

应力集中不很严重的情况下得出的,如果设计中高的应力集中不可避免,则应适当减小表中的设计值,尤其对剥离和层间剪切情况更应如此。

表 5-1　$d/t=1$ 时复合材料的挤压设计应力值

材　料	极限应力/MPa	设计应力值/MPa
玻璃-聚酯(编织)	297.6	141.1
玻璃-环氧(编织)	319.5	254.9
硼-环氧		
0°/90°	1378.0	1033.5
0°/90°/±45°	1033.5	826.8
碳-环氧		
0°/90°	447.8	378.9
0°/90°±45°	334.5	310.0
Kevlar-环氧(编织)	378.9	310.0

表 5-2　复合材料在室温下的剪切设计应力值

项　目	碳-环氧正交铺设	玻璃-环氧编织	硼-环氧正交铺设	Kevlar-环氧编织
面内剪切强度/MPa	137.8	110.2	206.7	124.0
剪切模量/GPa	8.96	5.51	10.34	6.89
剥离强度/MPa	68.9	55.1	103.3	55.1
层间剪切强度/MPa	55.1	27.6	68.9	41.3

连接接头的几何参数有:间距或板宽 w,行距 B,端距 e,边距 S,孔径 d 和板厚 t。直径可根据剪切强度确定,也可由钉杆、板等强度确定。间距、边距、端距和行距主要由试验确定。经验表明,复合材料接头的几何参数应按表 5-3 选择。当无法保证 $e/d \geqslant 4$ 时,可按图 5-18 所示的曲线来修正。

表 5-3　复合材料接头的间距、边距、端距和行距

材　料	板厚 t	间距 w	边距 S	端距 e	行距 B
碳-环氧 $[0°,\pm45°,90°]$	$3\geqslant d/t\geqslant 1.5$	$5d$	$2.5d$	$\geqslant 4d$	$\geqslant 4d$
玻璃纤维-树脂	$d/t=1$	$\geqslant 4d$	$2.5d$	$2.5d$	$\geqslant 5d$
	$d/t<3$	$5d$	$2d$	$3d$	$\geqslant 4d$
	$d/t=3\sim 5$	$\geqslant 4d$	$1.5d$	$2.5d$	$\geqslant 4d$
	$d/t>5$	$4d$	$1.23d$	$2d$	$\geqslant 4d$

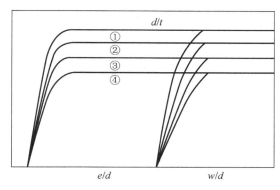

图 5-18　玻璃纤维复合材料的挤压强度随 e/d、w/d 的变化曲线

在结构设计中,为了确保结构工作安全,还要考虑到结构经济性,要求质量小、成本低。确定安全系数是一项十分重要的工作,要求在确保安全的条件下,尽可能降低安全系数。对于复合材料结构的接头,安全系数为

$$f=\sigma_d/[\sigma] \tag{5-36}$$

对于玻璃纤维增强复合材料接头,可保守地取安全系数为 3;对结构质量有严格限制的部位,安全系数可取 2,但必须注意结构件的工艺质量,确保不会提前破坏;对于碳-环氧、硼-环氧、Kevlar-环氧结构件,安全系数取 1.5,一般约有 15% 的强度储备;对重要接头应提高安全系数,安全系数应取 2,上面所指的安全系数对应设计应力 σ_d。但目前确定复合材料接头的设计应力的方法不统一,主要方法有以下三种:①取接头能承受的最大应力;②取接头载荷-变形曲线的第一拐点对应的应力;③取钉孔变形量达到某一数值所对应的应力。

采用螺栓连接时,必须在层合板上钻一定数量的孔,这意味着部分受力纤维被切断,失去传递应力的作用;同时由于孔的存在,影响着孔周围的应力分布,即在孔边产生应力集中。螺栓连接是通过螺栓的剪切应力传递载荷的,因此孔边又是传递载荷集中的部位。铺层的顺序和方向明显地影响着孔周围的应力分布,很大程度上决定了螺栓对孔的挤压强度,影响通过孔截面的拉伸强度和孔边的剪切强度等。

波音飞机公司规定,在机械连接接头铺层设计中,由 0°、±45°、90° 铺层组成的层合板,至少应有 40% 的 ±45° 铺层和 10% 的 90° 铺层,将 ±45° 铺层置于层合板外表面,层合板的压缩和冲击性能会得到一定改善。

图 5-19 给出了碳-环氧 T300/4211[0°/90°/±45°] 纤维复合材料层合板的不同铺层比例与挤压强度的关系曲线。由该图可见,纤维方向对破坏模式和破坏载荷都有很大影响。

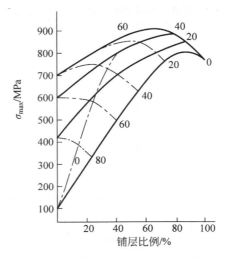

图 5-19 不同铺层比例对挤压强度的影响

紧固件的夹紧力是指用拧紧螺母的办法产生垂直于层合板平面的压力,可用加垫圈的方法增加侧向夹紧的面积,该夹紧力可以防止孔边过早分层,明显提高接头的挤压强度和疲劳寿命。当夹紧力达到某一数值后,再增加夹紧力时接头的挤压强度趋于定值,还可能使层合板受到损伤。夹紧力是由拧紧螺母力矩得到的,其数值为

$$P_z = \frac{M}{\kappa d} \tag{5-37}$$

式中,M 为拧紧力矩;κ 为扭矩系数;d 为螺栓直径。

孔周层合板受到的侧向压缩应力为

$$\delta_2 = \frac{P_z}{\frac{\pi}{4}(D^2 - d^2)} = 1.658 \frac{M}{d^3} \tag{5-38}$$

式中,D 为标准垫圈直径,$D = 2.2d$。

3. 复合材料铆接设计

铆接是一种不可拆的机械连接,它依靠铆钉钉杆镦粗形成镦头将构件连接在一起。由于铆钉价格便宜,强度和可靠性较高,便于使用自动钻铆设备,因此它是一种被广泛应用的永久性连接方法。

铆钉连接工艺包括:钻或冲制铆钉孔;如埋头铆接时,制埋头窝;在孔中安放铆钉;压紧铆接件并使铆钉形成镦头,完成铆接。

许多铆接结构还有一个重要要求,就是保证一定程度的密封性,不让液体或气体渗入。铆缝处的渗漏主要是通过铆接件的接触间隙,及铆钉杆、铆钉头和孔壁的间隙渗入的。铆缝密封方法有多种,如铆钉表面涂密封材料,安装弹性垫片和橡胶圈,采用带封严圈的铆钉等。

铆钉的种类很多,其头型分类有 100°埋头、130°埋头、平锥头、大扁圆头等;铆钉杆除普通实心铆钉外,还有抽心铆钉、螺纹空心铆钉、高抗剪铆钉、空尾铆钉、双金属铆钉等特种铆钉。

复合材料结构铆接时,由于复合材料层间强度低,抗冲击能力差,安装时不宜于锤铆,需

用压铆。为提高复合材料接头处的局部强度,在铆钉镦头下放置一个垫圈,可大大减小镦头处的工艺残余应力,由于垫圈均匀承受着铆钉和孔壁间的接触压力,从而改善了接头的性能。这种方法也能在轻质芯层的夹层结构中应用。

铆接和螺栓连接都属机械连接,铆接接头的内力和变形分析、接头几何参数的确定等都与螺栓连接相同,这里不再重复。

铆接和螺栓连接的不同之处是铆接过程中铆钉杆会产生较大的变形,形成铆钉墩头。复合材料结构铆接时,铆钉杆的镦粗使孔区产生较大的变形。由于复合材料的相对延伸变形很小,具有脆性破坏特征,铆钉杆的镦粗会使复合材料的结构完整性提早破坏。因此,必须谨慎地考虑和评价铆接的可能性。

在铆接过程中,铆钉杆位于铆接孔中的那一部分处于封闭的镦粗方式,同铆接件一起变形,而镦头那一部分钉杆是敞开镦粗方式,因此铆钉的变形很不均匀,相当复杂。铆杆墩粗时与孔产生干涉配合,使孔周产生残余应力,因此铆接件在外载作用前孔区已存在着复杂的三维初始应力。铆钉在塑性变形的过程中,不但铆钉材料的组织和物理力学性能发生较大的变化,而且铆钉各部位的强化程度也不同,因此使分析工作变得更复杂。

孔周应力集中系数与铆接接头中的初始应力和变形有关。当干涉量超过某一临界值时,孔周发生损坏,一般可以用材料的许用极限应变来评价临界干涉量。玻璃纤维复合材料的临界相对干涉量在3%~5%的范围内,而碳纤维复合材料为1%左右,远小于基体的许用应变。

研究表明,在铆钉镦头下安装垫圈可能减弱钉杆在铆接过程中的扩孔作用,从而增加铆接接头的强度,但该垫圈有一定的尺寸要求,主要尺寸是内径 d 和外径 D。d 值决定垫圈和铆接件共同吸收的抗破坏能力。一般标准垫圈的内径容差太大,不能起到减小干涉量的目的。图 5-20 给出了有垫圈的接头效率和没有垫圈的接头效率试验结果。有垫圈的接头效率为 0.5~0.55,没有垫圈的接头效率为 0.37~0.4,即有垫圈的接头拉伸强度增加 35%~40%。

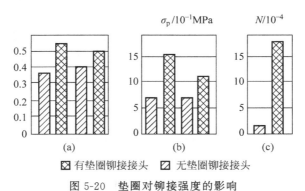

图 5-20　垫圈对铆接强度的影响
(a)接头效率;(b)扯离强度;(c)耐久性

为了解决铆钉钉杆变形的不均匀性,对复合材料的铆接工艺和铆钉的材料、结构进行了大量研究。研究结果表明,只要选择合适的铆钉和采取一定的工艺措施,则铆接可以成功地应用到复合材料结构上。

5.2.3 夹层结构连接设计

复合材料夹层结构件由两块薄的表板和夹芯材料胶接而成。表板材料有碳纤维、硼纤维、玻璃纤维、Kevlar 纤维的增强层合板；夹芯材料有铝蜂窝、玻璃布蜂窝、Nomex 纸蜂窝、牛皮纸蜂窝、软木和泡沫塑料等。表板的强度、刚度高，但较薄，夹芯的强度、刚度低，但较厚；对这种结构，采用胶接更为方便，只有要求可拆的部件才采用螺栓连接。为了设计出理想的接头，必须了解接头传力点，对连接元件做内力和变形分析。夹层结构连接的基本方法与层合板的连接方法基本相同，设计计算方法也基本相同，这里不再重复。但必须注意夹层结构的特点，在受力分析中一般假设夹芯只承担剪切，不承担面内正应力。另外，还应考虑夹芯的横向剪切变形对结构内力和变形的影响。

夹层结构连接端的作用是将拉伸和压缩载荷从夹层件的表板传递出去。表板与边缘件的连接设计，需要将端部接头设计成简支到固支的各种边界条件，尽量减小连接处的应力集中。在连接端部，夹层板的内侧或外侧可用金属嵌件加强，也可用加密蜂窝芯层、填充蜂格、增加表板厚度等加强端部。

夹层板与边缘加强件的连接一般用胶接。一种方法是将边缘加强件与表板、夹芯一次固化成型，称共固化法；另一种方法是先将表板和夹芯固化成夹层板，然后再将夹层板与边缘加强件胶接在一起，称二次固化法。夹层板的螺栓连接都通过这些加强件与其他构件连接在一起。

5.3 修理设计

5.3.1 层合板的修理设计

层合板的修理方法很多，以下的修理设计主要针对在实际工程中常用的几种方法，即贴补法、挖补法和机械修理方法。

贴补和挖补这两种胶接修理方法，从设计观点可以作为连接接头考虑。表 5-4 中给出了用相当于补强板修理的某些胶接形式和胶层上的剪应力分布。从表 5-4 中可以看出，对于不同的胶接形式，其剪应力分布的均匀程度是不同的。按照连接设计的一般要求，剪应力分布应该是越均匀越好。

表 5-4 几种连接形式的剪应力分布

类 型	示 意 图	剪应力分布
单面搭接		
双面搭接		

续表

类型	示意图	剪应力分布
单面阶梯形搭接		
单面楔形搭接		
双面楔形搭接		

对于机械修理方法而言，由于钉孔处会产生相当严重的应力集中，所以其寿命相对较短。

在层合板修理中，除了考虑连接设计要求外，还要根据具体情况决定采用哪种修理方法。机械修理作为一种简便的修理方法，通常用来满足紧急情况下的快速修理要求，同时这种方法具有工艺性能比较稳定的特点，不受施工环境的影响。挖补修理的剪应力分布均匀，寿命长，并且能得到光滑齐平的外表面，由于挖补修理要去除比较多的未损伤材料，因此对工艺要求比较高，施工环境和条件的要求也比较苛刻。挖补修理方法一般适用于16层以上的厚板。贴补修理的工艺相对于挖补修理要简单一些，寿命也相对低一些。另外，机械修理和贴补修理无法得到光滑齐平的外表面，因此用在外表面时，应该充分考虑气动性能方面的要求。

1. 贴补修理设计

贴补修理是将修理材料制成补强板，可以是固化板或未固化的预浸料，以外补片的形式连接到原结构的损伤部位，使损伤结构遭到破坏的载荷传递路线得以加强。这种修理方法通常能恢复结构原有强度的70%～80%。

这类修理形式类似于单面搭接接头。为了减少剥离应力和剪应力集中，端部楔形角度的设计非常重要，采用的尖梢比一般为15∶1。当补强板置于飞机外表面时，这样的楔形角还可以满足小气动干扰的要求。

正如单面搭接接头的情况一样，贴补修理的主要问题是存在偏心载荷，在补强板上形成弯曲，在胶层和复合材料层间产生剥离应力。在轴向压缩载荷作用下，面外弯曲将大大减低屈曲载荷。但是在实际结构中，通常会有其他结构的支持，例如蜂窝结构的夹芯和壁板内部的骨架等，会把这种附加弯曲部分或全部地平衡掉。因此，对于贴补修理，可以将其看作双面搭接的一半来分析。

从设计角度来讲，贴补修理的参数主要包括补片大小、补片厚度、补片的铺层，以及胶层的设计问题。

1) 补片的大小

贴补修理通常作为双面搭接的一半来考虑，与补片大小直接相关的参数是搭接长度。对于双面搭接，存在一个与最大可用强度相对应的临界搭接长度，采用更长的搭接长度不会增加临界失效应力。考虑到胶粘剂的性能、不完全胶接、端部分层和安全系数等因素的影响,搭接长度通常为 20～30mm。例如,如果损伤孔的直径为 20mm,则补片的直径为 60～80mm。

研究表明:若搭接长度比较短,则所有的胶粘剂都处于较高的剪应力状态;若搭接长度比较长,则大部分的胶接区域只承受很小的载荷或不受载,载荷主要通过搭接部分端部的两个狭小区域来传递。图 5-21 中给出了搭接长度和破坏应力的关系,可以看出,在图中理想条件下的双面搭接长度为 12mm。

2) 补片厚度

对于贴补修理而言,优化设计的要求是补片的面内刚度与母板的面内刚度相同。由于贴补修理可以作为双面搭接的一半来处理,在补片材料与母板材料的弹性模量相同的情况下,最佳的补片厚度应该是母板厚度的一半。

图 5-22 给出了不同补片面内刚度(即弹性模量和厚度的乘积)的影响曲线,可以看出具有软补片(补片比较薄或它的弹性模量值比较低)胶接接头的极限强度较低。然而,过于刚硬的材料做补片并不能改善修理效果,因为它不但会增加材料质量,而且会由于剪应力的增大而降低强度。

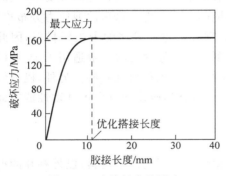

图 5-21 胶接长度的影响

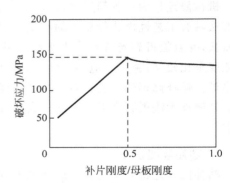

图 5-22 补片刚度的影响

3) 胶层设计问题

一般来说,若采用强度较好的胶粘剂,则胶接接头的强度也会较好;胶粘剂的极限剪应变对胶接接头强度的影响,比胶粘剂的极限剪应力对接头强度的影响要大。胶粘剂的强度性能影响胶接接头的强度。

由于在胶接接头的搭接端部会产生比较高的局部应力,因此,如果适当增大接头边缘部分的胶层厚度,则可以显著降低该处较高的剪应变,从而提高接头强度,如图 5-23 所示。若把胶接接头的补片边缘做成具有一定内楔角的形状,就可以降低胶层中的应力集中。

4) 补片铺层设计

由于载荷方向和层合板诸多设计约束的限制,补片的铺层通常没有更多的选择余地,纤维的 0°、45°和 90°铺层的比例一般在 30:55:15 左右,而 0°方向则与主受力方向一致。

2. 挖补修理设计

外表面齐平的挖补修理包括斜接式挖补和阶梯式挖补两种方式,分别对应于胶接形式中的单面楔形接头和单面阶梯形接头,这种修理方式胶接面上的剪应力分布比较均匀。由

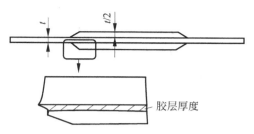

图 5-23　减小胶层最大剪应变和剥离应力的贴补设计

于不存在偏心载荷,补强板的剥离应力比较小,因此这种修理的效果比较好。在外场条件下,这种修理方式比贴补修理方式困难,修理周期比较长。此外,这种方法的更重要的特点是,需要去除大量的未损伤的材料,以形成所需要的斜度或阶梯,所以该方法对修理工艺的成熟性和稳定性具有较高的要求。

挖补修理可以用于部分厚度或整个厚度损伤情况。如果在厚层合板上产生内部分层,并且认为采用注射修理不合适时,可以将分层上部的材料切除,形成适当的挖补斜度或每层的阶差,然后采用挖补修理。

挖补修理时通常采用材料和铺层顺序均与母板一致的补片,以消除不必要的结构不对称和载荷偏心。为了保证胶接质量,挖补修理多采用共固化法成形,即修理时采用预浸料补片,然后和母板一起固化。

从设计角度来讲,挖补修理最主要的参数就是斜接式挖补的角度(见图5-24)和阶梯式挖补的每层阶差。

1) 斜接式挖补的角度

斜接式挖补角度的大小与胶粘剂的剪切强度有关,如图 5-25 所示为楔形角、胶层破坏强度对修理板承载能力的影响曲线。可以看出,挖补修理存在一个最佳楔形角,而且这个最佳楔形角随着胶粘剂抗剪强度的增大而增大。

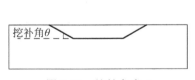

图 5-24　挖补角度 θ

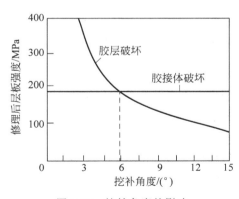

图 5-25　挖补角度的影响

考虑到实际应用的胶粘剂的性能,建议的挖补角度为 $4°\sim5°$,与贴补修理相比,挖补修理方式可以使剪应力和剥离应力值更低而且更为均匀,因此它的修理效率就更高一些。传统的二维胶接模型的分析结论是,挖补斜度应该在 $1:15\sim1:18$ 之间,这是一个很保守的结论,并且由于要去除大量的未损伤材料,因而风险也比较大。

2) 阶梯式挖补的阶差

一个比较保守的建议是,阶梯式挖补的每层阶差应该不小于13mm。当要去除的层数不超过6层时,可以采用单面挖补;当要去掉的层数超过6层时,在修理条件允许的情况下,可以采用双面挖补。这种修理方式要去掉比较多的未损伤材料,风险相对比较大,同时该工艺还要求每个铺层都要制出阶梯差,施工相对困难一些,对工艺的要求比较高。

3. 机械修理设计

这种修理方法通常是将两块金属补片分别盖在层合板损伤区的内外表面,然后用螺栓等金属紧固件固定,该方法可以有效地提高损伤区的失稳载荷,这已经在试验中得到了证实。层合板的机械修理通常作为一种应急修理措施,一般要在300飞行小时以内更换为复合材料补片的永久修理。这种方法一般不允许用在气动要求特别高的外表面。

为了改善机械修理的效果,设计时主要应该注意以下几方面的问题。

1) 应力集中问题

机械修理时,在开孔处(包括损伤孔和螺栓孔)采用加金属衬套的方法可以有效地降低应力集中,提高压缩强度。试验表明,加衬套后的修理试验件压缩强度比未修理件提高70%以上,比不加衬套的修理件提高30%以上。

另外,补片连接时采用胶接和机械连接的混合连接方式,也是一种有效降低应力集中的方法。

2) 耐腐蚀问题

金属零件和复合材料接触会产生电位腐蚀,因此机械修理时采用的金属零件的材料,包括紧固件、衬套和补强片,通常应该选用不锈钢或钛合金。

3) 施工通路问题

通常,机械修理只适用于两面可达的情况。对于实际结构中的修理,如果损伤件可以拆卸或两面可达,则通常采用相同的内外补强片;如果只能单面施工,则在设计时要充分考虑工艺方面的技术要求。

5.3.2 蜂窝夹层结构的修理设计

蜂窝夹层结构主要指由较薄的复合材料层合板做面板,与较厚的密度小的芳纶纸蜂窝或玻璃蜂窝芯子胶接而成的结构。它是复合材料结构的一种重要结构形式,其特点是抗弯刚度高,具有光滑的气动表面,在飞机上主要用做壁板、口盖和舵面等结构。

蜂窝夹层结构与层合板结构一样,在生产和使用过程中常常会产生各种各样的损伤。按照损伤产生的部位,这些损伤可以分为面板损伤、伤及单侧面板和芯体的复合损伤,以及伤及双侧面板和芯体的穿透损伤。其中面板损伤的修理可以参照层合板结构损伤的修理方法。

当蜂窝夹层结构出现损伤时,应首先采用目视和无损检测(NDT)的方法确定损伤的形式、部位、面积,进而根据手册或通过计算判定损伤的类型(是许可损伤、需修理损伤还是不可修理损伤,是面板损伤、复合损伤还是穿透损伤),然后根据原结构的材料、载荷和使用要求等情况选择适当的修理方法,进行修理选材和修理参数设计,从而确定整个修理方案,最后根据修理方案进行维修实施,并通过无损检测验证维修质量。

修理参数设计主要包括三方面的内容。一是补片和衬板的形状，补片的形状取与挖掉的损伤区几何相似的形状。在确定挖掉的损伤区的形状时，应根据损伤的分布区域取相对规则的几何图形，一般情况取圆形，若损伤区域细长，也可取长方形。二是补片和衬板的铺层参数设计，包括铺层数和铺层组合。三是补片和衬板的几何尺寸设计，包括直径（搭接宽度）和打磨斜度。

1. 贴补法的参数设计

补片的铺层：补片的铺层数和铺层组合与原结构面板一致。

补片几何尺寸：贴补法中需要确定的几何尺寸只有一个，即补片与原结构面板的搭接宽度 L 或补片直径 D，如图 5-26 所示。

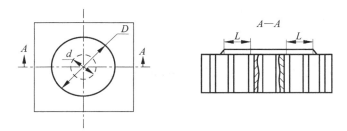

图 5-26　贴补法中的修理参数

搭接宽度 L 或补片直径 D 可通过下面的计算公式近似得出：

$$L \approx 0.85d \quad \text{或} \quad D \approx d + 2L = 2.7d \tag{5-39}$$

式中，d 为损伤区直径；L 为补片与原结构面板的搭接宽度；D 为补片直径。为增加补片的剥离强度和改善气动性能，补片周边应进行 45°倒角。

2. 挖补法的参数设计

补片的铺层：补片的铺层数和铺层组合与原结构面板一致。

补片几何尺寸：挖补法中需要确定的几何尺寸主要是打磨斜度，或是表面铺层与面板的搭接宽度 L，或是补片的外径 D，如图 5-27 所示。

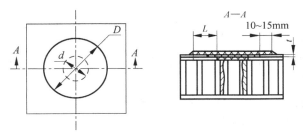

图 5-27　挖补法中的修理参数

打磨斜度对于挖补效果具有非常重要的影响。斜度过小，达不到强度要求；斜度过大，对原结构的破坏较大，有可能降低原结构的强度和刚度。国外对打磨斜度的规定也不尽相同，如波音公司修理手册规定补片中各层之间的搭接宽度为 0.5in（约 12.5mm）；牛春匀在其书中给出的推荐斜度为 1∶30。按上述斜度，一个尺寸较小的损伤需打磨出较大的修理区域，对原结构的削弱较大。我国航材院研究表明，对于具有较薄的蜂窝夹层结构，打磨斜度可取 1∶20。

3. 加衬挖补法的参数设计

加衬挖补法内侧衬板参数设计与贴补法的补片设计相同,外侧补片设计与挖补法相同。

4. 修理方法选择建议

根据试验结果,在几种修理方法中,贴补法基本可以使受损结构恢复到原结构静强度和刚度的 100%;挖补法和加衬挖补法基本相当,可以使受损结构恢复到原结构静强度和刚度的 80%～90%。因此,对于非气动严格要求表面,面板损伤和复合损伤建议优先采用单面贴补法,穿透损伤并在可双面施工的条件下建议优先采用双面贴补法;对于气动严格要求表面,面板损伤和复合损伤建议优先采用挖补法,先采用加衬挖补法,穿透损伤并在无法双面施工的条件下建议优先采用加衬挖补法。

5.4 基于有限元建模的复合材料胶接分析实例

有限元分析(finite element analysis,FEA)是进行日常应力分析强有力的工具,有许多可用的商业软件,可以计算连接内任何位置的位移、应变和应力,也可用 FEA 进行断裂力学分析以便计算应变能释放速率。FEA 有多个明显的优点超过封闭形式的解析模型,由于建模的灵活性,FEA 几乎可以适应任何几何形状,有能力处理大变形和材料非线性。然而,FEA 具有以下缺点:正确运用 FEA 进行分析需要大量的实际分析训练;为了得到重要模型精确的结果需要进行多重模拟迭代会花费更多的时间;支配模型尺寸的计算限制;面向设计时研究各种连接参数影响(例如搭接长度、胶层厚度)时的不灵活性(相对于封闭形式的解析模型)等。本节提供一些基本信息和指南:①怎样用 FEA 进行胶接的应力分析;②对结果的解释。

1. 有限元分析的使用注意事项

当采用 FEA 对胶接建模时,分析者面临几个重要的问题,这些问题主要与正确的网格划分有关,以便捕捉到应力的高梯度,并且保持适当的单元形状比。单元形状比是它的最长边与最短边的比值。比值接近 1∶1 且不畸变的元素(即,最佳的形状是二维 4 节点或 8 节点正方体单元)可以达到最好的精度。由于单元几何形状的较大畸变,反复的迭代过程使得计算单元的刚度矩阵更不精确。除了几乎没有应力梯度或者不关心精度的区域之外,应当避免长宽比大于 5∶1。

胶接面临的重要问题是确定合适的网格,这是由于典型的胶层厚度相对于其他尺寸(例如被胶接件的厚度和搭接长度)太薄的缘故。结构连接通常采用的胶层厚度在 0.1～0.4mm(0.004～0.016in)之间,这比典型的被胶接件的厚度低一个量级,比典型的搭接长度低两个量级。因为胶层中存在大的应力梯度,特别是在搭接板两端贯穿胶层的厚度方向,沿厚度方向设置的网格多于一个单元是必要的,以便精确地捕捉到应力梯度。对于大尺寸的连接和需要采用三维元素模拟的特殊连接,计算成本的迅速飙升将成为限制因素。因此,胶接的细节分析通常并不纳入整个 FEA 模型中。如果可能,可以简化模型的分析规模,如采用对称性和二维模型以便允许在胶接区域考虑更细的网格。

通常情况下,为了保证 FEA 模型的计算精度,分析人员除了需正确定义边界条件和加载条件外,还必须关心重要结果的(如剪应力和剥离应力)收敛性。网格尺寸是控制收敛性的主要参数,通常情况下,更精细的网格有着更高的计算精度,满足计算要求的尺寸定义为计算结果不再随网格尺寸而变化。胶接分析的问题是在连接界面的拐角处存在数学上的奇异性,这个问题将在后面用分析的例子予以说明。在实际的胶接情况中,胶层过渡区域是胶瘤填充或倒圆角,将缓和一些应力奇异性问题。

2. 胶接分析实例

图 5-28 显示了一个双搭接精细网格的二维(2D)模型。采用 2D 平面应变 8 节点二次插值元素,其精度优于二维 4 节点线性元素。被胶接件是准各向同性的石墨/环氧材料。分析中所用的连接参数在表 5-5 中列出,本例子所有材料都按线弹性建模,边界条件如图 5-28 所示,它代表对称双搭接的一半,或者是有支撑的单搭接:沿底部和左端分别在 1 和 2 方向约束,右端施加均匀的压缩力。图 5-28 的模型是个 2D 模拟的高精细网格的例子。如果连接用 3D 单元建模,为得到计算效率高的模型,需要采用较粗的网格划分。一般来说,合适的网格尺寸应当基于网格敏感度研究的结果通过分析来确定,敏感度的分析可以表明与网格无关的感兴趣的结果。

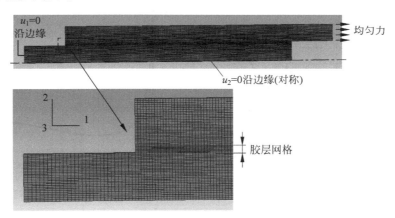

图 5-28 双搭接胶接二维 FEA 细密网格模型

表 5-5 实例计算的连接参数

参 数	数 值	参 数	数 值
被胶接件——准各向同性碳/环氧		胶接剂剪切模量	0.91GPa(0.13lb/in^2)
面内弹性模量	50GPa	胶接剂泊松比	0.4
横向剪切模量	3.80GPa	胶层厚度	0.152mm(0.006in)
厚度	1.0mm	胶接段总长度($2c$)	12.7mm(0.50in)

图 5-29 显示了连接左端(在 $x=-c$ 处)的剪应力和剥离应力等值线。注意,在贯穿厚度方向靠近下界面拐角处的剪应力和剥离应力有特别高的应力梯度,在那里剪应力和剥离应力都达到最大。由于这些梯度,需要计算贯穿厚度多个位置的应力。图 5-30 和图 5-31 显示了沿三条路径的剪应力和剥离应力(用平均剪应力正则化):上部胶层-被胶接件界面、

胶层厚度的中间位置和下部胶层-被胶接件界面。由这些图可知,仅在连接末端 $x=\pm c$ 附近,解是与厚度相关的。剪应力和剥离应力由于尖锐的拐角在 $x=-c$ 的下界面处都是奇异的,在上界面 $x=c$ 处得到同样的结果。

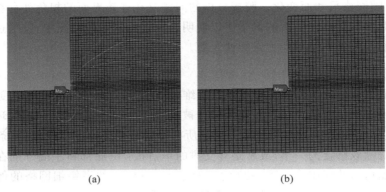

图 5-29　连接左端拐角处的应力等值线
(a) 剪应力；(b) 剥离应力

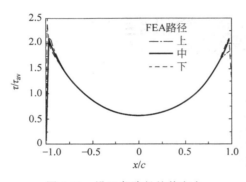 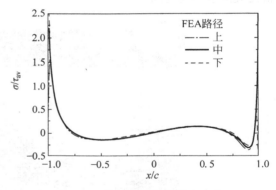

图 5-30　沿三条路径的剪应力　　　　图 5-31　沿三条路径的剥离应力

基于力的平衡方程能够简单地校核剪应力和剥离应力,剪应力轮廓线下的(见图 5-30)积分之和必须与施加的外力平衡；因为在贯穿厚度方向没有施加的外力,剥离应力轮廓线下的(见图 5-31)积分之和必须等于零。这就意味着剪应力轮廓线下的面积除以胶接长度将等于平均剪应力(作用力除以搭接面积),大于零的剥离应力合力必须等于小于零的剥离应力合力。

剥离和剪切是受拉伸载荷时连接产生的主要应力。可采用混合这两种应力分量的失效理论评估连接的破坏。此时,材料非线性性质在 FEA 模型中不予考虑,对等价的塑性应变可作为一个参数进行监控,以估算连接的破坏。本例中复合材料被胶接件用均匀正交异性体建模每个复合材料铺层可得到被胶接件内部的附加细节。注意,图 5-29 中最大剪切和剥离应力发生在胶层内,在紧邻界面的被胶接件内部这些应力也是很大的。因此,有若干位置可能引起复合材料被胶接件的分层破坏。

3. 结论摘要

随着 FEA 作为应力分析方便易用的工具得到日益广泛的应用,为了得到胶接精确的计算结果，必须牢记以下几点。

靠近界面拐角附近需要细密的网格。应当进行网格灵敏度的研究，以证明结果是与网格无关的。然而，注意到在界面拐角处的应力奇异性，因此，在这些精确位置计算的应力和网格质量关系很大。在实际连接中不存在尖锐的拐角几何形状，因为良好制备的连接处一般都有胶瘤的圆角。通过剪切和剥离应力基于力的平衡与现有的应力计算解进行对比，可以用来校核结果。

由于 FEA 提供大量的信息，结果的解释会是很复杂的。胶层-被胶接件界面的应力和胶层中部的应力一般是最受关注的。被胶接件内部的应力也要引起关注，特别是复合材料被胶接件经常发生的层间破坏是连接主要的破坏模式。

第 6 章 复合材料结构修理

6.1 复合材料结构损伤修理要求与修理方法

随着复合材料在民用飞机上用量的急剧增加,对复合材料结构修理技术成熟度要求越来越高。与金属材料相比,复合材料的制造缺陷和结构损伤形式显著不同,因此,对于复合材料的缺陷和损伤的修理不能简单地套用金属结构修理方法,而必须根据结构缺陷和损伤特点开发其特有的修理方法。复合材料结构修理技术必须在有限的资源条件下,用最短的时间和最少的花费以修复结构完整性,既要在增加质量尽可能少的情况下恢复原结构的强度和刚度,对于一些结构也要寻求气动光滑性和修理的简易性之间的平衡。

民用飞机使用的复合材料部件出现缺陷和损伤后,修理方案的制定必须根据损伤的部位和范围来进行,设计人员对损伤结构进行损伤容限和剩余强度分析,由工程技术人员按照已经规范化的文件,根据具体情况决定不修理、继续使用或者需要修理,且需要由适航审定部门认可的维修单位进行修理。

6.1.1 复合材料结构损伤修理要求

在结构损伤修理方面,复合材料结构与金属结构有着相同的要求,复合材料结构的维护和修理必须符合设计和制造要求。损伤的复合材料结构修理后其强度和刚度要达到或恢复到原结构的设计水平,恢复结构原有功能,耐久性达到预定要求。修理设计主要要求如下。

(1) 静强度和稳定性。修理设计必须考虑修理后的复合材料结构能满足初始设计载荷要求,或恢复到适当的损伤容限水平。主要包括:①强度恢复。在进行损伤应力分析后确定强度恢复水平,或者恢复到全强度,或者恢复到设计强度。②稳定性要求。在许多复合材料结构中最让人关心的问题是在压缩载荷下的屈曲失稳,会明显影响复合材料结构的刚性,应通过损伤应力分析来确定是否存在结构失稳。

(2) 耐久性。任何修理通常都应考虑飞机在整个服役过程中能保持结构完整性。因此,应在修理设计时充分考虑修理耐久性,主要包括:①结构疲劳载荷对螺接和胶接结构的影响,加强对损伤扩展和修理区域的监测,以满足适航要求;②在修理中使用不同材料时,对构件的接触腐蚀应加以考虑和注意,并采取有效措施防止;③在修理设计中应考虑在使用环境中,避免出现因修理材料吸湿和湿/热环境的影响将降低设计许用值的情况。

(3) 刚度要求。为了减轻结构质量,飞机结构往往设计成轻质结构。在这些结构中刚度有时比强度更为关键。对于修理来说必须保持结构整体刚性,在满足刚性要求的修理设计中,以下几个方面须加以考虑。①变形限制。机翼和飞行控制表面的最大变形限制是飞机气动性能的基础,结构修理不能改变飞机的气动性能。②气动弹性。颤振和其他气动弹性严格限制修理设计。气动弹性要求修理区域的刚度应近似原来的刚度,改变刚度也会改变飞机的飞行特性。③载荷传递路径。飞机结构中载荷传递路径明显变化是不允许的。一般来说,修理区域的刚性和原结构刚性相当,可防止出现飞机结构中载荷传递路径的明显变化。

(4) 气动外形。气动外形变化会影响飞机达到最大速度和最佳燃油效率。如飞机的机翼前缘和翼面结构等要求有光滑的气动外形,因此这些区域修理时所用的外补片必须非常薄,以防止维修后气动性能退化。

(5) 质量和平衡。一般来说,修理引起的质量变化是不明显的。但对于质量敏感结构,如飞行控制表面,质量的变化对于平衡的影响是非常明显的。对于这些构件,修理时应注意将局部质量变化控制在一定范围内,有时修理后的制件有必要进行再平衡。

(6) 工作温度。工作温度决定修理材料选择,特别是胶粘剂和树脂体系的选择。必须选择在工作温度范围内有足够强度的修理材料,湿热条件是修理材料选择的关键条件。

(7) 环境影响。复合材料结构暴露在各种环境下,如流体和热交变条件下,其性能会有明显下降,吸湿会明显影响胶接修理结构的耐久性。修理必须和其他机载系统相容,典型的包括:①燃油密封系统。飞机上燃料装在机翼整体油箱内,因此任何对机翼蒙皮的修理都会和燃油密封系统接触。②防雷击系统。如果原结构有防雷击要求,那么修理以后必须保证导电率不变。③飞机操纵系统。对于任何一个飞行过程中需运动的制件,修理后必须保证其操纵性不受影响。

(8) 成本和周期。需综合考虑修理需要的花费和飞机停飞带来的经济损失。修理的花费包括修理工具和设备、维修人员和维修材料的处理等多方面。一般来说,如采用适当的修理方法,修理的花费要比更换新部件少得多。

6.1.2 复合材料结构修理方法

根据制件的结构、缺陷和损伤的类型与大小不同,复合材料结构修理应采用不同的方法。修理方法的选择一般遵循以下原则:①尽可能选用与被修理结构相同的修理材料,如只能用碳纤维材料修理碳纤维增强复合材料结构,只能用玻璃纤维材料修理玻璃纤维或芳纶纤维增强复合材料结构;②使用预浸料修理时,修理部分尽可能采用对称铺层;③采用阶梯式修理时,表面至少要有一层将所有阶梯覆盖,修理位置表面覆盖层一般为±45°;④铆接修理用复合材料补片铺层一般为 0°、90°、±45°,各占 1/3,以提高各个方向的挤压应力;⑤复合材料加热一般不应超过 5 次,否则构件强度会大幅度降低;⑥修理后应恢复原结构的保护系统,如环境保护层、防雷击保护、表面绝缘、耐腐蚀等。最常用的修理方法包括树脂注射、树脂灌注和填充、机械连接贴补、胶接贴补和挖补、快速复合材料修理等。

1. 树脂注射修理

树脂注射修理可用于修补复合材料制件的孔隙、小面积分层和脱胶等损伤(见图 6-1)。

根据脱胶和分层形成的原因不同,树脂注射修理的效果也有所差异。如果脱胶或分层是由于成型时压力不足或胶接表面有包容物引起的,则采用树脂注射修理一般效果并不理想;而如果脱胶和分层是由于机械损伤引起的,里面不存在包容物,则树脂注射修理能获得满意的效果。

树脂注射修理方法是使树脂通过边缘或钻孔/紧固件孔注入损伤区域,将损伤区域重新粘接。如分层结构修理(图 6-1),先在蒙皮上钻两个孔,孔的深度与分层深度相同,向其中一个孔注射树脂,直到树脂从另一个孔流出来。由于该方法采用的是双组分低粘度树脂,因此对于碳纤维/环氧结构内部分层的修理并不适用。

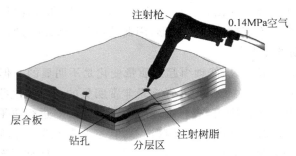

图 6-1 树脂注射修理

2. 树脂灌注和填充修理

树脂灌注和填充可用来修理复合材料制件的表面和边缘缺陷与损伤,如小的凹陷、夹层结构制件由于受压而产生的蒙皮损伤和蜂窝芯体损伤。灌注和填充修理可稳定面板并密封损伤区。如果蜂窝芯受损,可将凹陷区面板和受损蜂窝芯去除,通常是将损伤区下挖切成圆柱形,然后灌注短切玻璃纤维或玻璃珠填料和树脂的混合物,如图 6-2 所示。有时,采用树脂灌注和填充修理不需要去除损伤蜂窝,而直接进行灌注修理。树脂灌注和填充修理的优点是方便快捷;但因采用低密度胶糊,其构件强度难以恢复,不能承受高载,因此不适用于主承力构件。

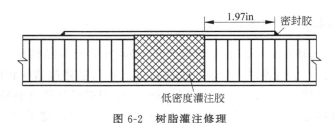

图 6-2 树脂灌注修理

3. 机械连接贴补修理

机械连接贴补是将补片通过机械连接盖住损伤或缺陷区完成修理的一种方法。补片既可用金属板又可用复合材料板,金属板多用钛合金板,亦可用铝板。与铝板相比,钛合金板热膨胀系数低,能与纤维增强复合材料较好地匹配,没有电偶腐蚀风险,热应力和残余应力较低,是一种很好的补片材料。连接方法多用螺接,亦可用铆接,特别是单面铆接。若用复合材料板则多用预固化复合材料板。图 6-3 所示为机械连接贴补修理示意图。机械连接贴补用的补强板,边缘做成楔形以减小应力集中和对气流的扰动。机械连接贴补修理具有操作简单、快捷的特点,适用由于吸湿太大而无法进行胶接制件的修理。

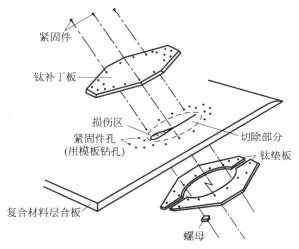

图 6-3 机械连接贴补修理

机械连接修理便于外场使用,只需做很少的或不需要做表面处理,方便快捷,但有应力集中,有时影响气动外形,且金属补片通常比所替代的复合材料更重。临时性修理可采用这种方法,条件具备时再将其拆去,改用胶接的永久性修理。

4. 胶接贴补和挖补修理

胶接贴补修理主要用于不太重要的构件、较薄层板、受背面通道限制或有子构件妨碍而不便采用其他方法修补,且没有严格外形要求的复合材料结构,胶接贴补形式如图 6-4 所示。为减少剥离和剪切应力集中,应把修理补强板边缘做成一定斜度或阶梯形,或修成锯齿状。

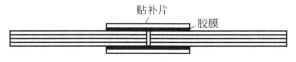

图 6-4 复合材料胶接贴补修理

胶接挖补修理是复合材料结构永久性修理的重要方法,如图 6-5 所示。用胶接挖补方法可修理以下制件:①有严格外形表面的制件;②有最大连接效率的制件;③必须避免载荷集中及偏心的制件;④采用贴补会引起厚度超出型线的厚壁制件。

根据制件和损伤缺陷不同,胶接挖补可采用不同的挖补形式。两种挖补形式列于图 6-5 中,一种为斜坡挖补方式,另一种为阶梯挖补方式。在波音和空客手册中,推荐使用斜坡挖补方式。

胶接挖补可采用共固化或预固化补片二次胶接。如采用共固化胶接挖补,先将受损部分切除,将损伤区域打磨成需要的斜面形式;如为全厚度挖补,则在制件一侧应固定一块膜板,然后在修补区域铺贴裁好的铺层。为防止边界剥离,通常应使最外几层材料的覆盖区比整个区域大 20mm 左右,最后在一定温度和压力下胶接固化。如采用预固化复合材料补片

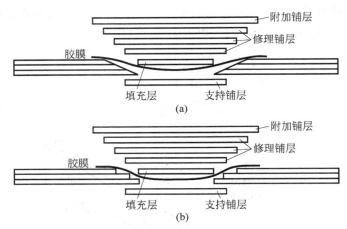

图 6-5 层合板不同挖补修理方式
(a) 层合板斜坡挖补修理；(b) 层合板阶梯挖补修理

进行修理,先将预固化补片和被修补制件加工出密切配合的斜面,在补片与修补制件间放一层胶膜,然后在补片上再用预浸料覆盖,最后一起固化。

5. 快速复合材料修理方法

快速复合材料修理(quick composite repair,QCR)方法是波音 787 手册推荐的一种外场快速航线临时处理修理方法,类似于人受伤后在伤口上贴创可贴。该方法预先用复合材料做成修理补片,在飞机结构的复合材料损伤处(允许的修理限制内)用粘接剂将修理补片贴到损伤区域外部,并采用自加热包使粘接剂固化,将补片牢牢地粘在损伤区域外,适用于一些损伤范围比较小的区域修理。采用快速复合材料修理须同时规定附加检查间隔和更换间隔,每次修理后,要记录 QCR 的位置以及后续的检查和更换记录。固化胶的保存温度为 2~7℃,超过这个温度之后,保存寿命为 60 天；QCR 包内其他航材的保存温度为 18~43℃,如果把整个包保存在低温下,那么使用前加热包需加温,因为加热包只有在液体状态下才能被激活。

各种不同的修理方法适用于不同的构件、损伤程度和修理条件等(见表 6-1)。修理后的制件需经过一系列的质量检验,经有关部门认可后,方能再投入使用。

表 6-1 不同修理方法的适用范围

修 理 方 法	适 用 范 围
树脂注射	小面积分层,小面积脱胶
树脂灌注和填充	小的表面凹陷,表面和边缘损伤,蜂窝夹层中芯材损伤,复合材料紧固件变形拉长等
机械连接贴补	层合结构和夹层结构面板,外场应用方便
胶接贴补	层合结构和夹层结构较严重损伤,可采用预固化片或金属补片,适宜外场修理
胶接挖补	层合板和夹层结构的较严重损伤,补片一般用未固化预浸料,修理后可严格恢复表面外形和具有最大的连接效率
快速复合材料修理方法	外场快速航线临时处理修理,须规定附加检查间隔和更换间隔

根据复合材料维修过程中固化需要的温度不同，又将维修方法分为冷修理和热修理。冷修理通常是指清除损伤后，采用湿铺层，然后在室温下固化的修理方法，或为减少固化时间和提高质量使用加热设备辅助加热，固化温度在65.6℃(150°F)以下，不能恢复原强度和耐久性，不能用在高应力区和主要结构件上。热修理一般用在部件和构件的特定区域，分为120℃固化修理和180℃固化修理。

6.2 复合材料结构修理的一般流程

在飞机复合材料结构修理过程中，必须遵照飞机修理手册规定的工艺规程实施修理，这是复合材料结构修理最主要的准则。飞机修理手册主要包括飞机结构修理手册(SRM)、飞机维护手册(AMM)和部件维修手册(CMM)等。这些手册提供了经批准的修理方法、修理限制、修理材料规范、牌号等。

民机复合材料结构修理的一般流程如图6-6所示，首先采用目视或无损检测方法，有时需利用几种无损检测方法综合判断确定复合材料结构的损伤状况，如未损伤或可忽略的损伤不需修理，否则须确定损伤的类型与范围，并参照结构修理手册和图纸查找损伤区域所使

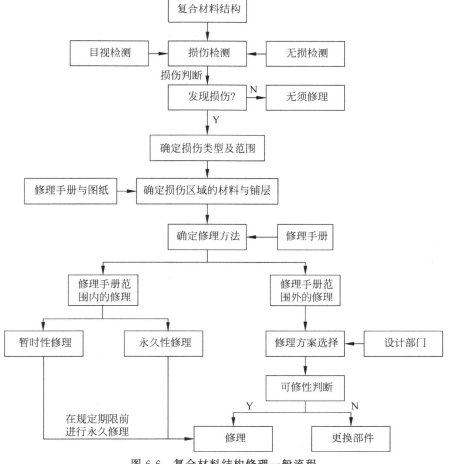

图6-6 复合材料结构修理一般流程

用的材料类型和铺层的数量、角度和顺序等,从而确定并采用合适的修理方法。根据复合材料结构损伤的程度,对于损伤程度在结构修理手册范围内的情况,采用手册推荐的暂时性修理和永久性修理方法,特别注意暂时性修理的部件,在规定期限前必须进行永久性修理。对于损伤范围在结构修理手册范围外(超手册范围)的情况,需重新制定修理方案,在制定修理方案时应和设计部门沟通并取得他们的支持,修理方案应满足适航要求。对于比较大的损伤如修理的强度恢复性和经济性差,则须更换部件。

6.3 复合材料结构修理的主要工序

复合材料结构类型不同,损伤多样,因而针对复合材料损伤维修流程没有统一的标准,不同的修理方法需要的工序可能存在差异。其中铺层修理是复合材料结构修理方法中最重要和最具代表性的修理方法,复合材料结构的可修理损伤绝大多数需采用铺层修理的方法实施结构维修。对于采用湿铺层的维修方法,主要包括损伤评估、表面准备、修理材料准备和维修施工四个方面的工作,其基本工序如图6-7所示。下面将着重介绍复合材料结构维修的主要工序,包括损伤确定、损伤去除、打磨清洁、干燥、蜂窝夹芯准备、铺层准备、铺层修理、封装、固化和修理后检测等。

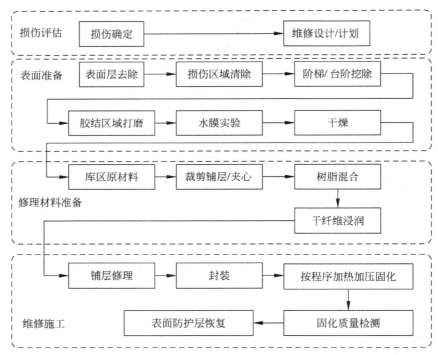

图 6-7 湿铺层维修的基本工序

6.3.1 损伤的确定

对于复合材料而言,表面的损伤可以通过视觉轻而易举地发现,并确定其损伤范围和深度。然而大多数情况下,复合材料损伤较为复杂,如有的结构表面和内部都有损伤,有的结构表面几乎看不出来任何迹象,内部却存在分层等损伤。对较薄的复合材料(通常铺层不超过3层),检查内部分层最常用的方法是敲击法(见图 6-8),敲击要轻而密,如敲击声音是清脆的,则结构无损伤;当敲击声沉闷时,则表明敲击点可能有分层,这时应反复敲击检查,排除结构上的原因,判断是否确有损伤,并用色笔在敲击表面做出标记。较厚的复合材料内部检查常用超声波检测,蜂窝夹芯中水分常用 X 射线或红外检测法检测。

硬币敲击测试　　　　仪器敲击测试　　　　小锤敲击测试

图 6-8　不同设备进行敲击测试

6.3.2　修理区域的干燥

复合材料层合板一般不易进水,但是如果表面有裂纹等损伤,同时通道内部有脱胶、分层等损伤,很可能就会有水分、油脂渗入层合板内部。蜂窝结构如果表面受损,则极易进水。水进入复合材料结构会产生极大的负面影响:①进入结构中的水在低温时结冰膨胀,温度升高后又会融化、挥发,产生气体;②循环的冷却受热,对胶接性能会产生很大影响;③水分和油脂是复合材料腐蚀的根源。通常采用真空和加热的方法去除水分,加热方式很多,如烘箱、电热灯、热气枪、电热毯等,烘箱适合加热比较大或者不好铺设真空袋的结构件。

电热毯加热去除复合材料结构中浸入的水分是结构维修中常用的方法。图 6-9 所示为复合材料夹芯结构除水的典型封装示意图。电热毯加热除水的主要步骤为:①切除积水蜂窝夹芯结构处的面板,使积水区域暴露并清除尘屑;②在暴露的蜂窝夹芯上面铺放金属滤网;③在金属滤网上放一个热电偶,并铺一层玻璃纤维作为透气层;④在透气层上铺放电热毯,如果两面可以接近,可在另外一面也安放热电偶和电热毯;⑤在电热毯上再铺放一层玻璃纤维作为保温层;⑥沿整个修理区域外廓放置一圈粘封胶条,并铺放真空袋薄膜将整个修理区域密封;⑦抽真空,使压力达到22in 汞柱高的最小压力;⑧在 60~80℃下加热至少 1h,温度上升率不得超过 3℃/min;⑨通过上述过程清除水分后,卸下真空袋、加热毯、透气布等。层合板结构采用电热毯真空除水的程序与蜂窝结构基本相同。

亦可采用加热灯进行除水,这种方法和真空袋除水法结合可提高除水效率,可以使用一个或多个电热灯除水(见图 6-10(a))。通常情况下采用 250W 的加热灯,为了防止过热损坏复合材料结构,应严格控制加热灯与加热中心表面的距离,采用热电偶对加热区温度进行监控。图 6-10(b)所示为采用一个加热灯时,加热中心温度和加热灯与损伤表面距离的函数关系。干燥时间与将要修理的固化温度有关,当固化温度最大为 95℃(203°F)时,干燥时间需要 1~2h;当胶接修理温度为 120℃(250°F)时,需干燥 24h。干燥温度须控制在(80±5)℃,加热速率控制 3℃/min。几个加热灯同时工作的效果要好于单个加热灯。

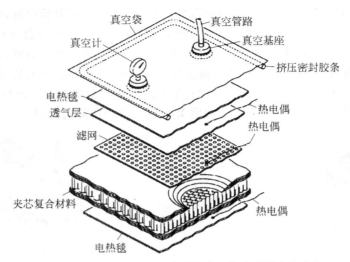

图 6-9 采用电热毯加热去除蜂窝夹芯复合材料中的水分

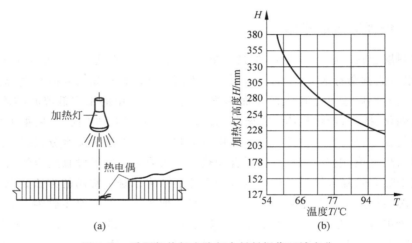

图 6-10 采用加热灯去除复合材料损伤区域水分

热空气也可被用来去除维修部位浸入的水分,如图 6-11 所示。为了减少复合材料结构的热损伤,采用热电偶对加热区进行监控,最好使加热枪和部件的距离固定,且按推荐的标准施工进行操作,加热时间和加热速率与采用加热灯方法的要求是相同的。

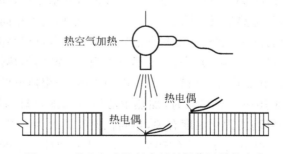

图 6-11 热空气去除复合材料损伤区域的水分

6.3.3　损伤部位的去除

在确定损伤后,需对损伤进行去除。损伤去除的具体步骤为:①通过查询相关的手册确定损伤部位铺层,包括铺层材料、层数和方向。②去除损伤之前,清洁损伤区域,可采用抹布、吸尘器或清洁溶剂等清洁修理区域。③根据损伤的范围及其大小,确定去除损伤的形状,要考虑以最小的切除量将损伤部位彻底清除干净,如果损伤近似圆形,则采用圆形模板标记去除损伤的轮廓线;若损伤是长条形则用长圆形的模板。④贴保护带。用 3.0~4.0in 的彩色保护带将修理轮廓框起来,以利于保护周围未受损伤区域和突出修理部位。修理区域大小按损伤切割形状与大小、损伤层数以及修理材料确定。根据相邻层轮廓线之间距离、损伤层数以及附加修理层层数,再适当确定一些余量,就可以确定被保护带围的区域范围大小。⑤切割、打磨清除损伤。损伤情况不同,采用的打磨方法也有所区别,可采用手工打磨、气动打磨、孔锯切割、镂铣切割等。对于手工打磨,采用 180 号或者更细的打磨片将损伤的铺层去除。打磨时,必须沿着纤维方向,以免折断纤维,比较好的手工打磨是用 240 号碳化硅砂纸湿磨,或者 150 号的氧化铝砂纸干磨。对于气动打磨,一般使用直径为 3.0in 的气动打磨盘,打磨砂纸为 100~180 号。当夹芯复合材料整个厚度都损伤时,如果切割去除损伤为圆形,可以采用不同直径的孔锯切割,也可以按模板铣切。镂铣切割通常用于去除局部损伤的夹芯材料,如图 6-12 所示,切除的夹芯必须超过目视损伤范围至少 0.50in,切除时不要损坏未损伤的铺层、夹芯和周围材料。对于有夹芯损伤的复合材料结构,也可切除面板后用切芯子刀片切除夹芯材料,如图 6-13 所示。⑥检查切除区域,确保所有损伤都被去除。

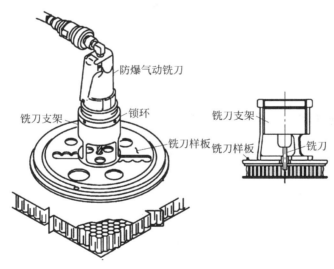

图 6-12　用镂铣切割清除损伤

图 6-14 给出用铣刀去除蜂窝夹芯结构示意图。根据蜂窝本身厚度和损伤的情况,可以将部分蜂窝夹芯去除或将全部蜂窝去除,所使用的铣刀类型有所差异。对于厚度大于 1.0in 的夹芯损伤,可以部分地切除夹芯,但必须确保有损伤的夹芯都被完全切除。对碳纤维复合材料结构切割、打磨、钻孔时,只能使用气动马达作为动力源。若使用电动马达,碳纤维粉尘会进入电动马达中,可能造成短路而损坏电机。在清除复合材料结构损伤时,需要使用吸尘器清除灰尘、松脱的纤维和其他碎屑。

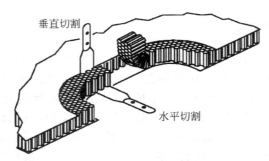

图 6-13 用切芯子刀去除损伤蜂窝

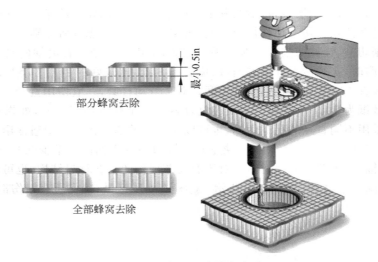

图 6-14 铣刀去除蜂窝夹芯

6.3.4 打磨修整、清洁修理区域

在损伤去除之后,需要用气动打磨机或抛光机打磨修整修理区表面,以备铺层粘接。打磨的铺层粘接面通常有两种形式(见图6-15):斜坡打磨和阶梯打磨。打磨时要注意不要损坏未损伤的层、蜂窝芯和周围的区域。

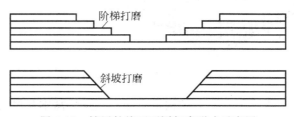

图 6-15 铺层粘接面不同打磨形式示意图

斜坡打磨典型的锥面坡度斜率(长厚比)为 30∶1 或 20∶1,一些制造商给出打磨斜率为 40∶1,另一种方法是规定斜坡的距离如 1.0in 的重叠。修理时打磨的斜率与机型、复合材料种类及等级有关,在具体修理时按结构修理手册规定的打磨斜率执行。打磨锥面斜坡

较难控制锥度的准确性,需要有经验丰富的技术人员实施。通常先按打磨台阶的方法画线,在直径和深度方向稍留余量的前提下打磨各个台阶,最后将台阶打磨成锥面斜坡。图6-16所示为实际维修过程中的斜坡打磨。

阶梯打磨是将铺层粘接面按每一铺层打磨成台阶的形式,可以防止修理铺层在修理区域折叠。根据损伤面积的大小选择相应直径的样板,先画出最小打磨台阶直径的轮廓线,然后按台阶宽0.50in(预浸料热修理)或1.0in(湿铺层修理)的阶梯递增直径画线。用打磨机从最小打磨台阶直径那层开始逐层打磨,形成一系列宽度为0.50in或1.0in的阶梯,直到打磨到损伤的最外层,使用150号或更细的砂纸打磨光滑切口的边缘。

图6-16 损伤区域的斜坡打磨

对于复合材料损伤区域,维修时通常还需清除表面涂层,如漆层、防雷击金属箔等。为了增强维修胶接力,通常要将损伤修理区域以外宽1.0in范围内的表面漆层去除。目前,复合材料结构表面除漆的方法包括手工打磨、喷塑料丸除漆和激光除漆等。目前手册上规定一般采用手工打磨的方法除去表面漆层,用80号和150号砂纸分次打磨。打磨时必须顺着纤维方向进行,并且注意不要损伤下层的纤维,并用吸尘器吸净粉尘,再用溶剂清洁。手工打磨去除复合材料漆层的方法不仅耗时长、效率低,打磨质量难以控制,而且对环境和操作人员伤害大。喷塑料丸工艺是一种有效的复合材料除漆工艺,它是将颗粒状塑料在压缩空气的作用下,通过喷枪高速喷射到复合材料结构工件表面,在塑料丸较为锋利的棱角切割和冲撞击打双重作用下,使漆层表面发生割裂和剥离,从而达到高效退漆的目的。然而,喷塑料丸退漆对厂房和环境要求高,需要较高的设备投资费用,且对环境和操作人员也有一定的伤害。激光除漆是一种有效、快捷的"绿色"的飞机复合材料结构表面漆层去除技术。激光除漆是将高能量的激光照射到待清除涂层部位,利用激光移除基材表面涂层,具有不需要任何化学试剂、非接触式、可选择、高的洁净度、较广的复杂形状基材适应性、环境友好等优点,被认为是取代传统除漆工艺的理想方法。结构修理手册中明确规定,绝对不能用除漆剂清除漆层,因为除漆剂会腐蚀复合材料。

在清除损伤和打磨之后,需要对修理区进行彻底清洁。所有溶液、油污对粘接修理都是不利的,只能使用许可的清洁剂进行清洗。正确的清洁方法是:用无油压缩空气和吸尘器清除打磨粉尘。用两块干净的脱脂棉布或以专用的擦纸作为抹布,抹布浸润规定的溶剂,通常为甲基异丁基甲酮(MIBK)、丁酮/甲基乙基酮(MEK)、丙酮或三氯甲烷,两块抹布以相同方向前后跟随,从一边擦向另一边,擦过一片区域后,用另外两块干净的清洁布重新擦过,以及时将残留在修理区域的溶剂擦干。重复上述的清洁操作,直到所有修理区域清洁为止。在清洁时,不要来回反复用一块布擦或者画圈擦,也不应让残留在修理表面的溶剂自然挥发,更不能将构件浸入到三氯甲烷中清洗,否则会损伤构件。

修理区表面必须具备合理的清洁度,不允许表面上有油、水和灰尘等污染物。衡量清洁表面是否清洁通常采用水破裂实验,如图6-17所示。具体水破裂实验工艺流程为:①确定修理区域是干燥的。②在修理区域上喷一层薄薄的软化水膜。注意应使用尽可能少的水,太厚的水膜将会覆盖缺陷,使实验失效。③检查湿润的表面,确定水膜是连续的,在30s内水膜不破裂,则表明表面清洁。④如果水形成单个的水珠并被排斥,表明表面存在油污,需要重新打磨清洗,用 400 号的砂纸小心打磨修理区,用软化水清洁并用试纸擦干,重复以上工作直到水破裂实验达标为止。⑤用无绒抹布抹干修理区域。⑥用辐射热能或电吹风使修理表面干燥,不得超过 60℃。完成水破裂实验以后,应对清洁后的表面进行保护。对部件的进一步处理必须戴干净的白色手套,不要用手直接接触,必须迅速进行修理工作,以防再次污染。

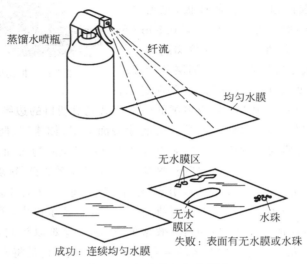

图 6-17 水破裂实验示意图

6.3.5 准备维修蜂窝夹芯

对于蜂窝夹芯复合材料而言,如果夹芯受到损伤,则需要将其替换。应先查阅结构修理手册,确定损伤部位蜂窝夹芯的类别、型号和等级。在制作替换夹芯时,应使用锐利的切割和修正工具,以保证切割边缘的光滑,没有撕裂、碎屑或弄皱蜂窝。当修理曲度较大的部件时,需要将蜂窝加热成型,不能压瘪蜂窝。

在安装替换夹芯之前,应对替换夹芯进行清洗。清洗方法有:①把替换夹芯塞放入丙酮、MIBK 或 MEK 溶液中浸泡 60s(最多浸泡 4 次),清除夹芯上的污染物;不能将部件浸入三氯乙烷溶剂中,否则会损伤夹芯材料。②对夹芯塞进行蒸气脱脂 4 次,每次 30s。③对于局部的污染区域,可以用 MIBK、MEK 或丙酮溶液冲洗。清洁处理后的夹芯必须彻底干燥,无溶剂痕迹时才能安装。

在安装替换蜂窝夹芯时,通常有两种镶接方式:对合镶接和挤压镶接。

1. 对合镶接方式

采用这种方式时,替换夹芯尺寸与清除损伤后的空洞尺寸相同,安装时替换蜂窝安装方向须与原蜂窝夹芯方向一致,且高度与原蜂窝夹芯齐平。采用湿铺层修理时,替换蜂窝必须能与周围夹芯格子相接触;而采用热修理时,替换夹芯尺寸通常比空洞尺寸小 0.05in,以利于材料加热时内部热应力的释放。

当采用热修理时,如果只需更换部分深度的夹芯,则剪下两片规定牌号的胶膜,铺放在孔洞底部没有损伤夹芯表面上,但在两片薄膜粘合片之间还要铺一层规定牌号的玻璃纤维预浸料片,如图6-18(a)所示。如果需更换整个深度的夹芯,若损伤没有扩展到另一侧面板,则剪下一片薄膜粘合片放入孔洞内未损伤面板的内侧面上,如图6-18(b)所示;如果两侧面板均有损伤,则把均压板放在另一侧面板外表面上,并用条带固定就位,按一侧面板损伤的情况处理。然后用规定的泡沫胶膜抱住替换夹芯塞的侧面,按与原夹芯一致的方向安装夹芯塞。当用手拿薄膜粘合片和预浸料片时,要戴上清洁的白手套,绝不能用手或身体其他部位皮肤直接接触它们,绝不能折叠薄膜粘合片,也不能拉长它,否则它会变薄。

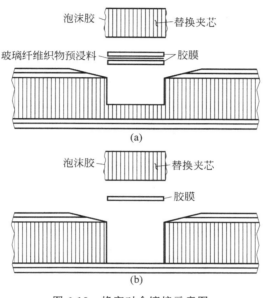

图 6-18 蜂窝对合镶接示意图
(a) 部分蜂窝;(b) 全部蜂窝

如采用冷修理,如果一侧面板没有损伤,则剪下两片编织纤维片,用树脂混合物浸渍后放在夹芯孔洞中未损伤面板的内侧面上;如果两侧面板均损伤,则在另一侧面板的外表面放置一块均压板,并用条带固定就位。然后把含有酚醛微球的树脂混合剂涂在替换夹芯塞和未损伤夹芯的侧面上,按与原夹芯一致的方向安装夹芯塞。

2. 挤压镶接方式

采用这种方式时,替换夹芯尺寸应大于空洞尺寸,通常比空洞大1~3个格子,最大0.4in,替换夹芯须用比原蜂窝夹芯密两个等级的蜂窝夹芯来制作。替换夹芯的高度应与清除损伤夹芯的深度相对应,还应考虑固化过程中夹芯材料的收缩和替换夹芯与未损伤夹芯(原夹芯)或面板之间附加铺层的厚度。操作时,用一块与夹芯塞同尺寸的平板将夹芯塞压入空洞中,保持替换夹芯塞方向与原夹芯的方向一致,见图6-19。

在替换蜂窝安装之后,如果能通过铺放在面板外侧面上的热电偶监控夹芯塞粘接处的温度,则可以采用夹芯塞与损伤面板修理铺层同时固化的修理。另一种办法则是夹芯塞单独固化,面板损伤维修后再固化的修理方式。下面仅针对蜂窝夹芯安装之后的单独固化进行讨论。

修理为冷修理时,采用图6-20所示的封装方式固化蜂窝夹芯。如果仅有一面可以接

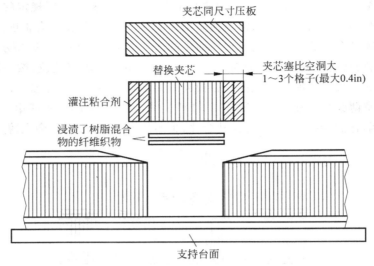

图 6-19　蜂窝夹芯挤压镶接安装示意图

近,则在修理区域铺放热电偶,在损伤边缘围上一圈吸胶布,然后铺放有孔分离膜,再铺上一层吸胶层,再铺上一层无孔分离膜和电热毯,在损伤周围围上一圈挤压密封胶,安装好真空基座,最后铺上真空袋。如果损伤部件两面都可接近,可在损伤部件的另一面铺放热电偶和电热毯。

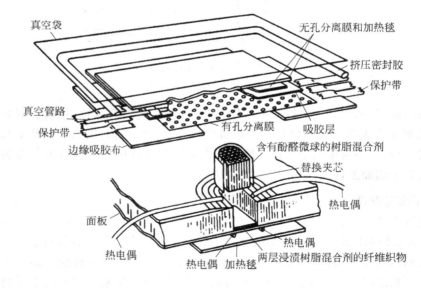

图 6-20　冷修理固化蜂窝夹芯示意图

对于热修理,按图 6-21 铺放抽真空装置和加温装置。当两侧面板均损伤时,如果两侧均可接近,则在两侧均铺放抽真空装置。如果夹芯塞的厚度≤0.5in,则只在外侧铺放加热毯(加热毯必须超出修理区边界 2.0in),并至少在粘接面上放两个单独的热电偶。如果夹芯塞厚度大于 0.5in,并且两面都可以接近,则在两侧均铺放加热毯,并且在外侧沿粘接面放两个单独的热电偶,在内侧修理中心处放一个热电偶。如果夹芯塞厚度大于 0.5in,并且只有外侧可以接近,则在外侧铺放加热毯,并至少将两个热电偶放入孔洞中,使热电偶与孔洞下部的修理材料接触。当只在外侧铺放加热毯时,为防止损坏真空袋,应铺放 4~6 层透气布。热电偶的端头将被固化到粘接材料中,因此固化结束后要剪断热电偶,留下被埋入的热电偶端头,把其余部分拿掉。

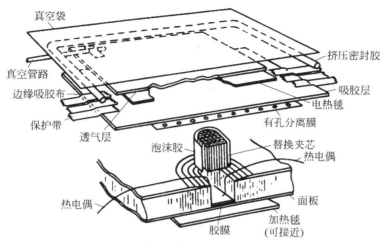

图 6-21　热修理固化蜂窝夹芯示意图

修理区域按要求封装后,接着对修理区域抽真空,使真空保持在 22.0in 汞柱高的最低压力。然后,打开电源开始加温固化,对于冷修理,按固化要求固化;对于热修理,应在 180℃下固化至少 120min。固化结束时,要在修理温度下降到 51.7℃(125℉)或更低之前,一直保持原固化时的压力。温度降至 51.7℃以后,解除真空状态并拆下抽真空和加热装置,对蜂窝修理区域进行打磨修整,打磨夹芯塞,使其与周围材料近似齐平,但要留出铺放薄膜粘合片的间隙,然后用吸尘器清除蜂窝格子中的粉尘。

6.3.6　准备维修铺层

永久性修理可选择湿铺层修理或预浸料修理。

1. 湿铺层修理

湿铺层修理是指现场调配树脂并浸渍纤维织物,然后逐层铺放修理补片,再进行封装、固化。湿铺层修理复合材料构件,常用混合树脂浸渍纤维织布。调配树脂要正确控制混合树脂的含量,要根据不同的手册调节树脂和纤维布的质量,最后计算固化剂和树脂的量。调配树脂要佩戴手套、口罩和护目镜。树脂若不小心粘到皮肤应马上清洁,因为树脂有毒。

根据复合材料原结构确定铺层数量、类型和取向。为了保证修理后强度,在修理区表面至少增加一层附加铺层。传统的湿铺层织物采用刮板或毛刷进行浸渍,如图 6-22 所示,其中 A 给出了浸渍需要的材料,B 为固定纤维织物,C 为树脂浸渍过程,D 为用刮板浸渍织物。

具体的织物浸渍程序如下:①剪下一块足够大的干纤维织布,以满足铺层的需要;剪下两片比干纤维织布周圈大 3.0in 的塑料分离膜,把其中一片平铺在光滑平整的工作台面上,边缘用胶带粘贴,以防止移动。②把调制好的树脂胶总量的(80±5)%均匀地倒在分离

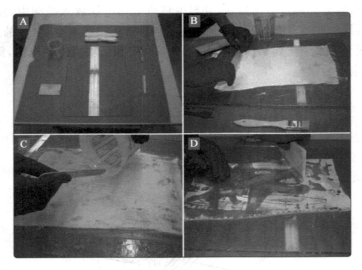

图 6-22　用刮板浸渍纤维织物

膜上，保证湿铺层含树脂质量为(50±5)%。树脂倒洒的范围不要超过待浸渍纤维布的大小。③将准备好的纤维织布铺平在倒有树脂的分离膜上，确保纤维织物不要褶皱，用干净的刷子或刮板轻轻地浸渍，赶走空气，千万不要损伤纤维织物，如果存在干织物，可适当添加树脂。④为了尽可能赶走空气，保持 5min 时间。⑤把第二张分离膜盖到涂有树脂的纤维布上。⑥用刮板或者推滚在分离膜上刮推树脂，使其完全浸渍纤维布，同时赶走多余的树脂和气泡以消除皱纹。确保纤维边缘被浸润，树脂不能刮到纤维布外面，否则会影响树脂和纤维布的比例。

通常修理补片的形状和大小先在浸渍好树脂纤维布的分离膜上画出，铺层时还要标出铺层角来保证修理层和原铺层的铺层方向一致，修理铺层多的时候要进行编号，然后按画好的线剪裁修理补片(见图 6-23)。

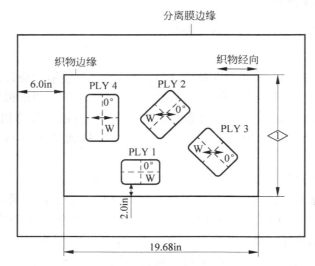

图 6-23　各铺层在分离膜上画出示意图

铺放修理层时应从最内层开始。铺放修理层的步骤如下：①从浸渍好的纤维制品上取下一侧的分离膜，然后将此侧对准修理区表面，使其纤维方向与原铺层方向一致。②用橡皮滚子在修理层的分离膜上滚动，来消除褶皱、赶走气泡。不应用力过大，否则会贫胶。③取下上层的分离膜，分离膜必须拿掉，以同样的方法铺放所有的铺层。对于斜坡打磨的修理区，铺层的技术有两种，通常情况下最下的铺层为最小面积的"倒金字塔"式铺层顺序，但是也有用最大铺层作为第一铺层的铺层技术，这种技术先用最大的铺层将损伤区域覆盖，再依次用次大面积的铺层，最后用一层或两层大的附加铺层把整个修理区域覆盖，如图6-24所示。

图6-24 不同铺层技术

2. 预浸料修理

预浸料修理所使用的材料是胶膜和预浸料。预浸料修理是永久修理，按照加热固化温度的不同，预浸料和胶膜分为121℃（250℉）和177℃（350℉）两种。图6-25所示为典型蜂窝夹芯结构预浸料修理的铺层示意图。

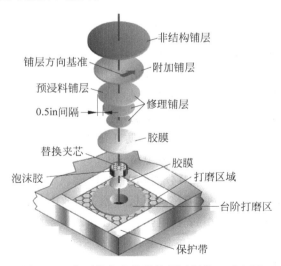

图6-25 典型蜂窝夹芯结构预浸料修理示意图

预浸料的修理步骤为：①确定损伤区域并按步骤去除水分。②去除损伤层。③修理区域的准备。④材料的准备。修理材料保存在冰箱中，取出后应保证在放置达到室温后，包装纸上没有凝结水珠时才能打开，制作补片。为防止预浸料或胶膜受到污染，用手拿时应戴清洁的手套，同时还要注意剪裁的大小和铺层方向。⑤准备和铺纤维修理层，修理铺层的方向应与原方向一致。预浸料修理层的搭接至少0.5in。最后准备两层非结构修理层，可以是两层胶膜，也可以是一层玻璃纤维修理层和一层胶膜。一层胶膜或玻璃纤维修理层大过最大修理层0.125in，另一层胶膜作为固化后形成硬的外层，起防潮作用，同时还可以进行打磨整形。

6.3.7 封装与固化

1. 封装

为了使铺层粘接紧密，固化时需要对修理区域加压。加压是通过在修理区域形成真空，利用外界大气压力均匀地进行的。如图6-26所示为湿铺层修理封装示意图。

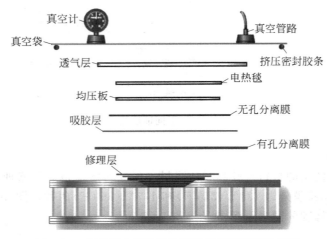

图6-26 典型复合材料结构湿铺层修理封装示意图

封装的基本步骤大致相同，具体步骤如下：在湿修理铺层上铺上一层有孔分离膜，其边缘大于最外层修理铺层边缘1.0in；在修理区边缘均匀地放置至少3个热电偶，用高温胶布把它们固定，热电偶连接在热补仪上作为监控加热的反馈信号源；铺放一层足够大的玻璃纤维织物或者相当厚的玻璃纤维布作为吸胶层，它应与透气层搭接；铺放一层比有孔分离膜直径大3.0in的无孔分离膜，起到隔离作用，防止下面的胶层加热后渗透过玻璃纤维布而污染上部的加热材料；如果需要，用一块0.016～0.060in厚的、与电热毯尺寸相同的金属均压板放在无孔的聚全氟乙丙烯（FEP）分离膜上，它比玻璃纤维吸胶布稍小一些，有时为了使热电偶可以探测修理区边缘温度，可将均压板开通；铺放电热毯，它的尺寸要超出修理区域最少2.0in，最小比分离膜大4.0in；在电热毯中心和四周至少铺放两个热电偶，如果未使用均压板，则在热电偶下面垫1.0in宽的铝带；铺放4～6层玻璃纤维表面透气布，大小必须超过分离膜、电热毯和均压板，并与电热毯下面的表面吸胶布相接触；围绕修理区，在比电热毯大2.0～6.0in的周围布置挤压密封胶条，其一面和修理结构粘接在一起，另一面和真空袋相接；把真空基座固定在表面透气布上，把真空袋铺在整个修理区域的上方并挤压粘封条密封，抽真空，并保持22in汞柱高的压力。检查是否漏气，将真空抽到22in汞柱高后，停止抽真空，如在5min内真空袋内压力损失低于5in汞柱高，则说明密封良好，否则修补漏气点。当采用预浸料修理复合材料结构时,其封装程序与湿铺层封装程序基本相同。

方向舵、升降舵和副翼这些具有内部空腔的部件,封装时只能在壁板的一侧进行加压,绝不能完全被包在真空袋内(见图 6-27(a))。否则,当压力降至 22in 汞柱高时,会压塌部件,图 6-27(b)是不允许的。对于只有一个主要面板的蜂窝夹层结构,可以进行一侧加压或将蜂窝结构完全包在真空袋内,如图 6-28 都是允许的,通常适用于 177℃ 固化的修理。当修理区域面积超出整个壁板面积的 15% 时,为防止产生分层和变形,应对构件或部件进行适当的约束。

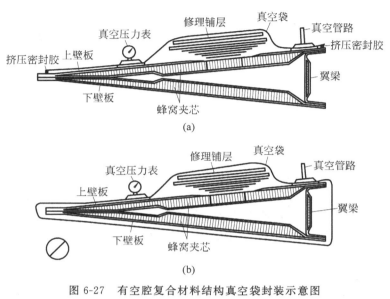

图 6-27　有空腔复合材料结构真空袋封装示意图
(a) 真空袋只封装一侧；(b) 真空袋封装整个部件

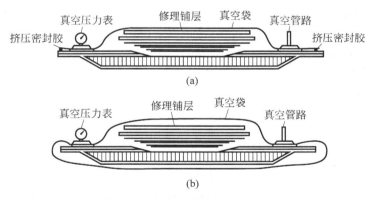

图 6-28　蜂窝夹芯复合材料结构真空袋封装示意图

2. 固化

封装之后要进行固化。固化通常指经过光、热或化学添加剂等的作用,使热固性树脂经不可逆的化学反应完成交联的过程。根据固化是否进行加热分为室温固化和加热固化两大类。室温固化是指不需要额外的加热源,树脂胶在室温条件下从胶糊状态逐渐转变成为固体。加温固化需要利用外部热源(加热灯、烘箱、电热毯、热风枪等),使树脂胶达到玻璃化转变温度之上（固化温度），从而转变成固体的一个过程，以达到最佳的粘接效果，并缩短固化时间。加热固化通常包括升温、保温和降温三个阶段。在结构修理手册中给出的固化温度有93～110℃、121℃和177℃三种，图6-29所示为典型121℃固化制度。

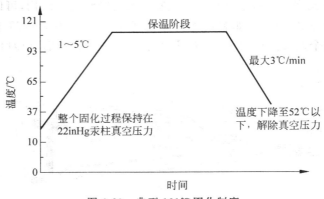

图6-29　典型121℃固化制度

复合材料固化工艺参数一般指温度、压力、时间及三者的相互关系。温度包括升温速度、固化温度及保温时间；压力包括加压时机、压力大小和保压时间。湿铺层的固化时间随着温度的升高而缩短。而预浸料修理固化在121℃时，以1～5℃/min的温度上升到110～132℃并保持2～3h，固化完成后修理区域应降到52℃或者更低，才解除真空压力和封装材料。在177℃固化时，以1～3℃/min的温度上升到(180±5)℃，保持2～3h，固化完成以3℃/min的温度下降率降到52℃或更低，再解除真空压力和封装材料。

加压时机指复合材料固化过程中加压的正确时间。加压的最佳时间是树脂达到凝胶点（指树脂基体有一定粘度，树脂基体的体积或宏观粘度对时间曲线的斜率突然增加的那一点）的时刻。在此时加压可使树脂基体产生流动，使树脂基体均匀分布，多余的树脂流出，并迫使树脂中带入的或反应形成的低分子挥发物形成的气泡压出，使制品内部减少空隙。加压如果在凝胶点前实施，树脂将流失过多，造成复合材料制品贫胶；而如加压在凝胶点之后进行，树脂已开始硬化，则将造成复合材料制品树脂含量多、不均匀，过多的空隙等。

在复合材料结构维修过程中，固化压力可由机械装置（如C形夹）、热压罐或真空袋提供。热压罐可以提供较高的压力（约689kPa），且压力均匀，但是需要对整个维修制件进行包裹式真空袋封装，或将其置于原制造模具的真空袋封装。机械装置对修理区域小且夹具易达处十分有效。但夹具加压一方面需要考虑施加压力过大，可能造成局部破坏；另一方面加压夹具会产生吸热效应，导致难以获得均匀的加热效果。复合材料维修固化加压通常采用抽真空的方式，通过外界的大气压力作用在修理铺层上，压紧修理铺层，以获得粘接质量高的修理面，固化时必须保持最低22.0in汞柱高的压力。同时固化时还不能出现漏气的情况，发现漏气应及时按压漏气处的真空袋薄膜，使其与密封条密封。真空袋加压无须将复合材料维修制件从飞机上拆下，可实现原位维修，常用于飞机外场修理。然而真空袋加压获得的压力偏小，最大压力仅为69～103kPa；压力只能作用于被修理部位，附近区域加热时得不到压力支持；在真空固化条件下基体或胶粘剂被加热后空气或挥发气体逸出，形成空洞、孔隙和泡状胶层。为改善真空袋固化质量，特别对于铺层超过6个的层合复合材料，可对固化前补片（预浸料或湿铺叠层）采用双真空袋方法（double vacuum debulk procedure）

进行预处理,如图 6-30 所示。

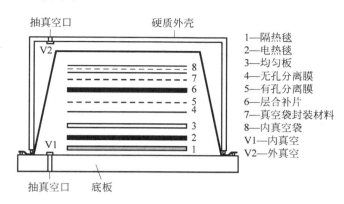

图 6-30　采用双真空袋方法对维修补片进行预处理

双真空袋技术一般不在部件上直接实施,而在一个均压平板上进行,利用两层真空袋,使被压实的材料中的压力减小,从而使材料中的空气或挥发气体被抽走。内层真空袋本质上是一个标准真空袋,外层真空袋是将真空袋覆盖在具有一定刚度的盒子上,该盒子各个方向上至少比电热毯大 2.0in。开始压实过程中,首先抽出内部柔性的真空袋内的空气。接着,将刚性的硬质盒子密封到内真空袋上,并将硬质盒子和内真空袋之间的空气抽出。由于外箱是刚性的,第二次抽真空可以防止大气压力作用在柔性真空袋上,从而避免气泡被挤压在层内的层合板,并有利于空气的内部真空去除。随后采用电热毯加热到预处理温度,以降低树脂的粘度和进一步去除空气和挥发物,同时又不至于使树脂发生凝胶。经过一段时间后,拆除外部真空袋,将硬质盒子通气,使空气作用在内部真空袋上压实补丁。完成一个循环后,取出补丁。等待固化,压实时间和温度取决于材料本身的要求。对于曲面修理区域,双真空袋修理方法需要修理补丁工具和支持工具,以便在压实修理时与电热毯有良好的接触,使受热更均匀。

固化时间不包括加热到固化温度所需的时间和降温时间,仅仅指达到指定固化温度后保温的时间。固化时间直接影响复合材料的固化度,如果固化时间太短则固化不充分,固化时间太长则浪费能源,因此固化时间应为在保证维修质量的前提下的一个优化值。

固化完成后还要进行检测,如图 6-31 所示。可采用目视或敲击法进行检测,检测区域不仅局限在修理区域,还应包括电热毯加热影响区域。由于敲击检测方法不可靠,应优先采用无损检测方法如超声波检测法确定修理质量,检测范围至少大于修理区域

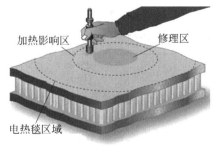

图 6-31　维修后检测

2.0in。若有较严重的缺陷,则应清除原修理材料,重新修理。由于固化是在真空下完成的,在修理表面树脂易形成褶皱,应进行打磨,但不能损伤修理区或其附近的纤维,那样会降低构件的强度。一般用 180 号或者更细的砂纸轻轻打磨最外层的表面和边界,以得到自然过渡的边界。

6.3.8 表面防护层恢复

固化修整之后,需要对复合材料结构表面防护层进行恢复。复合材料表面防护层主要有抗雷击层,如金属网、铝箔或火焰喷涂铝层等,以及相应漆层,如底漆、防腐蚀漆、面漆等。

6.4 复合材料层合板结构修理

本节和后面各节讨论的复合材料结构修理,主要参考波音737-800和空客A320的结构修理手册。在维修工作中必须参照相关的结构修理手册,本书方法仅供参考。

6.4.1 表面允许损伤的处理

对于各种刮痕、划槽和刻痕等,且未穿透第一层铺层,面积在 1.0in^2 以下的损伤,看作允许损伤,可采用临时修理或永久性修理。

1. 临时修理

临时修理见图6-32,主要步骤如下:①准备修理区域,用溶剂擦拭修理区,在损伤位置处粘贴快速胶带(high speed tap)或其他相当材料;②记录损伤位置;③确保粘接带状态完好,可以满足400个飞行小时间隔或更高频率;④在5000个飞行小时内完成永久修理。

2. 永久性修理

发生于层合板表面的浅表性损伤如划痕、擦伤、刮伤和边缘缺损等,通常损伤不超过一个铺层的厚度,可用室温固化胶糊填平,进行修饰性永久修理,见图6-33。

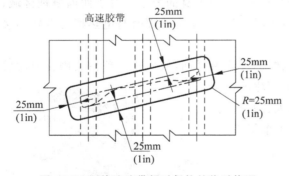

图6-32 用快速胶带暂时保护的临时修理

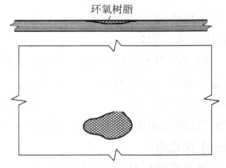

图6-33 表面损伤室温固化的永久性修理

具体工艺流程如下:①准备修理区域。去除修理区域表面保护层,先用280号砂纸打磨,再用400号砂纸打磨,用清洁剂清洁修理区域,用浸有清水的清洁布清洁表面(注意不要将水倒在上面),用另一块干布擦干,用保护带保护修理区域,进行水破裂实验,干燥修理区域;②准备填充树脂,并填充损伤区域,可在表面铺上一层分离膜;③室温固化,为了加速固化可用加热灯或电热毯加热,但不需真空加压;④除去分离膜,先用280号砂纸打磨,使修理区域与部件外形一致,再用400号砂纸抛光;⑤用溶剂清洁表面,恢复表面保护层。

6.4.2 胶粘剂填平附加补强层修理

对于凹痕、擦伤或刮伤等表面损伤,如果损伤不超过三个铺层,除用胶粘剂填平外,还需铺贴附加补强层进行加强,如图 6-34 所示。

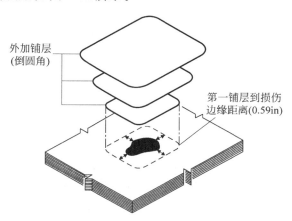

图 6-34 胶粘剂填平附加补强层修理

具体修理工艺如下:①修理区准备;②水破裂实验;③干燥修理区;④按规范配制胶粘剂糊;⑤用胶糊填平缺损区,为防止胶糊流溢,可盖上一层隔离膜;⑥让胶糊在室温下固化,或待其凝胶后加热固化,无须用真空加压;⑦固化后揭去隔离膜,用砂纸打磨出原有的型面,先用 180 号砂纸,最后用 360 号砂纸打磨;⑧按具体规范配制层压树脂;⑨准备湿铺贴层;⑩铺放湿补强层;⑪铺设真空袋,如要加热,还要安装加热设备——红外灯、电热毯或热风枪及控温设备;⑫真空压力下固化;⑬拆除加热设备和真空袋;⑭检查修理质量,应符合相关文件的要求;⑮恢复表面漆层。

6.4.3 胶接预固化补片的修理

(1) 对于非穿透性损伤,可用粘贴预固化复合材料补片的方法进行修理,见图 6-35。

修理工艺如下:①修理区准备;②清洁修理区;③水破裂实验;④干燥修理区;⑤按具体规范配制胶粘剂糊;⑥用胶糊填平缺损区;⑦准备预固化补片;⑧粘贴预固化补片;⑨拆除加热设备和真空袋;⑩检查修理质量,应符合相关文件的要求;⑪恢复表面漆层。

(2) 对于穿透性层合板,如果是对表面气动性要求不高的位置,也可以采用预固化片胶接方法进行修理,见图 6-36。

修理工艺如下:①准备修理区域;②准备复合材料加强片;③准备粘接剂;④安装和固化复合材料加强片;⑤检查修理区域;⑥先用 280 号,再用 400 号砂纸去除修理边界的多余树脂;⑦用清洁剂清洁修理区域;⑧如果需要,恢复表面保护层。

6.4.4 非穿透性损伤室温固化挖补修理

当损伤较严重,但未穿透层合板,且部件有气动外形要求时,应采用齐平式修理方法。可以采用湿铺贴室温固化挖补修理,见图 6-37,图中采用斜坡挖补修理方式。

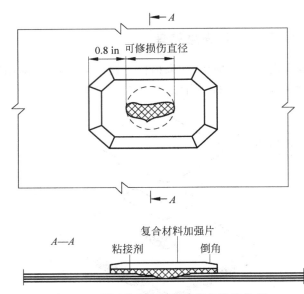

图 6-35 预固化复合材料补强片胶接修理

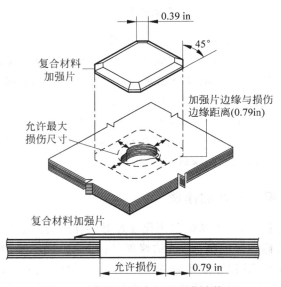

图 6-36 穿透性层合板预固化片修理

修理工艺如下：①修理区准备；②水破裂实验；③干燥修理区；④按具体规范配制层压树脂；⑤准备湿铺贴层；⑥按规定的方向和层数将修补层铺放在修理区；⑦放置真空袋和加热设备（红外灯、电热毯或热风枪及控温设备）；⑧真空压力下按规定的温度和时间固化；⑨拆除加热设备和真空袋；⑩检查修理质量，应符合相关文件的要求；⑪恢复表面漆层。

采用斜坡湿铺层挖补修理，当进行铺层时可采用金字塔铺层方式，第一铺层最大，其他铺层面积逐渐减小；也可采用倒金字塔铺层方式，如图 6-38(a)所示，第一铺层面积小，最后一层铺层面积大；也可以采用阶梯挖补方式，见图 6-38(b)。当损伤铺层低于三层时，可采用填充粘接加附加铺层补强修理方式，如图 6-38(c)所示；如果损伤大于或等于三个铺层，建议采用填充铺层，而不用填充粘接胶的方法。

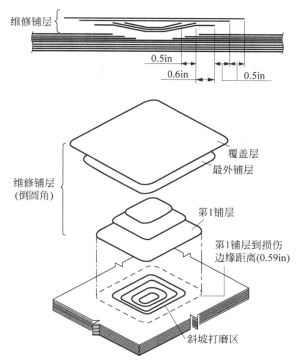

图 6-37 非穿透性损伤室温固化挖补修理

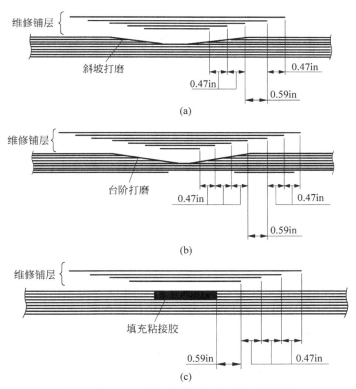

图 6-38 非穿透性损伤室温固化挖补修理不同形式
（a）斜坡打磨挖补修理；（b）台阶打磨挖补修理；（c）填充粘接补强修理

6.4.5 非穿透性损伤预浸料热固化挖补修理

当损伤较严重,但未穿透层合板,且部件有气动外形要求时,应采用齐平式修理方法。也可以采用预浸料热固化挖补修理,见图 6-39,图中采用斜坡挖补修理方式。

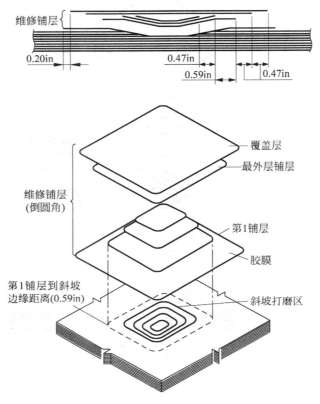

图 6-39 非穿透性损伤预浸料挖补修理

修理工艺如下:①修理区准备;②水破裂实验;③干燥修理区;④准备铺层和胶膜,确定大小、方向和层数;⑤将准备好的胶膜和预浸料铺层按规定的顺序、方向和层数铺叠在修理区;⑥放置真空袋和加热设备(红外灯、电热毯或热风枪及控温设备);⑦真空压力下按规定的温度和时间固化;⑧拆除加热设备和真空袋;⑨检查修理质量,应符合相关文件的要求;⑩打磨除去修理区周围多余的树脂;⑪用溶剂清洁修理区;⑫恢复表面漆层。

采用斜坡预浸料热固化挖补修理,当进行铺层时可采用金字塔铺层方式,第一铺层最大,其他铺层面积逐渐减小;也可采用倒金字塔铺层方式,如图 6-40(a)所示,第一铺层面积小,最后一层铺层面积大;也可以采用阶梯挖补方式,如图 6-40(b)所示。当损伤铺层低于三层时,可采用填充粘接配合附加铺层补强修理方式,如图 6-40(c)所示;如果损伤大于或等于三个铺层,建议采用填充铺层,而不用填充粘接剂的方法,如图 6-40(d)所示。

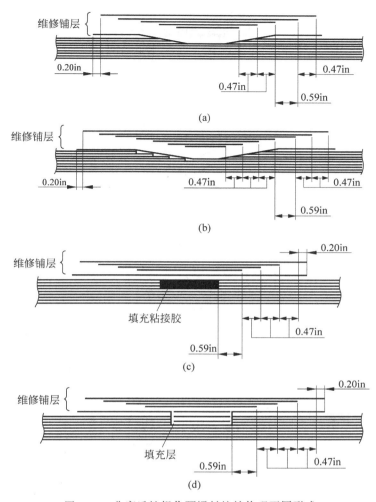

图 6-40　非穿透性损伤预浸料挖补修理不同形式

6.4.6　穿透性损伤湿铺层挖补修理

(1) 对于穿透性损伤,维修时只有一面可接近的情况,可采用湿铺层挖补修理,见图 6-41。

具体修理工艺如下:①准备修理区域;②准备修理树脂;③制备修理铺层;④在修理区域铺层修理;⑤如需加热固化,安装真空袋;⑥在一定温度和压力下固化;⑦拆除真空袋和加热装置;⑧检查修理区域;⑨用 280 号砂纸打磨修理区域多余的树脂,然后用 400 号砂纸抛光;⑩用溶剂进行擦拭、清洗;⑪恢复表面涂层。

对于穿透性损伤湿铺层挖补修理,当进行铺层时可采用金字塔铺层方式,也可采用倒金字塔铺层方式,如图 6-42(a)所示,还可以采用阶梯挖补方式,如图 6-42(b)所示。

(2) 对于穿透性损伤,维修时两面可接近的情况,可采用湿铺层挖补修理,应用上述单面修理方法进行修理时,可以去除背面支持板。有时在背面支持板去除之后,可再附加一层铺层以加强修理区域强度,如图 6-43 所示。

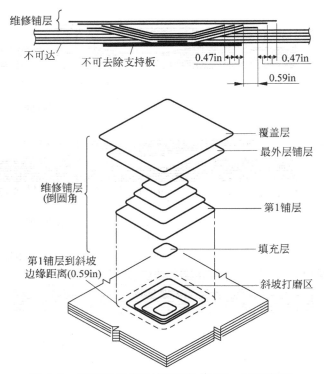

图 6-41 穿透性损伤湿铺层挖补修理(一面可接近)

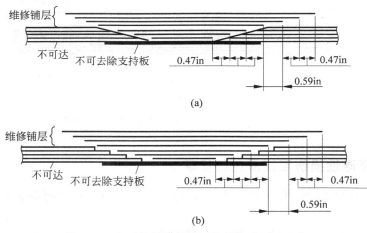

图 6-42 穿透性损伤湿铺层挖补修理不同形式

6.4.7 穿透性损伤预浸料热固化挖补修理

对于穿透性损伤,维修时双面可接近的情况,可采用预浸料热固化挖补修理,见图 6-44。具体维修工艺如下:①准备内外修理区域;②准备预浸料铺层;③在修理的另一面安装支持板;④在修理区域铺设胶膜和预浸料铺层;⑤安装真空袋和电热毯;⑥在推荐的固化制度下固化;⑦拆除真空袋和电热毯;⑧拆除支持板;⑨检查修补区域;⑩用清洁溶剂清洁修理区域;⑪恢复表面保护层。

第6章 复合材料结构修理

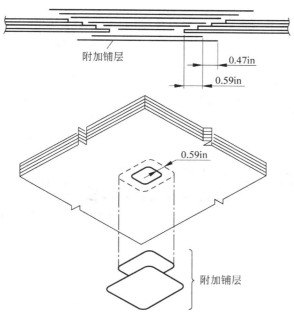

图 6-43 穿透性损伤湿铺层挖补修理（两面可接近）

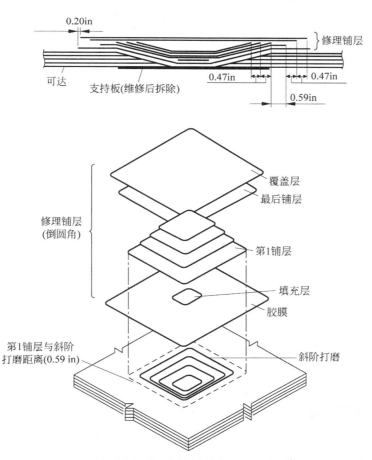

图 6-44 穿透性损伤预浸料挖补修理（两面可接近）

对于穿透性损伤预浸料热固化挖补修理,当进行铺层时可采用金字塔铺层方式,也可采用倒金字塔铺层方式,如图 6-45(a)所示,还可以采用阶梯挖补方式,如图 6-45(b)所示。

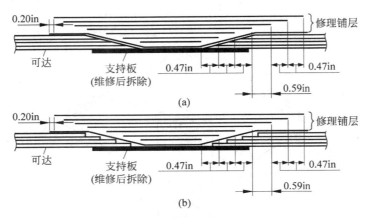

图 6-45 穿透性损伤预浸料挖补修理不同形式

与湿铺层挖补修理一样,预浸料热固化修理方法也需要在层合板的另一侧附加两层铺层,以加强维修强度,如图 6-46 所示。

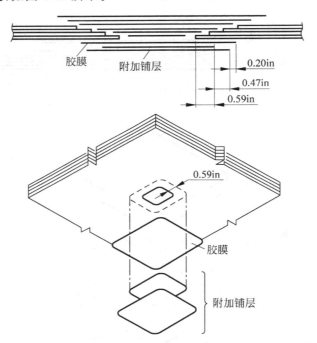

图 6-46 穿透性损伤预浸料挖补修理另一面附加铺层示意图(两面可接近)

6.5 复合材料蜂窝夹层结构修理

蜂窝夹芯结构损伤修理的内容包括表层单面板及蜂窝夹芯的损伤,在进行修理之前必须查阅结构修理手册,否则不允许修理。在对操纵面、活动零件或相邻零件进行修理时,不能妨碍活动零件的自由运动及功能,修理后所有的间隙尺寸都必须在规定的范围之内。

6.5.1 复合材料夹层结构单面板损伤的修理

1. 蜂窝夹芯结构表面压痕或凹坑的修理

对蜂窝夹层结构中表面压痕或凹坑一般采用室温固化的方法进行修理,见图6-47。

具体修理工艺如下:①检查损伤区、确定损坏的程度;②清洗修理区域;③用胶带将修理区域标识出来;④用80号和150号砂纸分次将胶带围起来的区域内的漆层打磨掉,注意不要打磨下层纤维;⑤准备树脂或胶粘剂;⑥在损伤区域涂上树脂或胶粘剂,再铺放一层隔离布;⑦按材料的要求,使树脂或胶粘剂固化;⑧除去隔离布,用150号砂纸打磨,使修理区域与部件外形一致,然后用更细的砂纸轻度打磨;⑨如果需要,恢复表面涂层。

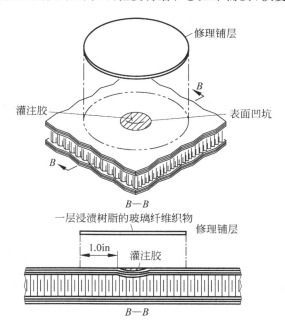

图6-47 蜂窝夹芯结构凹坑修理

2. 蜂窝夹芯结构仅面板表面小损伤的修理

复合材料结构表面损伤的永久性修理如图6-48所示,该损伤属于蜂窝面板蒙皮小损伤,可采用混合树脂湿铺层修理。如果原铺层是由单一材料铺成的,则修理铺层的层数与损伤层数相同;对于不同材料的原铺层,统一用玻璃纤维进行修理,如一层玻璃纤维或芳纶纤维损伤就用一层玻璃纤维和树脂混合物湿铺层修理,而一层碳纤维损伤就用二层玻璃纤维和树脂混合物湿铺层修理。

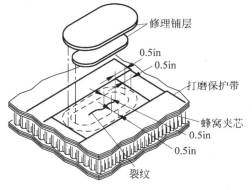

图6-48 复合材料结构表面损伤的永久性修理

具体修理工艺如下：①检查损伤区、确定损坏的程度；②清洗修理区域；③用胶带将修理区域标识出来；④用 80 号和 150 号砂纸分次将胶带围起来的区域内的漆层打磨掉，注意不要打磨下层纤维；⑤准备修理纤维织物和树脂混合物；⑥在损伤区域铺放修理铺层；⑦按材料的要求封装、固化；⑧除去封装，用 150 号砂纸打磨，使修理区域与部件外形一致，然后用更细的砂纸轻度打磨；⑨如果需要，恢复表面涂层。

3. 蜂窝夹芯单面板损伤湿铺层修理

对于蜂窝夹芯结构只有一个面板损伤，但蜂窝夹芯未损伤的情况，可采用湿铺层修理方式，如图 6-49 所示。

其基本修理流程与层合板结构修理相似，具体为：①确定损伤程度与范围；②去除损伤铺层，注意不要伤及下面的蜂窝结构，彻底干燥，以去除水分和污染物；③斜坡打磨修理区，并清洁打磨区域；④准备和铺放修理铺层；⑤真空袋封装，按要求进行固化；⑥检测修理质量，打磨修整修理区域；⑦如果需要，恢复表面保护层。

4. 蜂窝夹芯单面板损伤预浸料修理

对于蜂窝夹芯结构只有一个面板损伤，但蜂窝夹芯未损伤的情况，可采用预浸料修理方式，如图 6-50 所示，步骤如下：①确定损伤程度与范围；②去除损伤铺层，注意不要伤及下面的蜂窝结构，彻底干燥，以去除水分和污染物；③斜坡打磨修理区，并清洁打磨区域；④准备和铺放胶膜及修理铺层；⑤真空袋封装，按要求进行固化；⑥检测修理质量，打磨修整修理区域；⑦如果需要，恢复表面保护层。

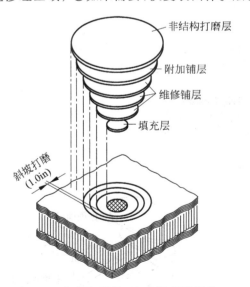

图 6-49 蜂窝夹芯单面板损伤湿铺层修理

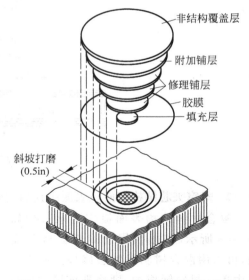

图 6-50 蜂窝夹芯单面板损伤预浸料修理

6.5.2 复合材料夹芯结构预固化片修理

蜂窝结构单面板及蜂窝损伤可以采用复合材料预固化加强片修理，如图 6-51 所示。修理步骤如下：①准备修理区域；②准备粘接剂或低密度胶糊；③用低密度胶糊填充损伤夹芯,注意应使其比面板高 0.04in,以便固化收缩和打磨,铺放一层分离膜,按要求固化,再去掉分离膜,用 280 号砂纸修整表面,使其与面板平齐;④用清洁剂清洗打磨区;⑤准备复合材料预固化片;⑥准备粘接剂,安装复合材料预固化片,按要求固化;⑦检测修理质量,先用 280 号砂纸去除多余树脂,再用 400 号砂纸精修;⑧清洁修理区域,如果需要,恢复表面保护层。

对于蜂窝夹芯复合材料单面板及蜂窝损伤,且面板为平面的情况,可以采用热粘接修理,如图 6-52 所示。修理步骤如下:①准备和干燥修理区域;②准备复合材料预固化片;③制备、清洁和干燥蜂窝夹芯塞。

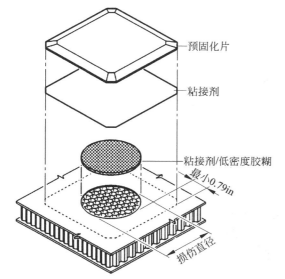 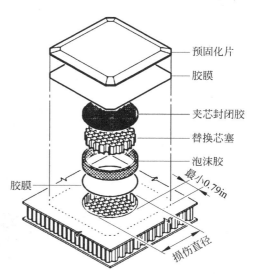

图 6-51　蜂窝夹芯复合材料非穿透损伤
预固化片修理(树脂灌注)

图 6-52　蜂窝夹芯复合材料非穿透损伤
预固化片修理(替换蜂窝)

根据修理的可接近面数,可分成以下三种情况。

如果两面都可接近,步骤如下:①用胶膜和泡沫胶安装夹芯塞;②用真空袋封装,部件两面使用加热装置,按要求的温度和压力进行固化;③封闭蜂窝上表面,裁剪一块适当尺寸的胶膜,铺放在修理区域,安装复合材料加强片;④安装真空袋和加热装置,按要求固化;⑤去除真空袋和加热装置,检测修理质量;⑥用 280 号砂纸去除修理补片边缘多余的树脂,再用 400 号砂纸精修;⑦清洁修理区域,如果需要则恢复表面保护层。

如果仅单面可接近,修理步骤如下:①用胶膜和泡沫胶安装夹芯塞;②用真空袋封装,加热装置只能设置在修理一面,按要求的温度和压力进行固化,通常在 194℉(90℃)固化 4.0h;③封闭蜂窝上表面,裁剪一块适当尺寸的胶膜,铺放在修理区域,安装复合材料加强片;④安装真空袋和加热装置,按要求固化;⑤去除真空袋和加热装置,检测修理质量;⑥用 280 号砂纸去除修理补片边缘多余的树脂,再用 400 号砂纸精修;⑦清洁修理区域,如果需要,恢复表面保护层。

对于有气动外形要求的,可以采用如图 6-53 所示的预固化加强片埋头室温固化修理方式。

具体修理工艺如下：①准备修理区域，注意除去足够多的蜂窝芯体，以便夹紧对接片；②准备对接片和外部加强片；③准备粘接剂，粘接剂应在室温下可有效固化；④在对接片及与之搭接的蒙皮内表面上涂上粘接剂；⑤对接片夹紧到正确位置，除去多余的粘接剂；⑥安装电热毯；⑦在室温下预固化几个小时，再在80℃条件下固化1.0h；⑧除去电热毯和夹具；⑨准备填充粘接剂，粘接剂应在室温下可有效固化，加入稠化剂可得到一种膏状体；⑩在蜂窝芯内填充膏状粘接剂；⑪在对接片及与之搭接的外部加强片的搭接面上涂上粘接剂；⑫放上外部加强片；⑬安装真空袋和电热毯；⑭进行固化，可先在室温下固化几个小时，再在至少20kPa的真空压力下，在80℃条件下固化1.0h；⑮除去真空袋和电热毯；⑯打磨表面，用溶剂进行擦拭、清洗；⑰恢复表面涂层。

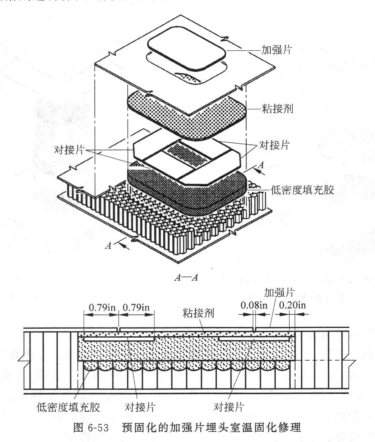

图6-53 预固化的加强片埋头室温固化修理

6.5.3 蜂窝夹层结构——非穿透损伤的修理

非穿透损伤是指一面蒙皮和芯体的损伤，修补时，需要更换损伤的表板并去掉已损伤的芯体。当夹芯结构损伤最大直径大于0.5in时，可采用如图6-54所示的方法进行维修。

具体的修理步骤如下：①检查损伤区域，确定损伤程度；②除去漆层及表面涂层；③除去损伤的铺层及芯体；④在修理区域将切口处蒙皮加工成锥面或阶梯形面；⑤制备替换用芯塞；⑥安装芯塞，如果损伤直径不超过178mm，则将芯塞与修理铺层进行共固化是允许的，如果超过则蜂窝夹芯安装后应进行固化；⑦清洗修理区域；⑧准备并铺设修理铺层；

⑨铺放真空袋；⑩进行固化；⑪拆去真空袋和电热毯；⑫检查修理区域；⑬打磨和清理修理区；⑭恢复表面保护层。

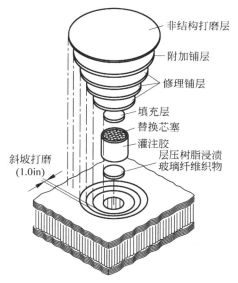

图 6-54　非穿透性损伤湿铺层修理（蜂窝替换）（一）

当夹芯结构最大损伤直径小于 0.40in 时，可以采用如图 6-55 所示的修理方式，不需要斜坡打磨，蜂窝夹芯替换与面板平齐，然后铺放修理铺层。

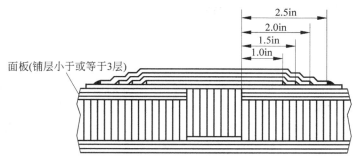

图 6-55　非穿透性损伤湿铺层修理（蜂窝替换）（二）

6.5.4　蜂窝夹层结构——穿透损伤的修理

1. 蜂窝夹层结构——穿透损伤的修理（单面可接近）

对于穿透性损伤的蜂窝夹层结构，如果只有一面可以靠近，另一面无法靠近，可以采用如图 6-56 所示的预浸料修理方法。

具体修理工艺如下：①去除损伤（见图 6-57）。外部面板和蜂窝夹芯的孔洞应比损伤区域面积更大，更大的孔洞有利于内部面板的修理；内部面板挖成椭圆形，如图 6-58 所示，其尺寸应有利于小的椭圆形补丁穿过。②干燥修理区域。③在内面板椭圆孔位置安放密封贴片。用一个薄的铝片或其他光滑的表面作为补丁铺层的模具，铺上分离膜，准备 5 层浸渍层压树脂的玻璃纤维织物，将 5 层玻璃纤维织物铺放在模具上，安放真空袋固化。从模具上取

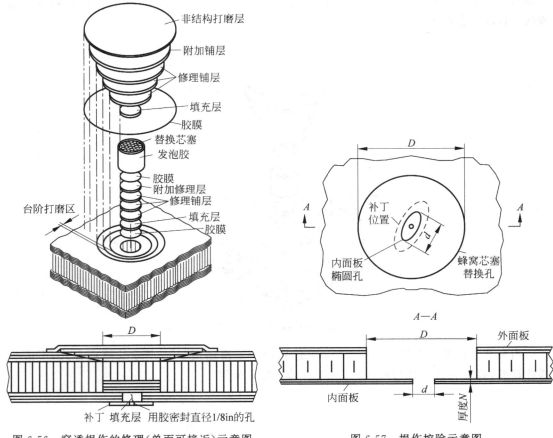

图 6-56 穿透损伤的修理(单面可接近)示意图　　图 6-57 损伤挖除示意图

出补片,将补片裁剪成椭圆形状,在补片上钻直径 1/8in 的小孔,打磨补丁,用真空吸尘器吸取打磨粉尘。准备弹簧钢片(1.0in 宽,10.0in 长),在弹簧钢片上钻 1/8in 直径的临时小孔,将补丁和弹簧钢片用临时紧固件连接,如图 6-57 所示。④去除内面板外部防护层,如果可能,在内面板的外层用 180 号砂纸沿着椭圆孔周围 0.5in 打磨。⑤清洁表面。⑥使弹簧钢片弯曲,在补丁处铺树脂粘接剂。⑦抓紧弹簧钢片的末端,将补丁穿过椭圆孔洞,调整补丁以完全盖住孔洞,释放弹簧使补片紧紧压住内面板的外部,如图 6-58 所示。⑧固化。⑨移去紧固件和弹簧片。⑩在补片的小孔处填充粘接剂或密封剂,固化。⑪在内面板的内部铺放修理铺层。⑫准备夹芯,安装夹芯。⑬在外面板上铺放修理铺层。⑭安装真空袋,固化。⑮检测修理区域。⑯打磨清洁修理区域。⑰如为飞行操作面,检查平衡,恢复表面保护层。

2. 蜂窝夹层结构——穿透损伤的修理(双面可接近)

对于蜂窝夹层穿透性损伤,如果上下面板都是可以接近的,可以采用如图 6-59 所示的湿铺层修理。对于这种损伤的修理可以采用两步固化,包括第一步蜂窝夹芯塞和内面板固化,第二步外面板修理固化。也可以采用三步固化的方法,则蜂窝的安装和上下面板的铺层分别固化。

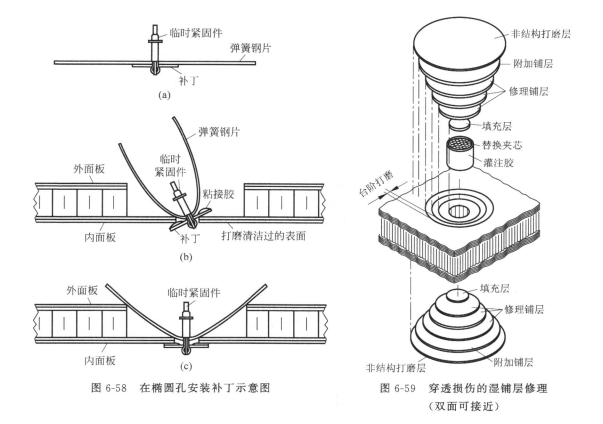

图 6-58　在椭圆孔安装补丁示意图　　图 6-59　穿透损伤的湿铺层修理（双面可接近）

两步固化的具体维修工艺步骤如下：①去除损伤，确保所有的损伤和水分都去除干净，修理区域水分必须完全排除；②按图所示打磨修理区域，蜂窝替换应打磨成圆形孔洞，上下面板斜坡打磨；③安装支持板，按图所示安装内面板铺层和蜂窝，固化；④接着翻过来修理外面板，安装修理铺层，按要求固化；⑤检测修理区域，打磨、修整、清洁修理区域；⑥如果需要，恢复表面保护层。

对于蜂窝夹层穿透性损伤，如果上下面板都是可以接近的，也可以采用如图 6-60 所示的热胶接修理，通常分为五步完成，第一步去除损伤，第二步安装支持板或模具，第三步修理夹芯塞，第四步修理内面板，第五步修理外面板。

热胶接修理采用三步固化，具体维修方案如下：①准备和干燥面板两面的修理区域；②准备和干燥蜂窝夹芯塞；③将一个暂时的模板或支持板安装在构件的一侧，模板至少比损伤区大 1.97in；④安装蜂窝塞，底部无须胶膜；⑤真空袋封装，固化；⑥去除真空袋和加热装置，打磨蜂窝塞与内面板平齐；⑦如果需要，封闭蜂窝夹芯，按要求采用封闭胶封闭夹芯塞；⑧准备胶膜和修理铺层，将胶膜和修理铺层铺放在内面板上；⑨安装真空袋和加热装置，按要求固化；⑩去除真空袋和加热装置，检查修理质量；⑪去除模具；⑫采用修理内面板的方法，同样修理外面板；⑬先用 280 号砂纸打磨，再用 400 号砂纸精修，去除修理边界多余的树脂；⑭用清洁剂清洁修理区域，恢复表面涂层。

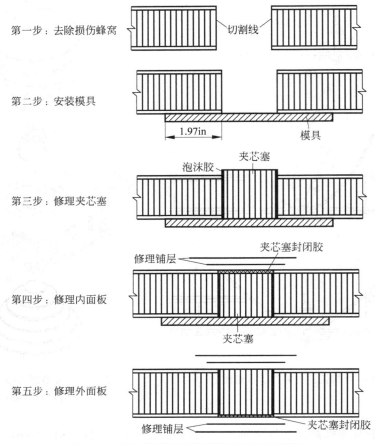

图 6-60 穿透损伤的热胶接修理（双面可接近）

6.6 复合材料蜂窝夹芯地板的修理

大型运输机机身的地板最早采用复合材料夹芯结构的部件。根据不同应用功能，分为 3 个区域：A 区为客舱地板，由玻璃纤维增强环氧树脂复合材料或碳纤维增强环氧树脂复合材料制成；B 区为集装箱式货舱地板，由玻璃纤维增强环氧树脂复合材料制成；C 区为散装式货舱地板，一类由玻璃纤维增强环氧树脂复合材料，表面覆盖一层铝板制成，另一类只由玻璃纤维增强环氧树脂制成。

与 A 区和 B 区相比，C 区很容易受到外来物的撞击而受损，因此本节主要讨论 C 区损伤的地板修理。

6.6.1 散装式货舱地板半穿透损伤的级别与修理措施

(1) 当损伤的最大直径≤85mm 时，为Ⅰ类损伤。

① 临时性修理：用铝胶带密封损伤区域，尽快进行永久性修理。

② 永久性修理：在 350 飞行小时内，按 6.6.2 节 A 方案进行修理。

Ⅰ类损伤的标准：同一地板上任何一个损伤的最大直径≤85mm；相邻两个损伤的边缘距离必须大于其中任何一个较大损伤的最大直径的2倍，否则两个损伤视为一个损伤；在X、Y方向上损伤边缘距离地板边缘≥40mm，其中X为飞机纵轴，Y为飞机横轴。

（2）当85mm≤损伤的最大直径≤250mm时，为Ⅱ类损伤。

① 临时性修理：用铝胶带密封损伤区域，尽快进行永久性修理。

② 永久性修理：在350飞行小时内，按B方案进行修理。

Ⅱ类损伤的标准：同一块地板损伤必须满足85mm≤损伤的最大直径≤250mm；相邻两个边缘损伤的距离≥70mm，否则视为一个损伤；在X方向上损伤的边缘与地板的边缘之间的距离≥200mm，Y方向上≥40mm。

（3）当损伤的最大直径≥250mm时，为Ⅲ类损伤。

① 临时性修理：整个地板覆盖0.8mm厚的铝板。

② 永久性修理：在150飞行小时内，更换地板。

Ⅲ类损伤的标准：在X方向上两个相邻损伤的边缘之间的距离≥2×Frame Bay；在Y方向上两个相邻损伤的边缘之间的距离≥1×Frame Bay；在X方向任何一个损伤的边缘与地板的边缘的距离必须≥200mm，在Y方向上任何一个损伤的边缘与地板的边缘的距离必须≥40mm。Frame Bay指地板下面两个隔框的距离。

（4）在同一地板上，当所有损伤的面积和超过整个地板的10%时，必须进行永久性修理或更换地板。

（5）当损伤的边缘与地板边缘之间的距离不满足上述条件时，按C方案进行永久性修理。

6.6.2 蜂窝夹芯地板的永久性修理方案

1. 永久性修理A方案

此修理方案适用于半穿透修理，要求损伤≤85mm，不需要更换蜂窝。对于地板上有铝板覆盖的情况，则采用厚1.2mm的铝板（2024-T3）修理，如图6-61所示；如没有铝板，则不需粘接补片。

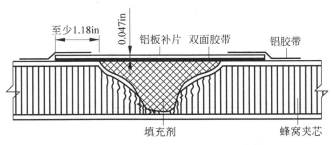

图6-61 地板永久性修理A方案

具体修理工艺如下：①去除修理区域的漆层，清洁修理区域，烘干；②重新评估损伤是否可用A方案修理；③按图切割损伤；④用双面胶带覆盖补片背面；⑤用填充剂填充损伤，固化，打磨与周边平齐；⑥将准备好的补片粘接到合适位置，施加一定的压力；⑦修整，清洁修理区域，把补片边缘密封起来；⑧恢复修理区域的漆层。

2. 永久性修理 B 方案

此修理方案适用于半穿透修理，85mm＜损伤的最大直径＜250mm 的情况，要求更换蜂窝。如地板有铝板覆盖，参考图 6-62，采用厚 1.2mm 的铝板（2024-T3）修理。

具体修理工艺如下：①去除修理区域的漆层，清洁修理区域，烘干；②去除损伤蒙皮和蜂窝，清洁，烘干；③重新评估损伤是否可用 B 方案修理；④准备蜂窝夹芯塞和足够的粘接剂；⑤安装蜂窝，并保持高度与周围平齐；⑥固化，可以适当加热，减少固化时间；⑦准备铝补片，用粘接剂把补片粘接到合适位置；⑧去除多余粘接剂，修整、清洁修理区域；⑨恢复修理区域涂层。

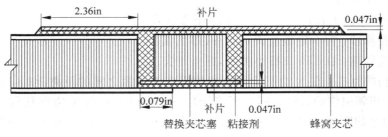

图 6-62 地板永久性修理 B 方案

3. 永久性修理 C 方案

当损伤边缘与地板边缘不满足 A、B 方案要求时，则按 C 方案进行永久性修理，如图 6-63 所示。

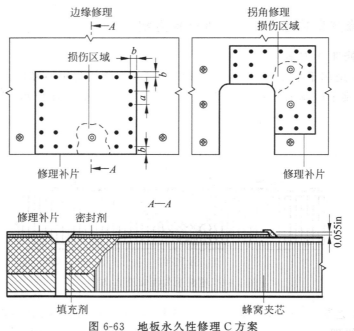

图 6-63 地板永久性修理 C 方案

具体修理工艺如下：①去除损伤区域周围密封剂，去除修理涂层，清洁；②去除损伤，尽可能形成规则的切口，清洁，干燥；③准备一块铝板把损伤区域与相邻的地板隔开，以便填充剂固化时形成合适的形状,在铝板和原始紧固件上涂脱模剂,且安装到位;④用足够的填充剂填充损伤,固化并进行打磨,确保填充剂与周围高度一致;⑤拆除修理区域的铝板和紧固件;⑥按要求制作补片,倒角,清洁,补片上涂底漆;⑦将补片安装到位,在补片上复原紧固件孔,满足铆钉间距($a=15$mm),边距($b=10$mm)要求,所有孔要去毛刺,划窝;⑧将密封剂涂覆补片,注意密封补片与相邻地板之间的间隙;⑨去除多余密封剂,修整,清洁,恢复漆层。

第 7 章 复合材料边缘与表面静电层修理

7.1 复合材料边缘损伤的修理

本节主要讨论复合材料边缘损伤和紧固件孔损伤的修理。边缘的损伤类型有很多,如边缘腐蚀、边缘雷击损伤、边缘分层等,而紧固件孔损伤包括紧固件孔边缘分层、紧固件孔位置不当等,往往需要较为特殊的修理方法。本节内容主要参考波音 737-800 和空客 A320 的结构修理手册。

7.1.1 复合材料结构边缘腐蚀的修理

复合材料易受有机物溶剂腐蚀,树脂腐蚀之后,纤维就会暴露在空气中(见图 7-1)。对于复合材料结构边缘树脂腐蚀,可采用如图 7-2 所示的修理方法。

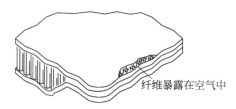

图 7-1 复合材料边缘腐蚀

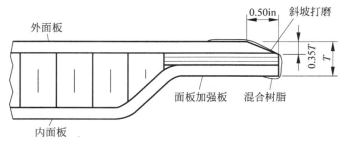

图 7-2 复合材料边缘腐蚀修理

具体修理工艺如下:①确定损伤程度和范围;②在损伤区域贴保护胶带;③去除损伤区域的水分和污染物;④用 180 号或更细的砂纸打磨成斜坡;⑤清洁修理区域;⑥准备并

混合树脂,并涂覆在修理区域;⑦ 按要求固化;⑧ 检查修理质量,修整修理区域;⑨ 如果修理处有排水孔或紧固件孔被填充,重新钻孔;⑩ 恢复表面保护层。

7.1.2 蜂窝夹芯复合材料后缘雷击损伤修理

由于复合材料导电性差,使得飞机在飞行过程中易受到雷击损伤。对于蜂窝夹芯复合材料边缘遭受的雷击损伤,可采用如图7-3所示的修理方式。

具体修理工艺如下:①确定损伤程度和区域;②在远离损伤区域至少1.0in的周围安放保护带;③准备树脂混合剂,并灌注到损伤区域使其与原表面平齐;④按要求固化;⑤光滑打磨固化后的外表面,并清洁该区域;⑥准备修理织物,并用树脂浸渍;⑦铺放浸渍树脂的织物;⑧用真空袋封装,检查漏气情况,按要求固化;⑨检查修理质量,修整修理区域;⑩如果有排水孔或紧固件孔被填充,重修钻孔;⑪恢复表面保护层。

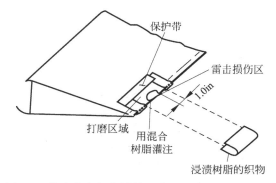

图 7-3 蜂窝夹芯复合材料后缘遭受雷击损伤的修理

7.1.3 复合材料壁板边缘轻度分层损伤的修理

复合材料壁板边缘出现分层现象后,首先采用目视和无损检测方法确定壁板边界分层损伤的严重程度。当分层损伤宽度小于或等于0.5in,并且到蜂窝夹芯的距离大于0.5in时,可以采用如图7-4所示的修理方法。

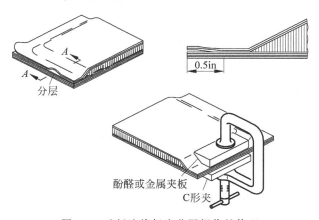

图 7-4 壁板边缘轻度分层损伤的修理

具体修理工艺如下：①清除分层内的污物和水分，确保分层内干燥、无污物。②向边缘分层内注入树脂混合剂。③采用酚醛或金属夹具将分层边缘处夹紧，并清除多余的树脂。④按相应机型结构修理手册中规定的固化温度和时间进行固化。此种方法不需要真空加压，只要在固化前保持必要的夹紧力就可以。⑤检查修理质量。

7.1.4　蜂窝壁板面板边缘铺层损伤的修理

对于蜂窝夹芯结构仅面板边缘损伤，未伤及蜂窝夹芯的情况，可按图7-5进行修理。

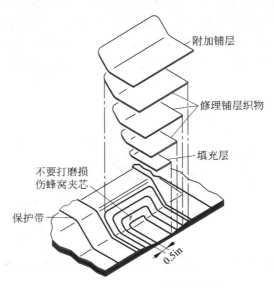

图 7-5　蜂窝壁板面板边缘损伤修理

具体修理工艺如下：①确定损伤区域，用保护带将损伤区域围起来，去除损伤；②干燥修理区域，确保修理区域彻底干燥、无污染物；③准备修理区域，斜坡打磨，清洁打磨区域；④制备并铺放修理铺层；⑤安装真空袋，检查真空袋是否漏气，加压、加温固化；⑥检测修理区域，打磨修整；⑦如果有紧固件孔被修理填实，重修钻孔。

7.1.5　蜂窝壁板边缘与蜂窝夹芯损伤

对于蜂窝壁板复合材料边缘损伤，且伤及蜂窝夹芯的情况，需要替换蜂窝夹芯，可采用图7-6所示的修理方法。

具体修理工艺如下：①确定损伤程度和区域；②用保护带将损伤区域围起来，去除面板和蜂窝损伤；③干燥；④斜坡打磨，注意这里仅将边缘位置进行斜坡打磨，而在蜂窝上部不需要斜坡打磨，仅用砂纸将其表面打磨粗糙即可；⑤清洁打磨区域；⑥准备替换蜂窝夹芯和纤维织物；⑦安装蜂窝夹芯并固化，也可以和其他修理同时固化；⑧铺放修理铺层，安装真空袋，检查是否漏气，并按要求固化；⑨检测修理区域，打磨修整修理区域；⑩如果有紧固件孔及其他开孔被填塞，重新钻孔。

第7章 复合材料边缘与表面静电层修理

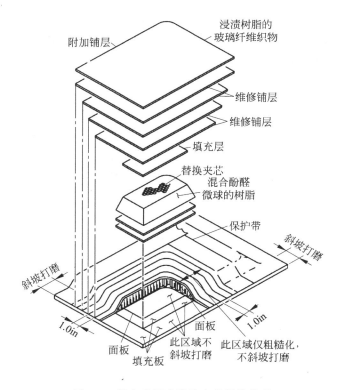

图 7-6 蜂窝壁板边缘及夹芯损伤修理

7.1.6 楔形蜂窝复合材料结构后缘全深度损伤

对于楔形蜂窝复合材料结构后缘遭受全深度损伤(见图 7-7),即上下面板和蜂窝夹芯均损伤的情况,需对上下面板和蜂窝夹芯都进行修理,可按图 7-8 和图 7-9 所示两步法进行。修理过程为:第一步修理下面板和蜂窝,第二步修理上面板。对于楔形的层合复合材料只需按第二步维修即可。

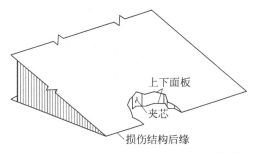

图 7-7 楔形复合材料结构后缘全深度损伤

具体修理工艺如下:①确定并去除损伤,这里不要对上面板进行斜坡打磨;②利用真空袋去除水分和污染物;③打磨和清洁修理区域;④铺放一块比去除损伤区域大 2in 的均压板在上面板上作为支持板,均压板一定要超出损伤构件的后缘;⑤准备替换蜂窝,打磨修整蜂窝使其厚度与下面板齐平,并斜坡打磨,清洁并安装蜂窝;⑥准备和铺放修理铺层,在铺层下方先铺一层胶膜作为粘接剂;⑦安装真空袋,按给定的固化工艺固化;⑧去除真空袋和均压板,检查修理区域。

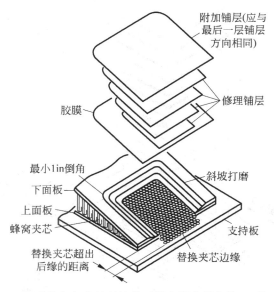

图 7-8 楔形蜂窝复合材料结构后缘全深度损伤修理(第一步)

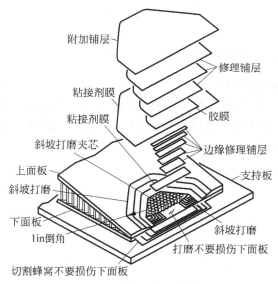

图 7-9 楔形蜂窝复合材料结构后缘全深度损伤修理(第二步)

第二步修理楔形复合材料结构的上面板,如图 7-9 所示,步骤如下:①在下面板上安装均压板作为支持板,均压板应足够大,通常比去除损伤区域大 1.0in,安装时应超出后缘1.0in;②斜坡打磨上面板和替换蜂窝,蜂窝打磨时,应在边缘处按图所示打磨,注意打磨时不要伤及刚刚修复的下面板的铺层;③准备和铺放上面板铺层,在边缘处先铺一层粘接剂膜,接着铺放边缘修理铺层,再铺一层大的粘接剂膜将整个修理区域覆盖;④铺放一层胶膜,再铺放修理铺层,最后铺放至少一层附加铺层,注意附加铺层的方向应与最后一层修理铺层的方向相同;⑤安装真空袋封装,按要求加压、加温固化;⑥检查整个修理区域;⑦修整修理区,恢复表面涂层。

7.1.7 复合材料紧固件孔损伤的修理

对于蜂窝夹芯结构复合材料面板或层合板紧固件孔的损伤,且紧固件孔面积最大不超过该面板的50%的情况,紧固件孔的损伤尺寸应低于原紧固件孔的1.5倍,采用如图7-10所示的修理方式。具体修理工艺如下:①确定损伤程度和范围;②干燥和去除污染物;③清洁修理区域;④准备修理织物并铺放修理铺层,填充到紧固件孔的修理铺层按填充锥形孔的要求,各层有规定的伸出量;⑤安装真空袋,检查是否漏气,加压、加温固化;⑥检查修理区域,修整修理区域,重修钻孔,恢复表面涂层。

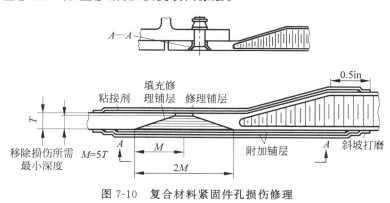

图7-10 复合材料紧固件孔损伤修理

7.1.8 紧固件孔树脂和短切纤维的填充修理方法

对于紧固件孔与配合结构不配合的情况,可采用图7-11所示的树脂和短切纤维填充修理方法。

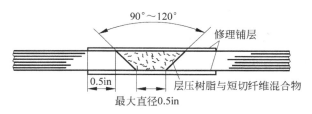

图7-11 紧固件孔树脂和短切纤维的填充修理方法

具体修理工艺如下:①确定损伤区域;②去除污染物并干燥,彻底除去水分;③清洁修理表面;④制备层压树脂和短切纤维(用碳纤维修理碳纤维结构,用玻璃纤维修理玻璃纤维结构);⑤平齐或稍微高于表面进行填充修理;⑥固化,可不需真空;⑦用150号或更细的砂纸打磨表面,使其与表面平齐或高0.01in,打磨时最好用0.01in厚的铝模板保护打磨区域;⑧清洁修理区域;⑨在上下面制备和铺放修理铺层织物;⑩真空袋封装、固化;⑪如果紧固件孔被堵塞,重修钻孔;⑫检查修理质量,修整表面。

7.1.9 蜂窝结构连接区填充剂位置不合适时的处理方法

在复合材料结构维修过程中,有时制造厂家提供的蜂窝结构件连接区填充剂位置与周围结构紧固件孔不相对应。在这种情况下,可按图 7-12 所示的步骤重新在相应处注入填充剂以便钻制紧固件孔。

具体修理工艺如下:①确定正确的紧固件位置;②在相应位置上只在一个面板上钻 0.125in 的小孔;③把一个小的六方孔螺钉头用扳手插入孔中,并转动 360°,以便破坏小孔周围半径 1.0in 范围内的蜂窝;④吸出碎屑;⑤使用密封胶枪或注射器把填充剂注入孔中;⑥按制造厂家规定进行固化;⑦按要求钻紧固件孔。

应当指出:如果紧固件拔出,构件失效,则采用填充损伤处再钻孔不是一种好的修理方法,这是因为树脂-填充剂混合物不能提供足够的强度,紧固件会再次拔出。此时需要将一个垫圈或护孔环插入孔中,避免使紧固件再次拔出。

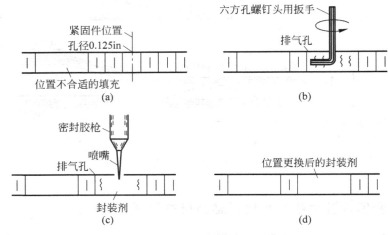

图 7-12　填充剂位置不合适的措施

7.2　复合材料结构表面静电层的修理

复合材料表面通常设有火焰喷涂铝涂层、镀铝玻璃纤维表面层、铝箔、铝网、铜网、金属导电条以及静电漆,以防止静电和雷击。在飞机使用过程中,这些表面静电层会受到不同程度的损伤,如表面层轻微损伤,但不超出允许的损伤范围,这种损伤称为表面层的可允许损伤,对超过可允许损伤范围的损伤必须进行修理。本节主要介绍表面静电层的修理方法。

7.2.1 表面层的许可损伤及维护措施

火焰喷涂铝涂层的可允许损伤范围:①裂纹长度<6.0in,但裂纹没有从一边扩展到另一边或没有延展到面板角部;②没有损伤基层纤维材料的刻痕、擦伤或划伤,且总损伤面积不得超过 $4.0in^2$;③对于一个 12in×12in 的区域,仅有一个直径低于 4.0in 的孔或刺穿损伤。

镀铝玻璃纤维表面层的可允许损伤范围：①裂纹长度<6.0in，但裂纹没有从一边扩展到另一边，裂纹没有延展到面板角部，在12in×12in的区域仅有一个裂纹；②戳伤的直径<2.0in；③对于一个12in×12in的区域，仅有一个直径低于4.0in的孔或刺穿损伤；④没有损伤基础材料的刻痕、擦伤、划伤和凹陷损伤，镀铝玻璃纤维层的总损伤面积不得超过4.0in^2。

铝箔层的可允许损伤范围：①裂纹长度不超过6.0in，并且不超过壁板尺寸的50%，裂纹没有从一边扩展到另一边，裂纹没有延展到面板角部，在12in×12in的区域仅有一个裂纹。②擦痕、擦伤和戳伤面积不超过4.0in^2，并且距其他损伤不小于6.0in。另外，每4.0ft^{2}的面积上这种损伤的累积和不超过29.0in^2。③没有裂纹、戳伤的凹陷或脱层损伤。

当表面层存在可允许损伤时，可用树脂胶封严受到损伤的火焰喷涂铝涂层或镀铝玻璃纤维表面层，或者用3M-Y436铝箔或相当的薄膜覆盖损伤处。当进行飞机"A"检时，如发现铝箔脱落或损坏，应进行更换。

对于火焰喷涂铝涂层或镀铝玻璃纤维表面层的可允许损伤，通常按照如下步骤应用树脂胶封严火焰喷涂铝涂层或镀铝玻璃纤维层的损伤处：①用240号或更细的砂纸轻轻打磨损伤区域；②用浸渍MEK、MIBK、三氯乙烷或丙酮的布擦拭损伤区域，以便清除打磨粉尘或其他污物；③在损伤区域涂混合树脂胶；④在室温固化6~8h，为加速固化，可使用加温灯加温；⑤用240号或更细的砂纸轻轻打磨修理区域，使其光滑并与周围区域齐平；⑥在裸露的火焰喷涂铝涂层或镀铝玻璃纤维层上涂一层化学转化层；⑦按规定修饰修理区域。

7.2.2　火焰喷涂铝涂层的修理

1. 火焰喷涂铝涂层的临时性修理

如果火焰喷涂铝涂层的裂纹宽度小于0.25in，在一个区域上的损伤面积小于4.0in^2，而且总损伤面积不超过火焰喷涂铝涂层面积的10%，则可以采用图7-13所示的方法进行临时性修理，但应在下次"A"检时做永久性修理。

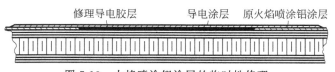

图7-13　火焰喷涂铝涂层的临时性修理

具体修理工艺如下：①用180号或更细的砂纸轻轻打磨损伤区域，以便清除松动的火焰喷涂铝涂层；②用240号或更细的砂纸打磨距损伤区域1.0in范围内的修饰层，但不要打磨掉火焰喷涂铝涂层；③用浸渍MEK、MIBK、三氯乙烷或丙酮的布擦拭要涂导电层的区域，以便清除打磨粉尘或其他污物；④混合导电胶，在加入活化剂之前先在涂料混合器中振荡基体材料，边加活化剂边搅拌，在制备的混合导电胶容器上贴上混合时间和日期及使用期限标签，通常可以保存30min，盖上容器以免污染；⑤涂导电混合胶，用喷涂方法或用刷子将导电混合胶以0.0004~0.0008in厚涂在损伤区域；⑥固化；⑦检查电导性能，如果电阻超过3×10^{5}Ω，用240号砂纸打磨，清洁，重新涂导电胶膜，直到合格；⑧如果需要，可以涂上一层BMS10-103 Ⅰ型树脂；⑨按规定修饰修理区域。

2. 火焰喷涂铝涂层的永久性修理

对于火焰喷涂铝涂层损伤的永久性修理方法有多种，可采用喷涂铝层修理，将损伤区域打磨清除后,采用直径 0.125in 的纯铝丝均匀喷涂 0.01～0.02in 厚的铝涂层,注意喷枪距离表面 4.0～8.0in,用表面高温计监测部件温度。涂层厚度可以通过测量保护带剥下的铝涂层获得,也可以测量层合板的厚度变化进行计算得到。喷涂之后,去掉保护带,将混合好的树脂光滑均匀涂在修理表面上并固化,用 240 号砂纸打磨喷涂区域,清洁修理区域,再在所有裸露的火焰喷涂铝涂层上涂上化学转化层,如果需要再涂上一层树脂,修整修理表面。

也可采用喷涂铝涂层和 PVA、铝箔及铝箔带进行修理,这里不再赘述,具体修理工艺可参考 SRM 手册。

7.2.3 镀铝玻璃纤维表面层的修理

1. 镀铝玻璃纤维表面层的临时性修理

对于镀铝玻璃纤维表面层的损伤可以按如下修理方法做临时性修理,但应在下次"C"检时做永久性修理:①用浸渍 MEK、MIBK、三氯乙烷或丙酮的布擦拭损伤区域;②在修理区域表面上铺放一层 3M-Y436 铝箔带;③准备导电树脂,按图 7-14 所示喷涂导电涂层,导电层必须从铝箔膜延续到凹形垫圈处结构接地;④固化,检查电阻率,按规定修饰修理区。

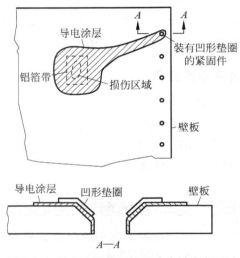

图 7-14 导电涂层修理镀铝玻璃纤维表面层

2. 镀铝玻璃纤维表面层的永久性修理

当镀铝玻璃纤维表面层的损伤超出可允许损伤范围时,可按如下步骤修理:①用保护带隔离损伤区域。②用 240 号或更细的砂纸打磨损伤区和周围 1.0in 范围内的外表面涂层。③用浸渍 MEK、MIBK、三氯乙烷或丙酮的布擦拭修理区域,以便消除打磨粉尘或其他污物。④火焰喷涂铝涂层,使厚度达到 0.010～0.012in。⑤清除保护带。⑥在修理区域上涂混合树脂。⑦按规定的固化温度和时间进行固化;如果采用红外线灯作为热源,可参考规定固化时间。⑧用 240 号或更细的砂纸打磨修理区域,以便形成一个与周围区域齐平的光滑表面。⑨按要求涂导电涂层。导电涂层必须从修理区域延伸到具有凹形垫圈的紧固件处,以确保适当接地。⑩按规定修饰修理区。

7.2.4 铝箔表面层的修理

1. 铝箔层的临时性修理

对于铝箔层的损伤可以按如下步骤做临时性修理,但必须在下次"C"检时做永久性修理:①用浸渍 MEK、MIBK、三氯乙烷或丙酮的布擦拭损伤区域;②剪裁一张超出损伤区域边界最少 1.0in 的裸露铝箔膜,铺放在损伤区域上;③围绕铝箔膜边界铺贴 3M-Y436 铝箔膜条或相当性能的薄膜条。

2. 铝箔层的永久性修理

当发现铝箔层损伤时,首先要确定损伤程度。如果损伤扩展到基础层,应先对基础层进行修理,再按图 7-15 进行永久性修理。

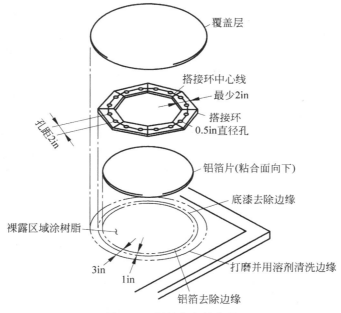

图 7-15 铝箔永久性修理

对损伤的铝箔层按如下步骤进行永久性修理:①用保护带隔离修理区域。②通过剥离或打磨消除损伤的铝箔层,注意不要损伤底层玻璃纤维。③打磨并用溶剂擦拭距损伤区域至少 3.0in 范围内铝箔层上的底漆。④清除至损伤区域边界至少 1.0in 范围内的底漆,打磨并用溶剂擦拭铝箔表面,使其处于"无水"状态,允许底漆斑点痕迹达边界面积的 10%。⑤打磨并用溶剂擦拭裸露的复合材料表面,不要损伤基础玻璃纤维。⑥剪下一块与修理区域形状和大小相同的铝箔片。⑦在裸露玻璃纤维区域的表面上涂混合树脂。⑧使粘合面向下铺放铝箔片,它与原铝箔层对接(不能重叠,最大间隙为 0.25in),用浸渍 MEK 或相当溶剂的布向下按压,并清除多余的树脂。⑨剪下拼接条,在所有与拼接条和覆盖层接触的铝箔表面上涂一层化学转化层。⑩把拼接条铺放在铝箔表面,所有边都超出铝箔至少 1.0in。⑪把浸渍过混合树脂的玻璃纤维覆盖层铺放在修理区域上,所有边都要超出拼接条至少 1.0in。⑫铺放分离膜、透气布、加热毯和真空袋,固化 3 号混合树脂:EA 956 和 EA 9396 在 70~100°F(21~37℃)温度下最少固化 24.0h,才能达到加工强度;在 20~40℃温度下充分固化需要5天时间;而在(180±10)℉((82±12)℃)温度下加速固化,则只需要1.0h。

7.2.5 复合材料结构件表面铜网的修理

复合材料结构表面敷设的铝网或铜网具有附着强度高、不容易脱落的优点,在空客飞机上应用较多。这些铜网在使用过程中会受损伤,如铜网上的保护层破损,进而发展为铜网的腐蚀破损;外来物的冲击等,直接导致铜网破裂、不完整;雷击、大量静电积聚烧蚀铜网;修理复合材料结构时,铜网被切割、破坏等。遇到上述情况都需要及时修理铜网,铜网修理示意图如图7-16所示。

具体修理流程如下:①如果条件允许,结构件最好从机体上拆卸下来修理。②选择合适的检测方法,确定损伤区域,在修理时通常有个搭接区,损伤区域与搭接区的轮廓线之间的距离为1.0in。③去除损伤区域中的铜网。④用180号或更细的砂纸打磨搭接区,暴露出完好的铜网。⑤清洁损伤区域,通常用浸渍酒精的无纺布清洗,直到白色无纺布再也擦不到污物。⑥检测打磨区铜网是否完全暴露,不能靠肉眼来确定,应使用毫欧表测试,两个测量点A、B之间的距离要求不低于1.0in。如果电阻小于等于20mΩ,表明搭接区的铜网已经完全暴露,否则继续打磨,直到电阻值符合要求。测量时,应多次选择测量点进行测量。⑦用百洁布手工打磨搭接区以外1.0in的区域,并清洁该区域,形成完整的修理区,用干净的真空袋薄膜覆盖修理区,以防污染。⑧准备铜网。剪下一块与修理区域形状相同,但尺寸稍小的铜网,用浸渍酒精的无纺布清洁铜网,注意不能拉扯铜网,以免使其变形。对于面积很大或弯曲表面的修理区,可以用几块铜网搭接修理,但铜网之间的搭接宽度应为1.0in。⑨准备胶粘剂。⑩去掉真空袋薄膜,在修理区域均匀涂上一层薄薄的胶粘剂。⑪铺放铜网在适当的位置,并在修理铜网上均匀涂上一层薄薄的胶粘剂。⑫剪下一块比修理区域稍大的有孔分离膜,覆盖在上面。⑬在有孔分离膜上铺放一层比有孔分离膜稍大的吸胶层。⑭真空袋封装,固化。⑮用180号或更细的砂纸小心打磨整个区域,去除多余的、溢出的胶粘剂,清洁打磨区域。⑯检测电阻,如图7-17所示。用180号或更细的砂纸小心打磨修理区域中心位置C,暴露出部分铜网,清洁该区域,用毫欧表测量修理区域中心C到相邻某点D之间铜网的电阻。测量之前应打磨相邻区域D点,使铜网暴露,D点的选择尽可能靠近修理区域外廓线。⑰如果电阻低于40mΩ,表明修理合格,否则重新修理。⑱完成测试后,在两个测量点C、D暴露的铜网处均匀涂上一层薄薄的胶粘剂,并固化。⑲恢复表面保护层。

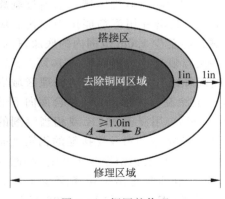

图7-16 铜网的修理

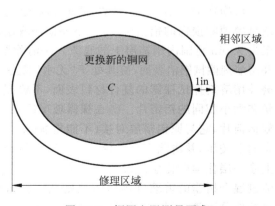

图7-17 铜网电阻测量要求

7.3 复合材料结构修理的安全措施

复合材料制件修理过程中,操作者经常接触各种有害的化学物质、有毒物质、易燃易爆物质、粉尘等,而且还要操作各种加热加压设备、机械和电气设备等,因此必须了解有关的知识,严格按照操作规程作业,熟悉、掌握和执行各种安全防护措施,以保证操作者的安全。

7.3.1 一般要求

操作场所内应制定切实可行的安全防护规范,并认真执行,同时应提高全体工作人员的安全意识,加强安全教育,并经常进行安全操作训练,使之熟练掌握各种安全防护措施。

复合材料结构维修场所应高大、宽敞,布局应合理,并注意通风及保持通道畅通,同时要保持工作区干净、整洁,不能乱丢废弃物。为了保证维修质量,复合材料结构维修场所通常设置专门的打磨区和铺层洁净室,打磨区主要应防止打磨粉尘,铺层洁净室则主要防止挥发气体等。

维修场所必须严禁明火、吸烟,并应配置必要的灭火设施。喷漆间及湿铺间等溶剂挥发较多的车间内,所有电气设备和照明装置都应能防爆。

树脂、固化剂、促进剂、油漆、溶剂等材料均有一定的毒性,并且易燃易爆,使用时一定要严格遵守制造商的安全操作指令。保管时要注意房间的温度,避免阳光直射,采取通风及防火防爆措施等。

避免长时间连续操作。工作人员工作一段时间后应离开操作间,适当休息,或到室外呼吸一下新鲜空气,生产结束后应及时洗澡。

7.3.2 皮肤防护

环氧树脂对皮肤有害,有些人对这种物质尤其敏感,需进行皮肤防护(见图7-18),因此需戴防护手套或使用防护膏、液体手套等。使用胶粘剂时务必用手套,因为防护膏和液体手套等对胶接操作可能产生相反的影响;进行切割、打磨或钻孔等操作时,必须戴上手套及佩戴面罩,因为灰尘可能会落到皮肤上,从而造成皮肤过敏;进行湿法铺层修理及喷漆时,必须戴上内衬棉垫的氯丁橡胶手套、防护服和护目镜,以防溶剂及其蒸气的有害影响;由于玻璃纤维和碳纤维材料的纤维极细,在使用时应戴上手套,防止纤维刺入皮肤。

保护皮肤的最好措施是用内衬布垫的橡胶手套,这种手套能吸汗,因此不用时最好把内衬翻出晾干,当手套被污染或多次使用后应更换,否则易引起真菌感染或皮疹。工作服或实验服可防止衣服沾染和皮肤接触,实验服一般能保护膝盖以上部位,工作服能保护全身。

若皮肤被胶液沾染,应立即用温水或肥皂水清洗干净,擦干后,再涂以凡士林软膏或甘油等。引起疼痛或炎症时,应接受医生的治疗。尽量避免用溶剂洗手,以防止脱脂干裂。

7.3.3 眼睛与面部防护

在复合材料生产与维修的大多数阶段都要保护眼睛。常见的危险是在分发、混合及使

图 7-18　皮肤保护

用树脂时产生的树脂、固化剂和溶剂的飞溅。

操作中若有胶液、溶剂等溅入口中,应立即吐出,并用大量水冲洗口腔,并严禁在工作场所进食。若酸液溅入眼中,应尽快用大量清水进行冲洗;强碱对眼睛的伤害快,如溅入眼中,应尽快用水冲洗。通常在维修场所备有固定洗眼器或移动洗眼器(见图 7-19),用水冲洗后再用 2% 硼酸水处理,然后送医院治疗。

下面列举几种防护设备。

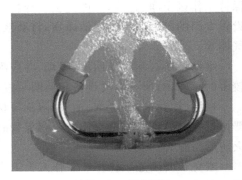

图 7-19　洗眼器

1. 护目镜/安全眼镜

护目镜可单独使用或与符合规定要求的眼镜一起使用,能保护脸前部及侧面来的冲击伤害、飞溅液体和灰尘。安全眼镜如图 7-20 所示。

2. 面罩

面罩可在分发大批量溶剂及混合大批量树脂时使用,以保护工人的脸部免受创伤、化学物飞溅和辐射热,可与护目镜或安全眼镜配合使用。图 7-21 所示为一种半面罩,可有效防止粉尘、重烟、雾滴、毒气以及肉眼看不见的微小物质。

图 7-20　安全眼镜(3M)

图 7-21　半面罩

7.3.4 呼吸器官防护

为保护人身安全,工作场所需要有良好的通风设备。在密封的空间里若没有充分的通风设备,空气中挥发的环氧树脂与清洁剂可能引起工作人员的不适与疾病,因此复合材料操作场所应处于负压环境。

铺设与切割硫化复合材料时,必须有良好的呼吸道保护措施,因为高速切割产生的摩擦热将分解复合材料,也就是材料被高温点燃并产生有毒气体。

从事切割、打磨工作的操作人员及周围人员需佩戴防尘面罩与安全眼镜,并应该使用真空吸尘器,因为灰尘可能会进入肺中,从而对人体造成伤害。

第 8 章 飞机金属结构的粘接修理技术

飞机金属结构传统的修理方法是铆接、螺接、焊接和其他机械连接方法,由于修理之前需要在受损的结构上钻孔或冲孔,既削弱了零件还产生了密封问题。在这些机械连接修理方法中,由于构件开孔,在负载时造成了应力集中和应力分布不均匀。金属粘接技术是一门多学科相结合的边缘科学,是使用金属修补剂实现金属与金属、金属与非金属的固体界面相连接的技术,在连接形式和理论方面有别于传统的物理连接方式和化学连接方式。金属粘接是在常温或中温下通过液态胶粘剂对两个固体界面的浸润与结合而形成一个牢固整体的过程,粘接力是物理连接力与化学键连接力的总和,粘接界面不仅能传递应力,而且具有密封与防腐的作用,同时结构表面和整体可以进行车、钻、铣等机械加工。

金属粘接可在常温下制作成型,经中温固化后可适应高温(200~700℃)或低温(−190℃)工作,粘接界面应力分布均匀,抗疲劳性比铆、焊高出 1~2 个数量级,具有密封、防腐、绝缘、隔热、导磁、导电、传热等性能,能简化结构设计,减小体积尺寸,节省能源和材料,提高工效,缩短工期,改善性能和提高质量水平。可连接各种不同种类的材料,如金属与金属、金属与非金属,可避免热应力和热应变的产生,因此粘接对薄壁零件、受热敏感零件以及焊接性差的零件很适用。

飞机结构中金属材料的结构粘接始于 20 世纪中叶,多用于民航飞机上,主要用于蒙皮修理和其他结构的修补。飞机和发动机上用于结构粘接的金属材料主要是铝合金、不锈钢和钛合金,其中最多的是铝合金。飞机上的铝合金粘接结构通常有两种基本类型:铝合金-铝合金结构和铝蒙皮-铝蜂窝芯粘接结构,现在也发展出铝合金结构-复合材料补片的粘接技术。

8.1 金属粘接技术在民用飞机上的应用

金属粘接是继机械连接(铆接、螺接等)和焊接之后又一重要的连接技术。随着现代飞机高性能的发展和新材料新技术的应用,粘接结构已经成为飞机机体的重要结构形式。飞机结构粘接是指能传递较大的静载荷、动载荷,并在使用环境中长期可靠工作的结构件粘接技术。飞机上比较典型的结构形式有钣金粘接结构、夹层结构和复合材料连接结构。图 8-1、图 8-2 所示为波音 737-800 飞机不同固化温度的金属粘接结构的应用部位,分别应用于翼尖、减速板、前缘缝翼、内外侧襟翼的后缘楔形件等。

第8章 飞机金属结构的粘接修理技术

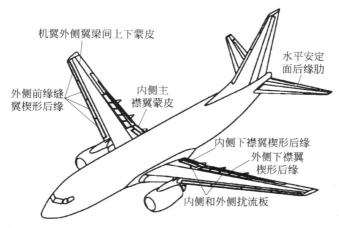

图 8-1　波音 737-800 飞机 250℉(121℃)固化粘接铝蒙皮-铝蜂窝夹芯面板的应用部位

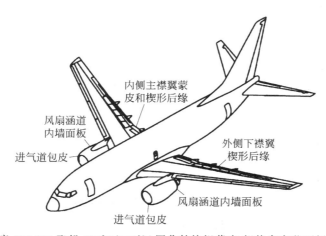

图 8-2　波音 737-800 飞机 350℉(177℃)固化粘接铝蒙皮-铝蜂窝夹芯面板的应用部位

金属粘接的主要优点为：①可以减轻结构质量，如粘接与焊接或铆接相比，可减轻结构质量的 25%～30%；②粘接可以连接两种不同的材料，如不同的金属、金属与非金属；③粘接面的应力分布比较均匀，利于改善力学性能，如粘接的抗剪切强度与电焊和铆接相比可提高约 25%，粘接的抗疲劳寿命约比铆接长近 10 倍；④粘接易于做到密封、绝缘、防腐，又易做到结构的外形光滑、平整等；⑤粘接工艺简便，可缩短生产周期，降低成本。

金属粘接的主要缺点为：①粘接不均匀，剥离强度很低；②粘接件的工作温度较低，目前主要的粘接剂的工作温度一般限于 260℃ 以下，粘接质量容易受到各种因素影响；③粘接剂存在老化问题，粘接质量无损检测方法还不够完善等。

8.2　金属-金属粘接修理技术的基本流程

金属的粘接修补过程是一个要求很严格的过程，在粘接修理的过程中，一定要按照维修手册上给出的步骤一步一步地进行，每一步都要做到认真细致。要想得到一个满意的金属

粘接修理结果,重要的是要做好以下几点:

(1) 做好修理计划,以便于在修理过程中有条不紊地进行操作;

(2) 使用批准的材料,材料是修理过程的基础,批准的材料才能满足使用性;

(3) 使用批准的工艺,标准工艺都是前人通过一次次的实际操作总结的高效合理的操作;

(4) 提供符合要求的修理环境及工具设备,满足要求的环境才能使修理达到理想的状态;

(5) 施工人员技术娴熟,娴熟的技术可以最大限度地保障修理的可靠性。

8.2.1 金属粘接维修流程

金属粘接修理结合了传统的钣金修理和复合材料修理技能,修理人员必须掌握金属切割技能和复合材料粘接技能。在飞机结构件的维修过程中,金属与金属、金属和蜂窝结构粘接最为常见。如图 8-3 所示,如果损伤尺寸小于蒙皮 50%,或者大于 0.13m^2,可以采用补片粘接修补的方法进行修理,进行粘接修理之前必须进行阳极化处理,如槽式磷酸阳极化(phosphoric acid anodizing,TANK PAA)、局部磷酸阳极化(phosphoric acid containment system,PACS)、非槽式磷酸阳极化(phosphoric acid non-tank anodizing,PANTA)处理,再进入热压罐固化。金属粘接修理通常包括金属与金属的粘接修理和金属与金属蜂窝结构的粘接修理,其一般修理流程如图 8-4 和图 8-5 所示。现在国内外很多学者在研究金属与非金属的粘接修理方案,如用复合材料修理补片修理金属结构,具有较高的区分度,本章后续章节将对此进行讨论。

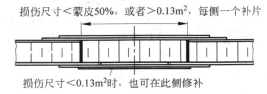

图 8-3 使用 PAA、PACS、PANTA 进行表面处理并用热压罐来固化修理

8.2.2 金属粘接修理主要工序

1. 确定损伤范围

金属粘接结构件的常见损伤有凹坑、划伤、擦伤、裂纹、穿孔、脱胶、内部孔隙、蜂窝芯塌陷、蜂窝芯进水和蒙皮或者蜂窝芯腐蚀。确定这些损伤的范围的常用方法如下:凹坑、划伤、擦伤、裂纹、穿孔、脱胶等外部损伤可以通过目视检测或敲击法来确定,且检查时要标记和记录损伤的尺寸和外形;蒙皮和蜂窝芯或蒙皮和蒙皮之间脱胶通常可以通过敲击法或粘接测试仪来确定;内部孔隙或蜂窝芯塌陷通常可以通过穿透超声波(through transmission ultrasonic)或者 X 射线来确定;蜂窝芯进水通常可以通过 X 射线或者红外线拍照来检测;蜂窝芯压塌通常可以通过目视检查来确定;蒙皮或蜂窝芯腐蚀通常可以通过低频涡流(low frequency eddy current)或者脉冲反射超声波(pulse echo ultrasonic)来检测。

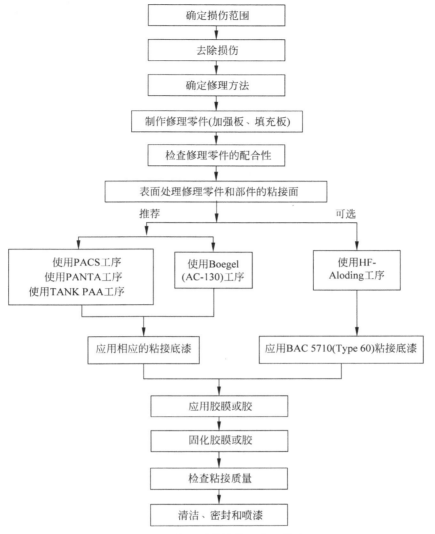

图 8-4 金属-金属粘接修理的工艺流程

2. 去除损伤

通常使用蜂窝切割刀、镂铣刀、镂铣机和导向模板等来切割损伤的蒙皮和蜂窝芯,并使用楔形工具分离粘接件,如图 8-6 所示。

如果去除大面积损伤,可用搁置台或者特殊工具来保证部件的正常外形。确保准备一个比最小粘接区更大的修补区域,这将提供更佳的修补粘接效果,能够抵消 NDI 不准确的影响,不要使用可能导致电弧或火花的设备,因为可能发生爆炸。

如果蒙皮受损或出现脱胶区域,按下面的程序进行损伤去除:①剪下脱胶受损蒙皮;②做一个楔子,推动粘接面之间的楔子,分开粘接在一起的结构,必要时可以轻敲楔子,如图 8-6 所示;③检查切除边缘的粘接是否牢固;④移除修理区域的其他污染物,使修理区干净、干燥。

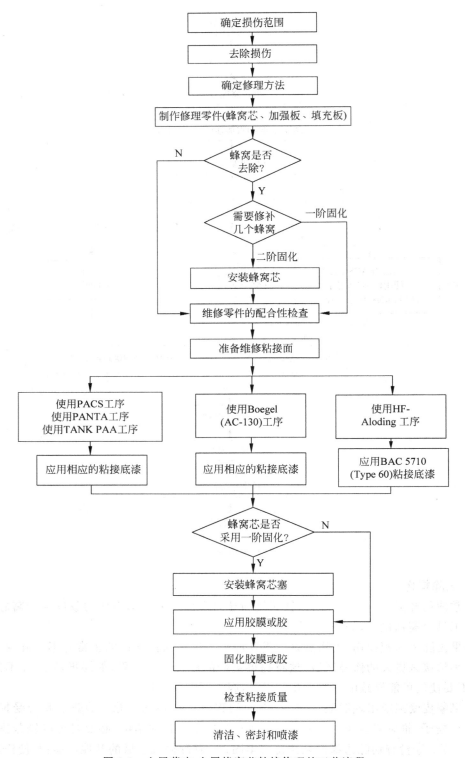

图 8-5 金属蒙皮-金属蜂窝芯粘接修理的工艺流程

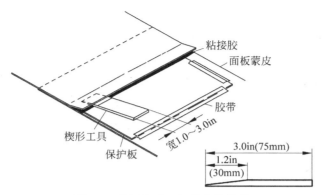

图 8-6　使用楔形工具分离粘接件

对蒙皮和蜂窝芯之间的脱胶,去除损伤时的注意事项如下:①标记要去除区域要比脱胶区域大 0.25in 以上;②如果损伤区域直径小于 2.0in,要将损伤区域标记并切割成圆形,如果直径较大的脱胶区,则将损伤区域标记并切割成方形或椭圆形,并倒 0.5in 的角;③切割时刀具进入蜂窝芯的深度不能超过 0.05in;④切割蒙皮时,切割的深度要比蒙皮的厚度大 0.02in。

对于蒙皮和蒙皮之间的脱胶,去除损伤时的注意事项如下:①标记要去除区域要比脱胶区域大 0.25in 以上;②如果损伤区域直径小于 2.0in,要将损伤区域标记并切割成圆形,对于直径较大的脱胶区,则将损伤区域标记并切割成方形或椭圆形,并倒 0.5in 的角;③切割蒙皮时,第一次沿着标记线切割的深度是脱胶蒙皮厚度的 80%～90%,再沿着同样的沟槽切割时仅仅切割进入两层蒙皮中间的胶层。

去除修理区域漆层时的注意事项:①小面积漆层的去除可以使用很细的氧化铝砂纸或百洁布,大面积漆层的去除可采用化学退漆的方法;②需要去除漆层的区域包括损伤区域和因表面处理需要扩大的区域。

3. 确定修理方法

应根据不同飞机各自的 SRM 手册来确定维修的具体方法。以波音 737-800 飞机为例,表 8-1 给出修理类型、最大损伤尺寸、表面处理方法等。

表 8-1　波音 737-800 SRM 修理方法一览

表面处理方法	修理类型	糊状胶	胶膜	
			真空袋固化	热压罐固化
		最大损伤尺寸		
HF-Alodine	临时性修理	2.0in 长或直径	2.0in 长或直径	2.0in 长或直径
Boegel(AC-130)	临时性修理	2.0in 长或直径	不适用	不适用
	永久性修理	不适用	64in^2	200in^2
TANK PAA,PACS,PANTA	临时性修理	2.0in 长或直径	不适用	不适用
	永久性修理	不适用	64in^2	200in^2

注:此表摘自波音 SRM 手册 51-70-10 table 202。

4. 去除蜂窝芯中的水

如果蜂窝芯中有水,通常使用电热毯和真空袋来干燥部件。图 8-7 所示为采用电热毯和真空袋来去除蜂窝芯中的水分。

去除蜂窝芯中的水分时应该注意:①如果已经去除部分蜂窝芯,去除水分时要在切口位置放置蜂窝芯塞,以防止蜂窝芯被去除位置的孔边缘受损伤;②真空座不要放置在电热毯或者热电偶线上;③真空座首选真空袋两对角安装;④加热除水的温度为 160~180°F(71~82°C);⑤在背对真空源的方向制作一个出气口,以便使干燥的空气进入真空袋,真空度不能低于 11.0in 汞柱。

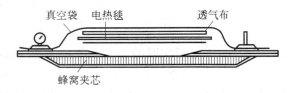

图 8-7 使用真空袋和电热毯去除蜂窝芯的水分

5. 制作修理零件

1)制作加强板和填充板

加强板和填充板又常被称为维修补片。

加强板和填充板的材料选择:加强板和填充板的材料要符合修理手册的规定;2000 系列铝合金加强板和填充板的粘接面可以是包铝或裸铝;7000 系列铝合金加强板和填充板的粘接面必须是裸铝;可以使用事先已经阳极化处理并喷好粘接底漆的铝板。

加强板和填充板的尺寸选择:各个飞机生产厂家对各自的飞机有不同的观念,因此在编制维修手册时,其材料要求和尺寸规定也都各有差异。空客飞机通常使用周边尺寸比切口大 2.0in、厚度比原蒙皮厚 0.008in 的加强板;道格拉斯飞机通常使用厚度与原蒙皮相同或更厚的加强板;对于波音飞机,当蒙皮厚度等于或小于 0.020in 时使用一块加强板,当蒙皮厚度大于 0.020in 时使用两块加强板。

加强板和填充板的两种典型安装方式是平齐安装和外部安装,对应的两种典型修理方法是平齐补片修理法和外补片修理法。

加强板的配合性检查:加强板切割好后,需要检查它们的配合性,通常有两种方法,分别为手指施压法和胶层厚度验证法。手指施压法:将切割好的修理零件放在待安装的位置,应用轻微的手指压力,加强板应当能接触工件或其他加强板的表面,并在相互接触的表面之间没有间隙。胶层厚度验证法:切割好一块厚度 0.010in 的胶膜,并在胶膜两面放置分离膜,然后将胶膜固定在工件的修理区域中,再将修理加强板固定在修理区域内,最后按照修理工艺施加压力和固化胶膜,然后测量胶膜的厚度并检查是否有大于 0.1in 直径的空隙。当修理加强板的面积 $\geqslant 64in^2$ 时,必须使用胶层厚度验证法。

2)制作蜂窝芯塞

蜂窝芯塞材料的选择:蜂窝芯材料要符合修理手册上的规定;如果没有特殊说明,对

BMS4-4 蜂窝芯,可以用 Class NPA 代替 Class N 或者 Class ND;可以使用相同级别或更高级别的蜂窝芯来替代原蜂窝芯。

蜂窝芯塞尺寸的确定:制作的蜂窝芯塞要与修理区的孔具有相同的形状和尺寸;蜂窝芯塞与修理区域未损伤的蜂窝芯之间的间隙要小于 0.1in;使用一阶固化方式时,蜂窝芯塞最好比邻近未损伤的原蜂窝芯或邻近未损伤的蒙皮高 0.005in。

蜂窝芯塞制作的注意事项:蜂窝芯塞的芯条方向应与修理区域蜂窝芯的芯条方向一致;蜂窝芯塞要按照工艺要求清洁,如对蜂窝芯蒸气脱脂或用规定的溶剂冲洗蜂窝芯等;可以用一片中间隔层连接两片比完全高度低的蜂窝芯来制作一片完全高度的蜂窝芯塞,如图 8-8 所示;允许用一片中间隔层作为连接体来更换部分高度的蜂窝芯塞。

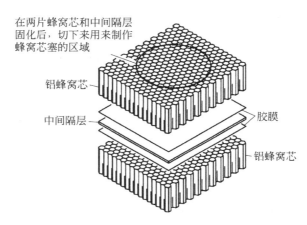

图 8-8 用一片中间隔层连接两片蜂窝芯塞来制作完全高度的蜂窝芯塞

6. 修理零件和部件粘接面表面处理的准备工作

粘接前对待粘接表面进行的处理是直接影响粘接强度的重要工艺过程。飞机维护的实践实例表明:许多金属粘接修理的效果不理想就是因为对被粘接材料的表面没有进行恰当的粘接前处理造成的,所以要对其引起重视。

修理零件和部件粘接面表面处理的准备工作主要有:去除修理区域的油脂和脏物,去除修理区域表面的油漆,用溶剂清洁粘接面。

1) 溶剂清洁的基本步骤

(1) 用真空吸尘机去除所有灰尘;

(2) 将溶剂倒到干净的擦布上,擦布要有湿气,但不要湿透;

(3) 用擦布擦拭待处理件的表面,如果擦布脏了要进行更换,直到用擦布擦拭表面而擦布仍然干净为止;

(4) 最后一遍擦拭时,一只手拿一块干擦布,另一只手拿一块带湿气的擦布,用带湿气的擦布擦拭后马上用干擦布擦拭表面,这样可以防止溶剂残留物停留在清洁的表面上。

(5) 用塑料膜保护清洁过的表面,直到下一道工序开始。

注意:溶剂清洁时应防止任何溶剂残留物停留在清洁的表面上,并使用经批准的溶剂,通常使用的溶剂有丁酮(MEK)、甲基丁基酮(MIBK)、丙酮、甲基丙基酮(MPK)等。

2）表面打磨

在用溶剂清洁表面后，需要对其进行打磨。通常用湿砂纸而不用干砂纸打磨表面，最后再用清洁的擦布蘸蒸馏水去除任何打磨残留物。

3）用水破裂实验（water break free test）检查表面的清洁度

将蒸馏水喷洒到准备好的表面以便在表面上形成连续的水膜层，如果连续的水膜层保持 30s 或更长的时间不断裂，则表面清洁度是满意的。如果水膜分离或形成水珠，则重复表面打磨步骤，用无绒抹布抹干净修理区域，用辐射热能或电吹风干燥修理表面。如果不在 24h 内进行表面处理，则需要重新打磨并进行水破裂实验。

注意：在完成完整的水破裂实验后，对部件进一步处理时必须戴干净的白手套。需要迅速地进行修理工作，以防止二次污染。

4）保护修理区域周围

在进行待粘接修理区域表面的处理之前，需要对修理区域的周围进行保护，以防止酸飞溅或溢到工件上。通常需要进行以下操作：

(1) 在离加强板边缘 2~3in 位置放置铝箔胶带；

(2) 如果蜂窝芯被去除，则将孔洞填平到与表面平齐；

(3) 将铝箔胶带放置在蜂窝芯切口上并搭接表面 0.04~0.08in，确保蜂窝芯切口完全密封；

(4) 确保在修理区所有的连接点完全密封，酸不能飞溅或溢进去。

7. 表面处理待粘接面

金属粘接修理中有 6 种基本的表面处理方法：HF-Alodine、FPL（forest products laboratories）酸洗、Pasal-jell 105 酸洗、铬酸阳极化、Boegle（AC-130）表面处理法和磷酸阳极化。修理过程中选择哪种表面处理方法要根据使用的修理方法确定，参考表 8-1。

1）HF-Alodine

HF-Alodine 已经在金属粘接修理中使用很长时间，这种方法可以得到较好的粘接表面，但是粘接的耐久性不如 PANTA 和 PACS。HF-Alodine 表面处理工序使用的主材料是 HF、Alodine 1200 或 Alodine 1000。

HF-Alodine 工序的基本步骤：①配制 HF 和 Alodine 溶液；②进行 HF 蚀刻处理；③在 HF 蚀刻的表面施涂 Alodine 溶液；④目视检查 Alodine 涂层的效果；⑤在 24h 内应用粘接底漆。

2）FPL 酸洗

FPL 酸洗是一种早期的用于金属粘接的表面处理方法。波音和道格拉斯公司在 20 世纪六七十年代曾经使用这种方法。这种方法需要多个槽才能完成，参考道格拉斯飞机的 SRM 手册可以获得这种工序的详细信息。

3）Pasa-jell 105 酸洗

Pasa-jell 105 酸洗与 FPL 酸洗类似，其使用的主要材料是铬酸和硫酸的凝胶混合物。Pasa-jell 105 酸在道格拉斯飞机、空客飞机上采用，也可用于 PANTA 表面处理前对表面进行的脱氧处理中。

Pasa-jell 105 酸洗的基本步骤如下：

（1）混合 Pasa-jell 105，使各组分混合均匀。

（2）应用 Pasa-jell 105 到工件表面，确保表面湿润。停留时间是 15～25min，建议在 17min 时去除。

（3）在 6～8min 时搅动 Pasa-jell 105。

（4）在停留时间后用蘸有蒸馏水的擦布去擦表面，不断地更换擦布，直到用蓝色石蕊试纸测试表面不变色。

（5）干燥表面约 30min，最高空气温度为 60℉（15℃）。

（6）在 24h 内应用粘接底漆。

4）铬酸阳极化（chromic acid anodizing）

铬酸阳极化是一种多槽阳极化法，道格拉斯和空客公司使用这种方法制作金属粘接结构件，在道格拉斯和空客 SRM 手册中都提到这种方法可用于维修工序中。

5）Boegle（AC-130）表面处理法

Boegle（AC-130）是波音公司开发的一种新型的表面处理方法，使用起来比较方便，但采用 Boegle（AC-130）处理金属表面时的维修费用较高，同时对打磨有着严格的要求。

6）磷酸阳极化

磷酸阳极化是表面处理的首选工艺，这种工艺操作简单，而且能得到粘接强度、耐久度、耐腐蚀性能的最优组合。磷酸阳极化包括三种方法：槽式磷酸阳极化法、非槽式磷酸阳极化和磷酸阳极化密闭系统。

对于大面积或整个零件需要磷酸阳极化的修理工作，大部分维修单位采用槽式磷酸阳极化法。磷酸阳极化密闭系统避免了对磷酸的回收处理，所有的酸液都装在瓶子里，并在一个真空袋的密闭系统中从金属的表面流过，此道工序需要专用的设备。

（1）非槽式磷酸阳极化

在磷酸溶液中加入粘稠剂，直到溶液变稠成为膜片，将其贴在零件待修处，通以电流进行阳极化处理。PANTA 需要提供 10V 以上电压的直流电源，还需要磷酸、去离子水、微球、不锈钢网、脱脂棉布、蓝色石蕊试纸，布局如图 8-9 所示。

具体步骤为：

① 配制质量分数为 12% 的磷酸，视需要加入微球，使磷酸变成不流动的糊状。

② 在待处理表面应用磷酸溶液或糊状磷酸，并用一层纱布盖住磷酸液。在第一层脱脂棉布上刷一层酸液，确保脱脂棉布完全浸透且不含空气；在第一层脱脂棉布上盖上第二层脱脂棉布，然后在第二层脱脂棉布上刷一层酸液；在第二层脱脂棉布上再盖上第三层脱脂棉布，然后在第三层脱脂棉布上再刷上一层酸液。

③ 在第三层脱脂棉布上放上不锈钢网，确保不锈钢网不会碰到铝合金表面。

④ 将电源负极接在不锈钢网上，然后在不锈钢网上刷一层酸液，将电源正极接在铝合金上，施加电压为 9.5～10V、电流密度为 0.014～0.048A/in² 的电源到不锈钢网和铝合金上，保持 10～20min。

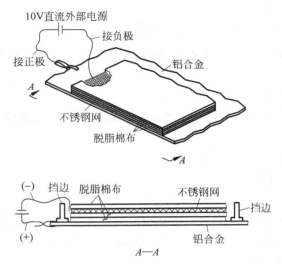

图 8-9 非槽式磷酸阳极化的布局

⑤ 保持时间结束后,关掉并移除电源。
⑥ 用塑料薄膜保护工作区,移除不锈钢网和脱脂棉布。
⑦ 用去离子水清洗表面 5min,该步骤必须在阳极化结束后 2.5min 内开始。
⑧ 空气干燥 30min,也可在烘箱中以 140～160℉(60～71℃)温度烘干。
⑨ 磷酸阳极化效果检查。通过磷酸阳极化探测仪或偏光镜观察在荧光或自然光照射下阳极化表面的颜色变化来检查阳极化效果。当把滤光镜旋转 90°后,如果看到颜色在绿色、紫色或黄色之间变化,则阳极化效果比较理想,如图 8-10 所示。
⑩ 表面干燥后 24.0h 内应用粘接底漆。

表面处理时的注意事项:①一定要将酸加入水中,如果将水加入酸中,酸会飞溅并对人造成化学损伤;②不要使用裸手操作准备好的表面,因为手会传输皮肤上的油脂到表面并引起污染,从而降低粘接的强度和耐久性;③修理区域和车间保持 50～100℉(10～38℃)温度;④偏光镜检查时,通常使用白炽灯或荧光灯,详见图 8-10。

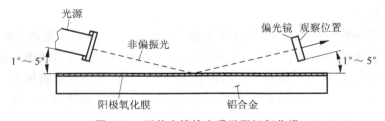

图 8-10 用偏光镜检查磷酸阳极氧化膜

(2) 磷酸阳极化处理

基本原理:使 12% 的磷酸(单位面积所需磷酸量为 0.01L/in^2)从待处理的表面缓缓流过,以待修理铝合金为阳极,以不锈钢丝网为阴极,加以 9.5～10V 直流电,在 21～29℃下阳极化处理 20～25min。图 8-11 所示为单真空袋磷酸阳极化处理系统。

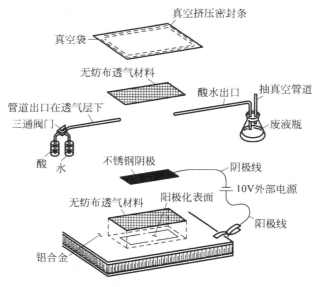

图 8-11 单真空袋磷酸阳极化处理系统

具体实施步骤如下:

① 用溶剂洗净剂去除修理表面的灰尘、油和污染物;② 用脱漆剂或机械打磨的方法去除修理区域的漆层(磷酸阳极化表面处理前必须将所有漆层除尽,否则会影响处理效果,而且不允许脱漆剂留存在胶接结构表面);③ 使用溶剂清洁修理表面;④ 用百洁布或等同工具打磨修理表面(用防酸胶带防止磷酸腐蚀紧固件、蜂窝芯裂缝或其他无损伤区域,并作为标志围在修理区四周);⑤ 做水破裂实验(水破裂实验是指用不超过 100°F(38℃)的水冲洗后,表面连续的水膜保持至少 30s);⑥ 检查表面连续的水膜是否能保持 30s,否则重复步骤③~⑥,直到符合要求;⑦ 立即进行阳极化处理。

阳极化处理阶段的步骤如下:

正确安装 PACS 系统以及安全处理磷酸:① 调配磷酸(注意安全);② 在修理工作台上铺放塑料薄膜,以防止污染;③ 按要求进行铺层,PACS 仪表处连接电缆;④ 确保做阳极化处理的铝部件和磷酸溶液的温度控制在 70~85°F(21~29℃);⑤ 将三通阀门打到磷酸的供应位置,打开电源,开始阳极化处理;⑥ 当所有的酸流过真空袋,关上磷酸供应管,将三路阀门的净水通路打开,冲洗表面至少 5min;⑦ 关闭电源,撤除铺层;⑧ 迅速用水冲洗表面至少 5min;⑨ 处理过的表面在室温下充分干燥,或者可用最高 160°F(71℃)温度将其烘干(注意:不要用裸手触碰干燥的阳极表面,以防止污染已阳极化的表面);⑩ 检查处理好的金属表面的质量;⑪ 如果处理不成功,需要重新进行阳极化;⑫ 在 24.0h 内喷/刷底胶。

如果修理平面带一定的角度,可以增加一个真空袋装置以保证密封,防止带有腐蚀性的磷酸溶液流出,见图 8-12。

(3) Boegel (AC130) 表面处理

2005 年,波音公司提出了 Boegel (AC130) 表面处理方法,可应用于多种金属,无毒,无污染。具体步骤如下:① 用 MPK(甲基丙基甲酮)或丙酮清洁表面;② 用百洁布或 180 号砂

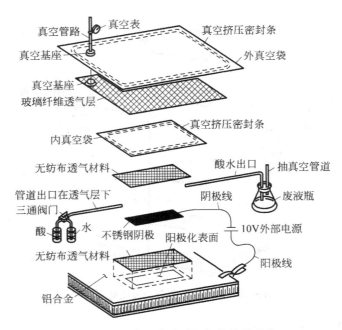

图 8-12 双真空袋磷酸阳极化处理系统

纸打磨表面;③用干燥空气或氮气除去粉尘;④用 MPK 或丙酮清洁表面;⑤按制造商要求调制材料(AC130),注意调配好的溶液 30min 后才能发挥作用,有效期为 10h;⑥用随机轨迹砂磨器或靠模打磨器进行打磨,采用 180 号砂纸,按某一方向打磨表面,这一步骤是除去金属氧化层;⑦确保修理表面及其边缘均打磨干净后,换上砂纸按任意方向打磨;⑧做目视检查,检查表面是否完全打磨干净,达不到要求则重新打磨;⑨用吸尘器除去粉尘,保持表面清洁;⑩在打磨完 30min 内涂上 AC130,超过 30min 后表面又将被氧化;⑪用铝箔带、固态 FEP 或其他合适材料围在损伤区域,将机械紧固件及其他区域隔开,以防止污染;⑫确保 AC130 及其待修理表面温度在 50～100°F(10～38℃);⑬用干净、非金属的毛刷或喷雾器将溶液喷到胶接表面,保证表面完全浸透在溶液中至少 2min;⑭检查湿润表面是否与水破裂实验结果相似;⑮如检查通过,则排除剩余溶液;⑯室温干燥至少 60min,或不超过 160°F高温干燥;⑰检查处理好的表面是否干燥,有无灰尘、指印或其他污物,用吸尘器除去灰尘;⑱如果不立即喷涂底胶,可用真空袋薄膜或不上蜡的纸保护待胶接的表面;⑲使用 AC130 溶液 24.0h 内,需要喷涂底胶进行胶接修理。

8. 应用粘接底漆

大部分结构修理手册要求对表面处理后的待粘接面应用粘接底漆,因为应用粘接底漆后能提高粘接处的防腐蚀能力,并提高胶或胶膜与金属之间的粘接力。

应用粘接底漆的注意事项:①一般使用容易处置的喷漆装置,这样就不用清洁喷漆枪;②在打开粘接底漆密封包装前,要先将粘接底漆解冻至室温;③粘接底漆中含有的铬酸很稠而且会很快沉淀,所以将粘接底漆倒出前要先搅拌;④使用 BMS 5-89 粘接底漆时只能用 BMS 5-101 胶膜来进行金属粘接;⑤使用 BMS 5-137 粘接底漆时只能用 BMS 5-137 胶膜来进行金属粘接；⑥使用 Boegel(AC-130)处理过的铝合金表面只能用 BMS 5-89、(Type Ⅱ)或 BMS 5-137(TypeⅠ、Class 3)粘接底漆；⑦使用 HF-Alodine 处理过的铝合金表面应在 24h 内应用 BAC5710(Type 60)粘接底漆；⑧不同牌号的粘接底漆对厚度的要求不同，如 BMS 5-89 粘接底漆烘干后其厚度应为 0.00015～0.00040in。

9. 安装修理补片（加强板、填充板）

在安装修理补片时，应根据结构件的具体情况和工艺要求选择使用胶膜、糊状胶、填充胶和定位布。

1) 应用胶膜和定位布的基本步骤

(1) 根据最大的加强板和损伤切口的形状及尺寸制作一块透明的塑料模板。

(2) 切割胶膜，胶膜的尺寸比修理零件要大 0.01～0.1in。

(3) 将修理零件放在胶膜上，使要粘接的面对着胶膜。

(4) 将定位布放在修理区域，定位布的边缘比最大的加强板要大 0.5in。

(5) 将修理零件按正确顺序安装到修理区域。

2) 应用胶膜的注意事项

(1) 在打开胶膜密封包装之前，要先将胶膜解冻至室温。

(2) 250°F(121℃)修理只能使用 BMS 5-101(Type Ⅱ)胶膜。

(3) 310°F(154℃)修理只能使用 BMS 5-137(Type Ⅱ)胶膜。

(4) 350°F(177℃)修理只能使用 BMS 5-101(Type Ⅱ)胶膜。

(5) 施工时要特别注意胶膜的厚度，并根据不同的厚度选择不同的层数。如被粘接的加强板厚度小于或等于 0.020in，不能使用 Grade 15(厚度为 0.015in)的胶膜。

(6) 每两块加强板或填充板之间都必须放置胶膜和定位布。

3) 应用定位布的注意事项

(1) 如果使用两块或两块以上的加强板，则在每两块加强板之间安放定位布。

(2) 对于面积超过 64in^2 的外部加强板，如果使用 BMS 5-101(Type Ⅱ)胶膜和真空袋方法来修理，必须使用定位布。

(3) 如果使用外加强板和 BMS 5-101(Type Ⅱ)胶膜对穿透损伤的蜂窝芯面板的两面进行修理，可以只在一面使用定位布。但是每面有两块以上的加强板时，则任何两块外加强板之间必须使用定位布。

(4) 如果使用外加强板和 BMS 5-101(Type Ⅱ)胶膜对穿透损伤的蜂窝芯面板的两面进行平齐修理，则要将定位布放在带外加强板的蜂窝芯那边。

(5) 使用 BMS 5-137(Type Ⅱ)胶膜来修理时，在暴露的蜂窝芯上面不能使用定位布。

(6) 如果没有暴露的蜂窝芯，使用面积超过 64in^2 的外加强板时，如使用 BMS 5-137 (Type Ⅱ)胶膜和真空袋方法进行修理，则必须使用定位布。

(7) 对于面积超过 64in^2 的外加强板并且加强板的边缘离暴露的蜂窝芯的边缘超过 3.0in，如果使用 BMS 5-137(Type Ⅱ)胶膜和真空袋方法来进行修理，则铝合金与铝合金表面之间必须使用定位布。

(8) 定位布边缘至少要比加强板边缘大 0.5in。

4) 应用糊状胶

应用糊状胶的基本步骤类似于应用胶膜的步骤,不过使用糊状胶来粘接时一般不使用定位布。在使用糊状胶时,应注意:①胶层厚度分布均匀,约为 0.010in;②当安装修理补片到胶面上时,首先将补片的中间部分或边缘朝下,并逐步将补片按压进入胶中,不要在补片下方带入空气,因为带入的空气会破坏力学性能;③一般损伤尺寸比较小时才运用糊状胶,2.0in 以及以下的损伤适合;④糊状胶暴露的时间长了会在其表面固化形成一层膜,会使粘接性能降低,因此糊状胶最多有 5min 来安装配合修理零件。

10. 安装蜂窝芯塞

1) 准备蜂窝芯的结合面

首先打磨已经去除了蜂窝芯的孔巢底端的胶层,确保粘接底漆层没有损坏掉,如果粘接底漆层被损坏,则要根据手册要求修复粘接底漆层;然后,完全清洁原蜂窝芯、蜂窝孔巢的内表面与底端面以及蜂窝芯塞。

如果损伤穿透了上下蒙皮面板,则在安装蜂窝芯塞前要将内加强板和填充板先放到一面蒙皮面板上。

2) 安装蜂窝芯塞

在将蜂窝芯塞放入蜂窝孔巢之前,应根据具体情况,按照工艺要求使用胶膜、定位布和拼接胶。当采用泡沫胶膜来粘接蜂窝芯时,需要在蜂窝芯塞与蒙皮面板或加强板之间的结合面上铺放胶膜,并且蜂窝芯塞外圆周围表面包裹泡沫胶膜,然后,沿着蜂窝芯条方向将蜂窝芯塞按压进入蜂窝孔巢内。

当采用填充胶来粘接蜂窝芯塞时,需要在蜂窝芯塞与面板或加强板之间的结合面上铺放胶膜,并在蜂窝芯塞外圆周表面和蜂窝孔巢内表面涂抹填充胶,然后,沿着蜂窝芯的芯条方向将蜂窝芯塞按入蜂窝孔巢内。

当使用糊状胶来粘接蜂窝芯塞时,需要在蜂窝芯塞与面板或加强板之间的结合面上铺放糊状胶,并在蜂窝芯塞外圆周表面和蜂窝孔巢内表面涂抹糊状胶,然后,沿着蜂窝芯的芯条方向将蜂窝芯塞按入蜂窝孔巢内。

11. 封装固化

蜂窝芯的固化方式分为一阶固化(one stage)和二阶固化(two stage)。一阶固化是指蜂窝芯塞与蜂窝孔巢的粘接固化和蜂窝芯塞与加强板的粘接固化在一次封装固化中完成。二阶固化是指蜂窝芯塞与蜂窝孔巢的粘接固化和蜂窝芯塞与加强板的粘接固化分两次完成。

为了使修理粘接紧密,固化时要对修理区域加压。加压是用真空袋把修理区域密封起来,然后进行均匀施压。热压罐加压和对内部抽真空是金属修理常用的加压方法。以真空袋为例,在真空袋加压过程中,抽出真空袋中的空气,外部大气压就可以均匀地对修理区域进行加压。

封装的工艺程序为:

(1) 在修理区均匀地放置三个热电偶,将其连接在热补仪上,作为监控外加热的反馈信号源。

(2) 铺放电热毯。电热毯尺寸要超出修理区最少 2.0in。

(3)围绕修理区。在比电热毯大 2.0～6.0in 的周围放上挤压粘接封条,粘接封条一面和修理结构粘接在一起,另一面和真空袋粘接。

(4)把抽真空管基座固定在表面透气布上。

(5)把真空袋铺放在整个修理区的上方,并和挤压粘接封条密封。期间热电偶导线、电热毯导线都要通过粘接封条通向外边,注意密封效果。

(6)抽真空,并保持 22.0in 汞柱高的压力。检查是否有漏气,修补漏气点。抽真空可以用热补仪,或直接用气源管连接抽真空设备。

固化就是把铺设的材料通过加温的方法,使树脂的化学反应能够在可控的情况下进行,以达到最佳的粘接效果,并在满足要求的情况下缩短固化时间。加温设备有加热灯、烘箱、电热毯、热风枪等。

固化的注意事项：①修理区的固化温度是通过热电偶测得的温度,固化温度不能超过规定的温度值；②固化时间是修理区温度达到规定温度所需保持的时间,不包括模具和部件上升到规定温度所需要的时间；③加温固化时,尽可能使用慢的升温率,以便使残留的湿气散出并使模具加热；④严格按照手册设置的固化温度和压力参数进行固化；⑤糊状胶的固化不能使用热压罐；⑥蜂窝面板上施加的压力要均衡,同时在蜂窝面板上施加的总压力不能超过 25psi(170kPa)；⑦严格监控固化过程。

12. 检查粘接质量

完成蜂窝芯塞或修理补片的粘接修理后,一般采用目视法和敲击法对粘接质量进行检查。目视检查工件与修理补片之间的胶层,查看是否有孔隙,并参考 SRM 找到最大的缺陷尺寸和限制；如果超过相应的限制,则按手册采取下一步处理措施。采用敲击法检查修理区域和加热影响的区域,检查的区域一般要求比电热毯加热区域大 6.0～8.0in,一些较大或关键区域的修理则要求使用无损检测(NDT)仪对修理区域进行检查,如图 8-13 所示。

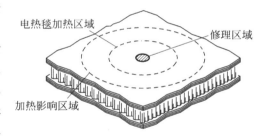

图 8-13 粘接后检查

13. 清洁、密封和喷漆

加强板的粘接完成后,要在加强板和周围涂抹密封胶,并使工件和加强板之间光滑过渡。整个加强板粘接修理的最后工序就是对修理区域进行重新喷漆。

8.3 常见金属-金属粘接件损伤修理

根据金属粘接结构损伤类型的不同,大致可将金属粘接修理分为边缘脱胶、小损伤和大损伤三类。

8.3.1 边缘脱胶的修理

在修理边缘脱胶(见图 8-14)时,对损伤的要求为：脱胶深度距修理面板边小于 0.5in,且不进入蜂窝芯,脱胶总长不超过边长的 30%,紧固件位置不许脱胶,粘接底漆完整。

边缘脱胶修理流程为：①确定损伤区域；②去除损伤区域附近的水和其他污染物；③检测底漆，确保底漆没有破损；④准备和应用脱胶区域所用的糊状胶；⑤用夹子夹住两侧蒙皮使它们粘接在一起；⑥修复损伤；⑦检查修理结果；⑧清洁、密封，完成修理工作。

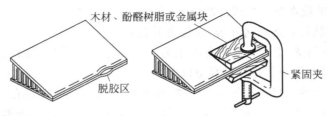

图 8-14　边缘脱胶修理

8.3.2　小损伤的修理

小损伤包括凹坑、刻痕、擦伤、裂纹以及蜂窝面板一面的小穿孔，并且损伤长度或直径≤2.0in。如果同一修理区域使用了多块修理加强板，要求每两块修理加强板的边缘间隔至少2.0in。

1. 凹坑修理

蜂窝芯结构的蒙皮经常受撞击而产生凹坑。凹坑的修理有几种方法，如用填充胶来填充凹坑，或者填充凹坑后在上面安装加强板，如图 8-15 所示。

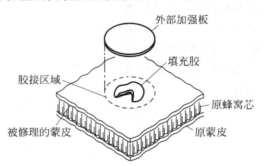

图 8-15　波音飞机凹坑的修理

凹坑修理的流程：①根据无损检测确定损伤范围；②去除修理区表面的杂物；③用手指压损伤区域，检查蜂窝芯是否塌陷；④用化合物填充凹坑；⑤涂粘接胶；⑥安装外部加强板完成修理；⑦检查修理结果。

2. 刻痕、擦伤或裂纹的修理

刻痕、擦伤或裂纹的修理如图 8-16 所示。修理流程：①根据无损检测确定裂纹范围；②去除表面杂物，确定蜂窝芯没有损伤；③在裂纹的末端打止裂孔；④涂粘接胶膜；⑤安装外部加强板完成修理；⑥检查修理结果。

3. 蜂窝面板单面有小穿孔的修理

波音飞机公司规定，当蜂窝面板单面有直径小于 1.0in 的小穿孔时，可以用填充胶填充小孔，然后再安装加强板，如图 8-17 所示。修理流程：①用无损检测确定损伤范围；②去除

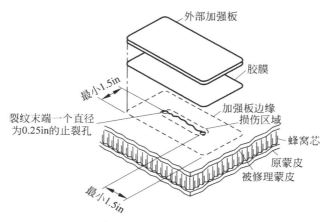

图 8-16 刻痕、擦伤或裂纹的修理

表面的污染物;③去除受损蒙皮和蜂窝芯;④根据损伤尺寸确定填充物,直径小于 1.0in 则填充化合物,大于 1.0in 时要安装修补蜂窝;⑤根据是否有粘接底漆确定粘接方案;⑥安装外部加强板,完成修理;⑦检查修理结果。

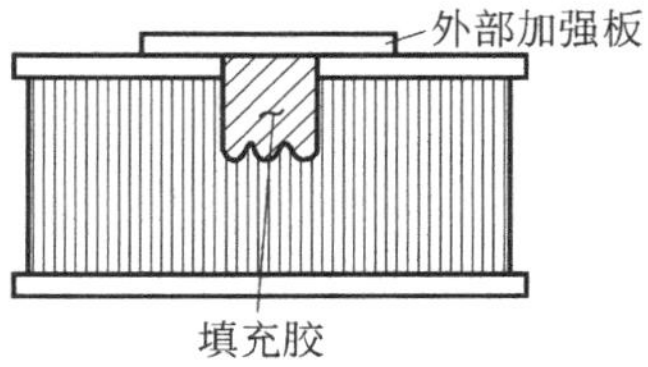

图 8-17 单面蒙皮和蜂窝芯小穿孔损伤的修理

8.3.3 大损伤的修理

大损伤的修理是指超出修理容限的凹坑、裂纹、孔洞、蒙皮穿透和脱胶的修理,经常伴随着蜂窝芯的损伤。下面以波音飞机为例进行说明。

1. 非边缘位置蒙皮和蜂窝芯损伤的修理

金属蒙皮和蜂窝芯非边缘位置的修理工作要根据维修手册实施,工艺如图 8-18 所示,详细步骤如下:①找到和移除损伤部分,根据组件工程图纸和无损检测程序找到需要的加强板和其他修理件,以及确定切除区和搭接区;②去除损伤,要去除足够区域的蒙皮以方便在蜂窝芯的操作;③确定修理方案,具体可根据 SRM 手册的损伤修理要求选择合理的修理方案;④去除蜂窝芯中的水分和其他污染物,干燥、干净的粘接面会提高粘接可靠性和使用性;⑤制作修理零件,包括蜂窝芯补片和加强板;⑥修理件和粘接面的表面处理;⑦应用粘接底漆,粘接底漆可以提高粘接处的抗腐蚀能力;⑧安装修理补片,包括加强板和填充板;⑨安装蜂窝芯塞;⑩封装固化;⑪检测粘接修理质量;⑫清洁、密封和喷漆。

2. 边缘位置蒙皮和蜂窝芯损伤的修理

边缘修理的流程和非边缘修理流程基本相同,如图 8-19 和图 8-20 所示。

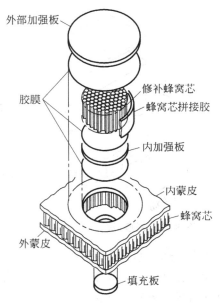

图 8-18 非边缘区域的损伤修理

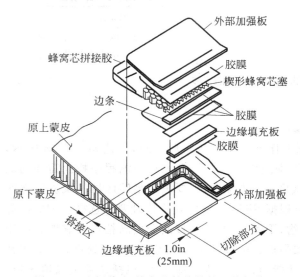

图 8-19 金属蒙皮-蜂窝芯粘接结构边缘损伤的外补片修理

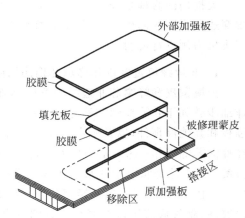

图 8-20 金属-金属粘接结构边缘损伤的外补片修理

8.4 飞机金属损伤结构的复合材料维修技术

随着高新技术在飞机设计和制造中的不断应用,飞机的各项性能不断增强,预期的服役期逐渐延长,服役期间内的维修问题也日益严重。20 世纪 70 年代初期,澳大利亚航空航海研究所(AMRL)的 A. A. Baker 等人率先提出了用复合材料补片来修理损伤的飞机金属结构,即用碳(硼)纤维环氧树脂基补强片粘接到损伤区域上,改善损伤区的应力分布,力求将损伤后的结构的力学性能恢复到损伤之前。对于机体裂纹或是边缘孔洞的损伤,传统的金属机械修理方法是应用金属补强片(主要是铝合金)采用铆接、螺接等机械连接或是焊接的方式加强飞机的损伤区域,以改善损伤区的受力状况。与之相对应,复合材料补片胶接修补损伤飞机结构的方法是使用胶接剂将复合材料补片粘接到损伤区域上。与传统方法相比,复合材料胶接修理技术具有如下突出优点:结构增重小;粘补胶接不需要对原结构开孔,不会形成新的应力集中源,从而完全避免二次损伤;复合材料补片可设计性高,耐腐蚀性强;修补时间短。

8.4.1 飞机金属结构的复合材料胶接修补应用实例

自 20 世纪 70 年代澳大利亚航空试验研究所率先开展复合材料胶接修补飞机金属结构技术的研究以来,将该技术应用到实际的飞机修理上的主要是澳大利亚航空航海研究所和美国空军(USAF)。其主要应用是军用飞机,如 F-111、C-130、C-141 等飞机金属结构的修理上。近年来,该项技术也在逐渐扩展应用到民用客机,如波音 747、767 和空中客车 320 等飞机金属结构的修补工作中(见表 8-2)。

表 8-2　国外飞机的金属结构的复合材料修理实例

机　　型	损伤结构位置	损伤结构材料	损伤类型	修理补片材料
C-130	机翼	7075-T	应力腐蚀	硼/环氧
MirageⅢ	副翼蒙皮	AU4SG-T	疲劳裂纹	硼/环氧
F-111	龙骨架	7075-T6	应力腐蚀	碳/环氧
C-141	机翼上表面	7075-T6	疲劳裂纹	硼/环氧
波音 747	机身连接处	铝合金	深度腐蚀	硼/环氧
"海神"直升机	机身	2024-T3	疲劳裂纹	硼/环氧
Macchi	起落架	镁合金	疲劳裂纹	硼/环氧
Nomad	门框	2024-T3	疲劳裂纹	硼/环氧

我国国内首次具有演示验证性质的采用复合材料修理金属飞机结构的修理实践,是于 1999 年 7 月在沈飞公司进行的海军航空兵某部一架长期驻守沿海机场的歼八Ⅰ型飞机的修理。该机由于在沿海长期服役,两个水平尾翼有多处腐蚀损伤。飞机受损材料为 LC9 铝合金,相当于国外的 7075-T6,修理使用的补片是硼/环氧复合材料,纤维是 Boron 5521,粘胶为美国 CYTEC 公司的 FM73。

8.4.2 复合材料胶接修补飞机金属结构的关键技术

复合材料胶接修补飞机金属结构的关键技术主要包括损伤结构的检测与评估技术、修理材料选择技术、修理方案设计技术、修理工艺技术和修理质量评估技术。上述关键技术共同构成了复合材料胶接修补飞机金属结构的基本技术框架。各项关键技术的组织关系如图 8-21 所示。

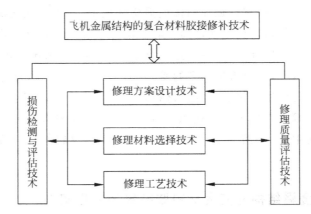

图 8-21 复合材料胶接修补飞机金属结构的关键技术框架

高效可靠的飞机金属结构损伤检测与评估技术,能够保证及时检查出飞机金属结构的损伤位置,并准确评估损伤程度,为下一步确定正确的维修方案打下基础。常用的飞机结构损伤的检测方法有目测检查、渗透检测、射线检测、超声波检测、涡流探伤等。由于目前行业内尚无损伤尺度的统一的量化标准,所以需要基于现有通用的无损检测技术和检测手段,不断实践,充分比较,积累经验,最终确定切实有效的飞机金属结构损伤快速检测和损伤评估方法及评估指标,确保能够迅速有效地获得较准确的结构损伤信息,为后续的修理工作奠定基础。

修理方案设计技术包括对典型的待修理结构的受力情况、传力路线、损伤破坏情况及对结构完整性的影响进行分析,在此基础上制定适宜的修理方案,确定复合材料补片的几何参数、铺层数、铺层方向和工序等。可以采用有限元法和解析法进行修理设计计算。其中有限元法特别适于复杂结构形状和复合载荷情况,当修补结构部位处于临界状态(应力大,并且属于整个结构可能首先发生破坏的部位),并要求有长的使用寿命时,可采用有限元法做较细致的应力和变形分析;解析法只适用于构型比较简单的工程结构问题求解,其获得的修补应力场值一般都能满足工程设计的精度要求。

修理材料选择技术包括增强材料和胶粘剂的选择。需要根据材料的力学性能和物理特性、修补工艺性、价格等因素综合选择增强材料和胶粘剂。补片材料一般要求具有以下几个性能:适于连接各种金属材料;在较低的温度下固化;材料热膨胀系数与被修理零件材料接近;补片厚度不能太大;温度影响必须最小;与胶粘剂的相容性较好。胶粘剂要求能够承受飞机使用中的各种应力应变场、温度环境和化学环境等条件,其载荷传递特性、抗疲劳特性好,表面处理工艺简单。

修理工艺技术的关键主要是表面处理和粘接固化。表面处理时,必须首先保证有效清除掉修理表面的尘埃、油污、腐蚀等,然后粗化胶接区域,以增加实际胶接面积,提高胶接的质量。粘接固化需要一个相对恒定的环境状态,压力、温度、时间是主要的固化参数。操作时往往需要使用特定的保障设备,如真空袋、热补仪等,以保障粘接工艺顺利完成。

修补材料和修补工艺技术密切结合,并且一直在不断发展和完善之中。实践中,必须结合工程问题实际,选取性能可靠、价格合理的维修修补材料及与之相适宜的修理工艺技术。在战场紧急情况下,往往还必须因地制宜,采取固化时间最短的修理材料和最迅速、最有效的修理工艺。

修理质量评估是在结构修理工艺完成后进行的质量评估与控制等后续工作。为了有效地保证结构的胶接修理质量,确保飞机的飞行安全,通常需要对修理结构进行无损检测和试验验证。无损检测和试验验证的目的是确定修理后的结构是否满足适航性要求和结构完整性要求。超声波扫描和涡流检测方法是较为常用的两种无损检测手段。采用这两种方法可以有效地检测出复合材料补片下损伤的扩展情况。在外场环境下修理效果的无损检测和评估技术,具有较大的工程需求和使用价值。对修理结构的试验验证主要包括静强度试验、疲劳寿命试验、湿热环境下的耐久性试验以及损伤容限评定试验等。

8.4.3 复合材料胶接修补典型流程

飞机在服役期间面临的环境相当复杂,飞机结构可能会受到各式各样的损伤,如鸟撞、雷击、机体裂纹、孔洞、腐蚀损伤等。在对损伤飞机结构进行修理时,往往首先需要通过无损检测设备确定飞机损伤的位置和损伤程度。根据检验结果大致可以将损伤分为许可损伤(即损伤不影响强度、刚度和使用功能,可以不修理)、可维修损伤(一般是使用补强片进行表面止裂或是孔洞补强)、不可维修损伤(当损伤过于严重或修理不完全可靠时,需要更换零部件,或者是让飞机退役)三种情况。

图 8-22 所示为复合材料胶接修补金属飞机结构的典型操作流程示意图。

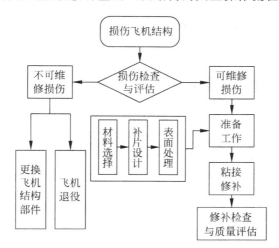

图 8-22 复合材料胶接修补金属飞机结构流程示意图

按照补片与损伤母板的位置关系,胶接修复可以划分为双面修补和单面修补两类。

1. 双面修补

双面修补方式适用于厚板穿透性损伤的修理,可以使得修复结构的剥离载荷降低。修理过程一般包括以下要点:

(1) 在部件上画出损伤区的切割轮廓线,沿损伤切割轮廓线铣切,除去损伤区内的材料;

(2) 画出打磨区的轮廓线;

（3）清洁并干燥修理区；

（4）准备预浸料补片和胶膜，同侧的第一层（最远离损伤母板一层）到最后一层（最靠近损伤母板一层）的补片尺寸由小到大均匀递增，形成楔形；

（5）将准备好的胶膜和预浸料按照规定的顺序、方向和铺层铺叠在修理区，先将一侧的所有补片铺成一块，采用真空压实，再按事先画好的定位线贴于修理区，层与层之间不允许有气泡，根据补片铺层数，可以进行多次真空压实；

（6）双侧安装加压和加热设备；

（7）按照预先选定的固化制度进行固化；

（8）拆除加热设备和加压设备；

（9）检查修理质量。

2. 单面修补

某些情况下，如外场或者部件的特殊结构，修理区的背面不可达（比如飞机蒙皮），只能在损伤板单侧布置补片进行修复，为单面修补。单面修补工艺与双面修补工艺没有明显差别，但是由于单面修补固化过程中的热影响区的存在往往会使得修补后结构出现比较大的挠度方向上的变形，产生偏心，从而使得胶层中出现垂直于胶接面的拉伸剥离应力，应力峰值会超过名义应力，影响修理效果。

对这两类修补结构在进行理论分析时需要关注的侧重点也有所差别。修补工艺直接决定了复合材料胶接修补的效果，在实际维修施工过程中要根据结构特点采用合理可行的工艺方法才能取得理想的修复效果。修补工艺主要包括待修补母板的表面处理、修补材料体系以及施工方法。

8.4.4 待修补母板的表面处理

要保证胶接修复质量，充分发挥复合材料补片的承载作用，修复时必须保证金属的粘接表面与胶粘剂结合性能良好，保证被修补结构的部分载荷能够顺利传递到补片，从而有效改善受损部位的受力状况。损伤结构的表面处理状态很大程度上决定了修复后结构的强度。

表面处理的主要目的是：

（1）去除表面力学性能差、与基体结合强度低且在空中等环境中不稳定的物质；

（2）改变表面形貌，以增大表面积、增强粘接表面上的机械啮合作用；

（3）形成新的表面物质与机体结合优良，本身的内聚强度优良，且在不同环境中性能稳定；

（4）提高胶粘剂与表面物质之间的亲和力，确保界面粘接力的作用；

（5）保护已处理过的表面，避免或减少存放过程中的表面吸附、溶解和化学反应及因此造成的对表面不利的影响，避免形成新的弱边界层。

一般来说，选择表面处理方法一般需要遵循以下原则：

（1）在特定的环境下，表面处理必须可靠有效；

（2）应该避免使用有毒试剂；

（3）表面处理应该能够在室温或者接近室温的条件下进行；

（4）表面处理不得在被修复表面引入新的损伤；

（5）在实施过程中，不能出现电火花；

(6) 应该使用比较通用的表面处理技术,不能仅仅针对某一特定情况。

飞机结构中应用最为广泛的金属材料是铝合金。而铝是一种比较活泼的金属,与氧元素的亲和力较强,即使在干燥空气中也会很快在表面形成非晶 Al_2O_3 膜,在服役环境下由于吸附、溶解、化学反应等因素导致该氧化层增厚,表面极性降低,粘接性能降低,因此针对铝合金进行修复前必须将该氧化层除去,避免在粘接力很弱的氧化层上粘接。待修补结构的表面处理是复合材料修复前准备工作的重要一步。

金属表面处理方法多样,一般分为机械处理法、化学处理法和底胶处理法三大类,其中机械处理法和化学处理法应用尤为普遍。机械处理法一般包括清洗和脱脂、砂纸和砂布打磨、喷砂及机械加工。化学处理法则包括酸浸蚀、碱液浸蚀和阳极化处理(包括磷酸阳极化)。这些方法的目的都是降低表面极性,使得经过处理的结构具有较高的表面能,从而提高粘接强度。磷酸阳极化处理方法是一种尤其适用于铝合金材料的电化学处理方法。该方法能够在铝合金表面产生一层均匀、致密的氧化物薄膜,且环境友好,毒性小,成本低,工艺参数易控制,能有效提高粘接性能和耐久性,处理速度较快,是一种比较理想的表面处理工艺。

典型的磷酸阳极化处理过程工艺步骤如下:

(1) 将被修复表面用氧化铝砂纸进行打磨,首先用粗砂纸(推荐 240 号砂纸)进行粗磨,去除氧化层;再用更细的砂纸(推荐 400 号砂纸)进行打磨,以使表面光滑;最后用细砂纸(推荐 600 号砂纸)进行细磨,使得铝合金表面光洁无划痕。

(2) 用干净的空气吹净表面的研磨颗粒,再用丙酮冲洗。

(3) 在 NaOH 溶液中进行浸泡(一般浸泡时间推荐为 15min 左右),取出后在清水中清洗;然后在稀硫酸溶液中浸泡(一般 10min 左右),取出后用清水连续清洗,直至表面能够形成连续水膜(无水珠),并能保持至少 30s 以上。

(4) 在磷酸电解质溶液中进行阳极化处理,阳极化处理的典型条件是:10% 的磷酸,槽液温度 25℃,极间电压 10V,阳极化时间 20min;阳极化后立即将试样用自来水进行冲洗 5min,在 60~70℃下进行烘干。

通过该过程被修复铝合金表面生成多孔状的 Al_2O_3 铝膜,该膜与基体铝的结合力相对于普通的酸洗、碱洗过程形成的氧化膜要强,且膜层内聚力强,本身不容易破坏,同时具有较高的表面吸附性能,对胶粘剂的浸润性好,能有效提高胶接的抗剥离和抗剪切强度。

目前由于设备的原因,传统的磷酸阳极化鲜见外场实施,因为磷酸阳极化需要修复表面浸入电解液槽,但是飞机作为大型设备,待修补部位往往不可能入槽,几乎不可能进行阳极化表面处理,而简单的机械打磨虽然可以使得原来的自然氧化膜得到一定的改善,但是其效果不能满足要求。国内中航工业特种飞行设计研究所优化了阳极化处理工艺,实现了非入槽式的原位磷酸阳极化工艺,能够应用于外场操作。

在外场如果对结构复杂的结构件不适宜采用化学方法进行处理时,也可以在胶接表面涂偶联剂和底胶,以改善表面的粘附性。吸附理论认为,粘接是由两种材料分子接触和在界面产生粘接所引起的,粘接力的主要来源是分子间作用力,包括氢键和范德华力,胶粘剂与被粘表面的联系接触叫润湿。要使得胶粘剂润湿固体表面,胶粘剂的表面张力应该小于固体的临界表面张力,从而胶粘剂润湿固体表面的凹陷与空隙形成良好浸润。如果胶粘剂在被粘物表面不平整,则胶粘剂与被粘物表面的实际接触面积会减小,降低接头的粘接强度。

偶联剂分子中一部分的基能团与胶粘剂(环氧树脂)起化学反应形成化学键,使得被修理表面和胶粘剂这两类性质差别较大的材料以化学键桥"偶联"起来,从而使胶接结构的耐久性增加,达到强化胶接的效果,但是偶联剂也不宜使用过多,否则会使整个胶层的耐热性下降。常用的偶联剂是各类硅氧烷,除此之外还包括铬的络合物、磷酸醋、有机酸类及有机胺类。如果修补过程中确定使用偶联剂,则需要首先用砂纸打磨去除原有的损伤(包括腐蚀损伤),然后用细白砂进行"吹砂"操作(10min 左右),可以改变待胶接表面的微观结构,吹后 1h 内刷涂偶联剂(如硅烷偶联剂),连续不停刷涂一定时间(15min 左右),再用电吹风干燥(一般20min 左右),然后进行下料铺贴补片的操作。

8.4.5 复合材料补片的应用要求

补片应满足以下基本特性:
(1) 在尽量低的实用温度下固化并能与胶粘剂的固化温度相匹配;
(2) 热膨胀系数应该与被修补的母材热膨胀系数相匹配,保证修补后不会产生大的热残余应力,并且补片理化性能受温度的影响要尽可能小;
(3) 补片强度和刚度要与被修母板相匹配,避免产生新的应力集中。

1. 复合材料补片的选择

目前投入使用的复合材料补片以碳/环氧和硼/环氧材料为主,其中硼/环氧补片在国外航空结构修理实践中应用较多,而国内的修理实践中采用碳/环氧补片较多。

硼/环氧补片的优点很多,比如:
(1) 模量较高,而且其热膨胀系数与铝合金较为接近,有利于降低修复结构的残余热应力;
(2) 硼/环氧复合材料导电性能比较差,便于使用涡流法进行无损检测;
(3) 硼/环氧复合材料与金属之间的电位差小,不容易出现电化学腐蚀。

但是硼/环氧复合材料的制造成本高,加工难度较大。碳纤维虽然模量相对较低,而且和金属接触容易产生电化学腐蚀,但是该复合材料加工容易,成型性好,可以修复曲率较大的复杂形状结构,价格相对低廉,因此在国内应用范围较广。使用碳纤维胶接修补铝合金结构后,应该加涂防腐面漆,以防止修复后的结构受到腐蚀环境的影响。

2. 复合材料补片的一般设计原则

为了降低应力集中的程度,补片边缘的刚度变化应该比较平缓,避免补片边缘与被修复表面之间的刚度突变引发胶层中的应力集中,导致胶层提前破坏,因此设计中采用逐层缩短的阶梯形多层补片设计。已有的研究表明,锥度比为 10∶1 时,已经可以提供比较高的粘接强度,锥度比为 16∶1 时,则效果更佳;锥度比达到 20∶1~30∶1 时,已经能够有效避免边缘结构刚度突变而在胶层中产生的应力集中。但是锥度比的增大也会增加施工难度,尤其是复杂构型损伤结构以及面积较小的损伤结构修复施工中难以保证较大的锥度比。

对于补片,要根据修补部位的受力情况合理布置铺层数量和角度。铺层设计一般遵循以下一些原则。
(1) 补片的铺层一般要采用均衡对称铺层,以避免各向异性材料耦合效应引起的变形。
(2) 应该尽量使得纤维方向与受力方向一致,最大限度地利用纤维方向的强度和刚度。

（3）应该尽量采用0°/90°/±45°铺层及其组合，结构中上述任一角度的最小铺层百分比应该大于10%。

（4）对于容易受外来物冲击的部位，其补片表面几层应该各个方向均匀，且相邻各层的夹角要尽量小。

（5）在梁、墙、框、筋及加强筋的凸缘部位，0°铺层比例应该比较高，以提高轴向强度和刚度，但也应该需要一定数量的±45°铺层，以提高修复结构的局部屈曲强度。

（6）相同铺层角的铺层不应该集中在一起，超过4层容易出现分层，相邻铺层间夹角越小越好。

为了获得最佳的修补效果和修复效率，可在修理过程中采用单向纤维层板，纤维方向应尽量与损伤结构中的最大受力方向保持一致。在受力复杂的部位，可以根据需求适当增加90°、±45°铺层的比例。在结构外形复杂的部位可以采用织物作为补片，通过合理剪裁来保证顺利铺贴。

对于含裂纹结构，当与裂纹板接触的补片表层纤维方向垂直于裂纹方向时，其胶接修补效果较好；而与裂纹板接触的补片表层纤维方向平行于裂纹方向时，修复效果较差。复合材料补片对于裂纹板的修复作用主要是通过补片的"架桥"作用实现的。与裂纹铝合金板接触的补片表层性能较好，能有效抑制裂纹扩展，充分发挥止裂作用，降低裂纹尖端的应力强度因子。复合材料补片（层合板）采用不同的铺层方式时，力学性能参数相差比较大。采用正交铺层$[0°/90°]_s$，45°铺层$[0°/90°/±45°]_s$时，在板平面内，力学性能呈现各向同性，其复合材料模量与铝合金的模量基本相同。在修补金属损伤结构件时，复合材料补片宜采用$[0°/90°/±45°]_s$的铺层取向，并且让0°纤维方向与最大主应力方向一致，凡是具有相同铺层数$m(m \geqslant 3)$的各向同性层合板，其铺层间交叉角为π/m。如果层合板在板平面任一坐标系下是各向同性的，则正则化面内模量与偏轴角无关，这种层合板可以按照面内各向同性材料使用。碳纤维增强平面准各向同性复合材料可以直接替代现在大量应用的各向同性材料。在复合材料修理损伤金属结构的方案优化设计中，可以将平面准各向同性层合板作为复合材料补片的验证依据。

根据受损区域结构的特点合理选用适当的补片形状，确定的补片形状应该充分考虑损伤结构形貌与等级、载荷与环境、气动外形等方面的要求，补片的形状不能太特殊，避免过多增加修补难度和成本。常用的补片形状有长方形、圆形和椭圆形，长方形的补片比较容易设计和加工，但是修补后结构的受力没有圆形和椭圆形补片好。一般来说，对于单向拉伸件适宜选用长半轴方向与加载方向相同的椭圆补片，对于受力复杂的修补结构适宜选用圆形补片，并且将补片四周做成楔形，使得连接处截面变化缓和，有助于降低胶接端头胶层的剥离应力和最大剪切应力。

与裂纹垂直的方向作为补片的长度方向，当裂纹长度恒定时，使用尽量长一点的补片可以减少脱胶的可能性并增强抗疲劳能力；但是当补片的刚度与被修补结构的刚度近似时，单纯增加补片长度的修复效果不明显，因此存在临界粘接长度。实践证明，对于矩形补片，垂直于裂纹方向的最佳长度等于裂纹长度，平行于裂纹方向的长度等于板长的宽度最有效；对于椭圆补片，椭圆的长轴平行于裂纹的比垂直于裂纹的更有效，长轴的最佳长度等于母板的宽度、短轴（垂直于裂纹方向）的最佳长度等于裂纹的长度能够达到比较好的修复效果。

与裂纹平行的方向为补片宽度方向，当裂纹长度恒定时，增加补片的宽度可以提高损伤结构的静强度和疲劳强度,但是当补片的宽度达到一定值后,结构的修补效果提高甚微。因此补片的宽度应该能够保证补片承受的最大剪应力大于被修补结构在此区域传递的载荷,防止胶层剥离。

补片的厚度对于修补后结构裂纹尖端的应力强度因子影响最大。补片过厚既不利于保持结构的气动外形,又会使得补片边缘的剪应力过高而破坏。修补片厚度的常用设计准则是修补刚度比为1~1.2,即

$$1 \leqslant s = E_{patch} T_{patch} / E_{plate} T_{plate} \leqslant 1.2$$

式中,E为材料的模量;T为材料的厚度;下标patch代表补片;下标plate代表被修补铝合金板。

8.4.6 胶粘剂的选用

胶层起传递载荷的作用,根据修补结构的服役环境合理选择胶粘剂,保证胶层有较高的剪切强度。对于飞机结构尤其是常年在沿海机场服役的飞机结构,在选择胶粘剂时,还要求胶粘剂剪切强度、剥离强度等关键力学性能指标在湿热和紫外辐照等恶劣条件下能在一定时间内不出现大的退化。胶粘剂固化温度不能太高,因为过高的固化温度(超过120℃)会使得被修复的铝合金基板热影响区出现晶间腐蚀倾向,且会导致复合材料与被修补金属材料之间热膨胀系数差异,从而导致残余热应力增大,影响胶接的整体强度,降低修复结构的耐久性。

由于任何一种胶粘剂都不可能在所有方面都达到理想状态,实际应用时,仍然需要通过试验对现有胶粘剂系统进行改性优选。综合以上,以下几点因素是胶粘剂选择中应当考虑的:

(1) 在工作环境中,胶粘剂应该具有稳定的力学性能;
(2) 对湿热干冷条件等不敏感;
(3) 表面处理工艺适应度良好;
(4) 胶粘剂的固化温度应该与复合材料补片的固化温度相匹配,且尽可能低;
(5) 胶粘剂的热膨胀系数应与预浸料或预固化片、金属材料基体相匹配。

目前胶接修补所用的胶粘剂主要有两大类,一类是双组分胶粘剂,如SY-23B、J-48等;另一类是单组分膜状胶粘剂(胶膜),用于热胶接固化修补。国外普遍采用"环氧树脂丁腈类体系"双组分胶粘剂,其韧性、剪切强度和剥离强度较高,一般在温度100~120℃、压力100~300kPa下固化,属于中温固化体系。国内的J-47、J-150、J-159、SY-24C等固化剂与FM-73类似。

8.4.7 修复工艺方法的选择

修复工艺主要包括修补固化工艺和施工保障工艺。胶接修补固化的主要控制因素是压力、温度和时间。由于被修补部位与周围结构组成了一个庞大的热导体,而且待修补结构形式往往多样,因此需要专用热补设备(热补仪)、配套材料以及修补工具对待修补区提供持续的温度和压力保障。

胶接修补过程中根据补片处理的不同,又可以分为共固化修补(也称为湿补法)和二次

固化修补（预固化修补，也称为干补法、贴补法）两种。

1. 共固化修补

胶接共固化修补是指在结构的损伤区域粘贴胶膜和一定层数的预浸料使得胶粘剂和预浸料同时固化，共固化修补使得补片与被修补表面连接性能较好，而且能够适应结构较为复杂的损伤结构。修补过程中根据施工现场的情况，其损伤部位可以保留，也可以切除，腐蚀损伤区域往往形状不规则且残留有腐蚀性物质，为了降低损伤区的应力集中，在实施修补之前需要将损伤部位进行打磨，切割成光滑圆孔或者椭圆孔。对打磨区一般可以采用涂料胶或者成型的补块填实，避免胶接修补过程中打磨区上方的补片发生塌陷，影响修复质量，补片边缘要尽量做成楔形，有利于降低修复结构的剥离应力。预浸料的裁剪十分重要，它保证了补片形状和锥度比，裁剪前需要用丙酮将裁剪样板、钢板尺、剪刀等裁剪工具擦拭干净，然后用锋利的剪刀按照所要求的方向将预浸料裁剪成一定的形状和尺寸。裁剪时，样板（或钢板尺）与预浸料之间要由分离膜隔开，以免样板直接接触预浸料产生粘接现象，不利于操作。裁剪好的预浸料应该在双面带离型纸的情况下平放保存待用。铺贴预浸料时，注意不要使纤维产生弯折、撕裂等损伤或者纤维的排列方向产生偏差，避免裹入空气，用压辊滚压使其与修理表面或者前一层铺层完全贴合，然后将表面的分离膜去掉再贴补下一层，不可将分离膜遗留在两个铺层之间。这种方法可以用于单面修补，也可以用于双面修补。其工艺流程如图 8-23 和图 8-24 所示。

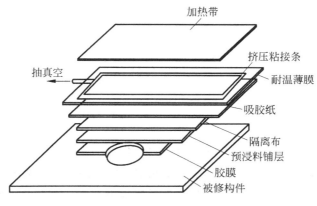

图 8-23　胶接共固化修补示意图

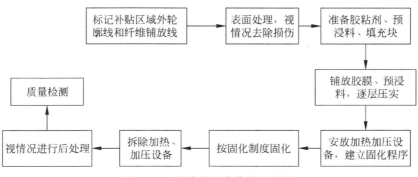

图 8-24　胶接共固化修补流程图

2. 二次固化修补

二次固化修补(胶接贴补)是将预固化复合材料成型板用胶粘剂贴补到损伤板上,修复时只需要使胶粘剂固化。这种方法的优点是：补片制作相对容易,质量比较好控制;施工简单,便于外场操作。二次固化修补结构类似于单面搭接接头,补片边缘的楔形角度设计至关重要。但是对于曲率比较大的结构,该方法难以实施。

固化制度是固化过程中压力和温度随着时间变化的组合,如图 8-25 所示。胶粘剂的固化需要按照一定的固化制度进行。合理的固化制度是保证胶层连接强度的前提。采用预固化的复合材料补片进行二次固化修补主要是胶粘剂的固化,因此固化制度主要是根据胶粘剂的固化特性而制定的。不同胶粘剂的固化制度是不同的,同一种胶粘剂也可以采用不同的固化制度。为了尽量降低固化热应力对修补结构的影响,修补时应该尽量选择温度较低的固化制度。

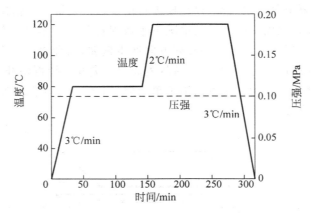

图 8-25　复合材料修补固化制度参数示意图

3. 加温加压方法

胶接修补中采用的胶粘剂一般是热固性的环氧树脂,其固化过程必须在一定的温度下完成。可以采用的加热方法很多,如电吹风加热法、红外加热法、高频电加热法、电子束加热法等。由于金属件导热速度较快,尤其是在外场环境下在一个大尺寸飞机结构上进行局部损伤修复时,控制良好的固化温度并保持恒定的温度场是保证修复效果的关键和难点。固化时,要随时监控修复区域温度分布以保证复合材料补片和损伤母板之间能够实现均匀的连接。为了对修补区提供连续的温度保证,需要通过专用修补设备(如热补仪)、配套材料以及特配设备来完成。

胶粘剂在固化过程中需要施加一定的压力,促进胶粘剂的流动、浸润、渗透和扩散,保证胶层和被粘物接触紧密,防止气孔、空洞的产生,使得胶层的厚度分布均匀。固化加压的方法很多,如压机加压、真空袋加压、气囊加压等,需要根据情况进行合理选择。

真空袋加压修复工艺相对简单,应用较广,而且较容易控制温度。在加热之前需要先抽真空检查真空袋的密封是否完好,如有漏气现象应立即停止操作并排除故障。当真空度达到 -0.08MPa 以上时,才能开始加温固化。在整个固化过程中需要监控压力和温度信息,固化结束后,必须待温度降低到一定温度以下时(比如 50℃)才能够卸载真空压力。为了使得加温均匀,真空袋内通常要预置多个热电偶,其典型程序如下所述。

1) 真空袋系统铺放程序

(1) 在补片上面放置一层带孔的聚四氟乙烯隔离布,隔离布要超过修理区域边缘一定距离;

(2) 在修理区域边缘放置至少两根热电偶,并用压敏胶带固定,注意热电偶和胶带不要与修理补片接触;

(3) 放吸胶材料,根据预浸料的含胶量确定吸胶材料的层数;

(4) 在吸胶材料层上放置一层聚四氟乙烯布,起隔离作用;

(5) 放置一均匀开有小孔的橡胶板,使得气流能够流向吸气层;

(6) 如果需要采用电热毯做热源,在部件上放置电热毯并确保电热毯超出需要固化的材料 50mm 以上,在电热毯上放置多层玻璃纤维表面吸气层或透气毡,以起到绝缘作用,并可以避免损坏尼龙真空薄膜;

(7) 在吸气层周围放置一圈密封腻子,将热电偶导线密封好,以免出现真空泄漏;

(8) 用一个合适的真空袋覆盖,以减少褶皱;

(9) 真空插座与真空源相连接,抽取真空过程中,用手施加压力抚平真空袋,检查有无泄漏,如有泄漏需要进行密封,至少抽取 -0.08MPa 的真空;

(10) 在真空袋上放置绝缘材料,避免热量的流失。

2) 固化程序

树脂基复合材料典型的固化过程一般包括升温、保温、降温三个阶段。对于具体的材料,每一个阶段的要求不同:

(1) 固化过程中,升温、降温速率一般不得高于 3℃/min;

(2) 固化温度必须在材料要求的极限固化温度范围内,温度过高或者过低都会引起原结构的损伤或者材料的固化度不够,影响修理质量;

(3) 固化时间不包括加热到固化温度所需要的时间,指的是到达固化温度后稳定保持的时间;

(4) 固化结束后,胶接结构在降温过程中保持真空;

(5) 当修理区域冷至规定温度之下时,取消真空压力,去掉真空袋及其他辅助材料。真空袋加压修复如图 8-26 和图 8-27 所示。

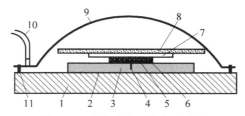

图 8-26 真空袋加压修复示意图

1—平钢板;2—脱模纸;3—损伤板;4—损伤部位;5—胶粘剂;6—复合材料补片;
7—无孔分离膜;8—多孔透气毛毡;9—真空袋;10—真空管及真空头;11—真空密封胶带

4. 典型施工流程

典型的复合材料胶接修复含损伤金属结构的施工流程(以真空袋加压为例)如下。

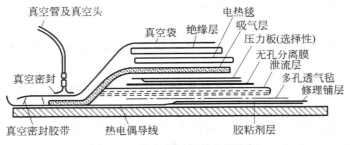

图 8-27 真空袋材料铺放示意图

(1) 损伤区域的确定：根据试验目的和要求确定修复区域并用记号笔标记。

(2) 待修补结构的表面处理：用粗砂纸将修复区域内的杂质、腐蚀区域打磨掉，然后再用细砂纸交叉打磨并用丙酮清洗、晾干。

(3) 复合材料补片的准备：确定采用共固化还是预固化修补，以及铺层方案、补片尺寸。

(4) 粘接：将胶粘剂均匀涂敷在补片（共固化补片或预固化补片）和经过表面处理的母板待修补表面上，冷却片刻后粘接。

(5) 封装：将粘有补片（共固化补片或预固化补片）的铝合金板放置于平坦的金属基板上，进行封装，抽真空检验密封情况，真空度应达到 -0.08 MPa 以上。

(6) 固化：按照修复工艺固化制度进行固化。

(7) 脱模、修整及检测：固化完成后，去除真空袋压工艺所用材料，铲除修复试件上多余的树脂，观察修复试件的表观质量，补片没有明显的错动、脱粘和纤维弯曲等缺陷即为合格。

(8) 涂防腐漆，提高修复结构的抗腐蚀能力。

第 9 章 复合材料结构适航基础

9.1 适航基本理念和原则

适航要求是用血的教训、生命的代价换来的。20 世纪 50 年代"彗星"陨落,于是有关结构疲劳要求产生了"结构的损伤容限和疲劳评定";美国历史上最大的空难 DC-10 飞机舱门掉落,引发地板塌陷,使所有操纵系统失效,机毁人亡,因此在适航系统安全性方面提出了相应要求;环球 800 航班油气点燃,机毁人亡,于是两次修改适航条例,981 号"燃油箱燃烧保护"条例面世;"9·11"事件导致增加适航保安事项要求。

低安全性(适航性)造成的代价高昂。由于"彗星"陨落,使德·哈维兰公司消失,而 DC-10 的舱门故障,直接导致道格拉斯公司与麦克唐纳公司的合并。机载设备的不安全性代价也很大,如瑞士航空公司 111 航班安装的娱乐系统导致驾驶舱着火,机毁人亡,从而使瑞士航空公司破产。

9.1.1 适航的来源及其发展

适航的定义:适航(AIR-WORTHINESS)从字面上可以理解为适合飞行,Fit to fly。FAA 对适航的早期定义为:The ability of such aircraft or component thereof to perform its function satisfactorily throughout a range of operations determined by the secretary in rating the aircraft or component thereof。民航部门的定义为:航空器能在预期的环境中安全飞行(包括起飞和着陆)的固有品质,这种品质可以通过合适的维修而持续保持。

早期的飞行活动发生过对公众利益的损害事件,公众要求政府对空中飞行活动进行管理,以保护公众利益。因此,从对航线、飞行员、航空器的管理出发,要求航空器的设计制造和修理达到一定的安全水平,美国商业航空法于 1926 年要求商务部开展适航管理。

1. FAA 适航审定的发展历史简介

1903 年莱特兄弟首次进行航空飞行。

1926 年美国在商务部成立航空司(Aeronautic Branch)。颁发第 7 号航空通报(基本要求),对飞行员、航图、导航、适航标准进行管理。第一架飞机 Buhl Airstar 得到了型号合格审定,并颁发了飞机设计手册。

1928 年颁发了第 14 号航空通报。该通报关注飞机结构、发动机和螺旋桨。

从 1928 年到 1933 年相继颁发了第 7A、7G、7F 航空通报,分别对飞机结构、发动机和螺旋桨、飞机部件和附件进行了进一步要求。

1934 年航空司更改为航空局,开始制定民用航空规章。从 1934 年到 1958 年相继制定颁发了 CAR04(飞机适航要求)、CAM04(要求和解释材料)、CAR03(小型飞机)、CAR06(旋翼机)、CAR04a-1(技术标准规定)、CAR7(运输类旋翼飞机)等多项适航文件。

1958 年航空局更改为联邦航空局(Federal Aviation Agency,FAA),给 FAA 增加了制定规章(FAR)和军民空管职责。同年,第一架喷气式飞机 B707 得到了 FAA 的审定,该飞机一直生产到 1991 年。与此同时,FAA 从 1958 年开始逐步制定 FAR。

1965 年制定颁发了 FAR21 部——适航审定管理程序,并把 CAR(Civil Aviation Regulation,民用航空条例),相继转换成 FAR。

1966 年联邦航空局更改为 Federal Aviation Administration,并把事故调查的职责划分给了 NTSB(National Transportation Safety Board,美国国家运输安全委员会),由 NTSB 直接向美国国会报告。

1981 年 FAA 的适航审定司建立了四个审定中心,按照飞机的类别负责审定政策和项目管理,并按工业布局组建了相应的 ACO(飞机审定办公室)和 MIDO(制造检查办公室)。

2. EASA 适航审定的发展历史简介

欧洲与美国在民用航空界的竞争促使了 JAA(欧洲联合航空局)的诞生。为了进行空中客车公司的 A300 飞机适航工作,成立了 JAA,这时的 JAA 主要负责大型运输类飞机和发动机的适航技术要求。

1987 年 JAA 的工作范围扩展到了运营、维修和人员执照。

1990 年 JAA 正式成立,在欧洲统一了民用飞机的安全要求——JAR(欧洲联合航空条例)。这时的 JAA 不是一个法律框架下的机构,而是一个协会,在每个主权国家同时存在适航当局,如 DGAC-F(法国民航管理局)、DGAC-S(西班牙民航局)、LBA(德国航空局)、CAA(英国民用航空管理局)等,JAA 主要负责项目审查。

随着欧盟国家一体化步伐的迈进,以及欧洲民用航空竞争的需要,JAA 已经不适应新的情况,2002 年欧盟决定成立具有法律权限的欧洲航空安全局——EASA。EASA 全面接替原 JAA 的职能,并在成员国内按欧盟法律具有强制性的权限,开始制定 CS-21、CS-23、CS-25、CS-E 等适航规章。

2004 年 EASA 正式宣布成立。空中客车公司产品的生产制造全部由 EASA 审查颁证和管理。对其他产品,设计由 EASA 审查批准,制造由所在国适航当局审查批准。

3. 我国适航审定的发展历史简介

20 世纪 70 年代末,民航总局成立了工程司,开始着手适航审定管理。

从 1985 年开始制定我国适航规章,参照 FAR 逐步制定 CCAR25 部、23 部、35 部、33 部、27 部、29 部、21 部等,到 1992 年基本建立了和 FAR 相当的适航审定规章体系。

1985 年和 FAA 合作对 MD82 在中国的转包生产进行监督检查。

1985 年给 Y12Ⅱ型飞机颁发了型号合格证,并开始对进口中国的国外飞机进行认可审定。组成由各国适航当局参加的审查组,审查报告提供给各适航当局,最后由各适航当局单独颁发证件,但使用的标准统一。

1987年国务院颁发了适航管理条例。

1987年成立了适航司,开始参照美国的模式建立适航审定系统。

从1989年开始逐步建立上海、西安、沈阳、成都航空器审定中心。

2003年在六个地区管理局建立适航审定处。

2003年开始对ARJ21飞机进行适航审定。

2007年建立上海航空器适航审定中心(大型飞机)、沈阳航空器适航审定中心(小型飞机和直升机)。

2010年建立航油航化适航审定中心(成都)。

2014年12月,中国民用航空发动机适航审定中心在北京成立。

截至目前,适航审定司已颁发了30个左右的型号合格证,近200个认可型号合格证。

9.1.2 适航标准要求的安全水平

假如一个人从甲地到乙地,每周两次来回空中旅行,则存在下列四种安全水平情况:A. 20年发生一次机毁人亡事故;B. 200年发生一次机毁人亡事故;C. 2000年发生一次机毁人亡事故;D. 6000~8000年发生一次机毁人亡事故。目前军机安全水平可以达到A,适航要求飞机达到C水平,而现在民航飞机能达到D水平。

在20世纪60年代制定适航规章时,确定了民用航空活动的安全水平应等同于人的自然意外死亡率,每百万飞行小时发生低于一次的机毁人亡事故。这是一个公众、乘客、飞机设计制造人、运营商都能接受的安全水平,假设一架飞机有100个主要系统或100种主要造成机毁人亡的故障状态,每个系统或每个状态造成机毁人亡的概率为10^{-9},由于设计制造原因引起的机毁人亡概率为10^{-7},再给运营、维修一定的安全裕度,从而可以保证百万飞行小时的安全水平。

安全水平是无止境的,可以把安全水平确定为千万飞行小时,但设计的飞机就会非常昂贵,从而造成公众无法乘坐飞机。如果安全水平确定得过低,比如说十万飞行小时,也就是上述举例的200年发生一次机毁人亡事故,这样公众也无法接受。

适航标准要求的是最低安全水平。国际民用航空实践(设计、制造、生产、运营、维修)表现的安全水平高于适航标准要求的最低安全水平要求。

9.1.3 适航法规体系的特点

适航法规体系主要有以下特点。

(1) 强制性:适航法规体系的上位法律是(人大)《中华人民共和国民用航空法》,上位法规是国务院《适航管理条例》。任何从事民用航空活动的人必须严格遵守。

(2) 国际性:适航法规体现了整个人类对航空安全的祈求,反映了100多年来人类航空实践的安全成果,是没有知识产权限制的宝贵知识积累。FAA和EASA(JAA)进行了10多年的协调,目前各国适航要求基本等同。

(3) 完整性:适航法规体系贯穿于材料、设计、制造、运营整个过程,也贯穿于航空活动相关的各个专业领域。

(4) 公开性:全面对公众开放,具有和法律法规相似的特点。

(5) 动态性：适航要求在不断持续地修订和完善，FAR23 部修订了 59 次，FAR25 部修订了 132 次，新申请的项目要适时符合新修订的标准，每一次修订都由设计技术进步或航空事故结论推动，每一次修订都花费了大量的人力、财力、物力，不断累积发展而成。

(6) 案例性：适航标准属于海洋法系，以案例为基础。

(7) 基本性：指最低安全要求。目前，国际上著名飞机制造商在研制飞机时都高于适航要求，航空活动的安全记录也证明了这一点。

(8) 实时性：可追溯条款、适航指令。

9.2 复合材料结构适航基础

针对不同的航空产品有不同的适航要求。国内主要的适航要求有：小型民用飞机——CCAR23；大型民用飞机——CCAR25；小型民用直升机——CCAR27；大型民用直升机——CCAR29；民用航空发动机——CCAR33；民用航空机载设备——TSO。适航要求包括初始适航与持续适航。

初始适航，是在航空器交付使用之前，适航部门依据各类适航标准和规范，对民用航空器的设计和制造所进行的型号合格审定和生产许可审定，以确保航空器和航空器部件的设计、制造是按照适航部门的规定进行的，是对设计、制造的控制。持续适航，是在航空器满足初始适航标准和规范、满足型号设计要求、符合型号合格审定基础，获得适航证、投入运行后，为保持它在设计制造时的基本安全标准或适航水平，为保证航空器能始终处于安全运行状态而进行的管理。

持续适航是对使用、维修的控制。在民用航空活动的实践中，为达到某种适航性，民用航空器必须符合法定的适航标准和处于合法的受控状态。适航标准是一类特殊的技术性标准。它是为保证实现民用航空器的适航性而制定的最低安全标准。适航标准具有法规性、务实性、稳健性、平衡性等特点。对于复合材料结构的适航审定，美国于 1978 年 7 月颁布了第一个有关复合材料的审定文件，即 FAA 的咨询通告 AC20-107，此后美国大多数的运输类飞机复合材料构件以此为依据进行了鉴定验收，在欧洲也受到了相当的重视和欢迎，并被用于某些机种部件的审定。法国以此为根据进行了修改，并于 1981 年 2 月 12 日颁布了 TN81/04STPA/EG。德国 LBA 也颁布了类似通告。

9.2.1 民机复合材料结构适航性要求

美国适航当局一直在关注着复合材料的适航要求，但是基本认为复合材料的适航要求与金属结构的适航要求基本一致。直接体现复合材料适航要求变化的条款是 25.613 "材料强度性能与设计值" 的 Amdt. 25-46（1978 年）和 Amdt. 25-72（1990 年）号修正案。在 Amdt. 25-46 中指明了适航当局认可的复合材料标准，又在 Amdt. 25-72 中指明了适航当局认可的复合材料标准。其实适航当局现在还认可此标准，不过把有关内容转入了咨询通报（AC25.613-1）中。

实际上 FAA 对于大型客机的复合材料适航要求研究得还不够深入和成熟，还没有制定出针对复合材料结构的适航条例要求，只对小型飞机复合材料结构制定了较多的适航要求和指导资料。对大型民用飞机复合材料结构现在无专用适航要求,只有部分适用的指导材料。

9.2.2 民机复合材料结构适航符合性验证要求

民机复合材料结构适航符合性验证要求是 AC20-107B《复合材料飞机结构》。它包括 11 章,3 个附录。11 章包括:目的;适用对象;撤销;有关规章;总则;材料和制造;结构验证——静强度;结构验证——疲劳和损伤容限;结构验证——颤振和其他气动弹性问题;持续适航;补充考虑(包括适坠性,防火、燃烧性和热问题,雷电防护)。3 个附录包括:附录 1——适用的规章和有关的指南;附录 2——定义;附录 3——(复合)材料和/或工艺的波动。

下面简单说明 AC20-107B《复合材料飞机结构》的内容。

AC20-107B 的前 4 部分内容是 AC 通报类资料的管理章节。第 5 章是该 AC 通报技术内容的开始,但是技术内容简单,属于前面管理章节与后面技术章节的过渡章节。之后 6 章内容按适航工作的顺序安排。自第 6 章开始,真正开始 AC20-107B 的技术内容。第 6~11 章可以分为 4 部分。即:适航验证的基础工作——结构材料的选择和制造(第 6 章"材料和制造");复合材料结构的符合性验证——从 3 个方面论述(第 7~9 章的静强度、损伤容限、气动弹性);支持飞机使用的持续适航工作(第 10 章"持续适航");复合材料结构的其他适航考虑(第 11 章"其他考虑")。适航工作从整体看是一个迭代工作。第 6 章"材料和制造"既是适航工作的开始,也是适航工作的结束,第 7~11 章的内容是适航迭代工作中的内容,始于第 6 章,也终于第 6 章。附录中的附录 1 和附录 2 是资料性内容。附录 3"(复合)材料和/或工艺的波动"很重要,专门规定了材料和工艺的不稳定性对复合材料结构适航工作的影响。

1) AC20-107B 的"目的"

该咨询通报适用于大型民机(运输类——FAR25)、小型民机(通用飞机——FAR23)、大型民用直升机(FAR29)和小型民用直升机(FAR27)的复合材料结构工作,为其提供了符合性方法,还提供了设计、制造和维护方面的有关指导资料。

2) AC20-107B 的"适用对象"

飞机研制单位、适航部门、零件供应商、材料供应商、维护和修理机构。

3) AC20-107A 的"撤销"

撤销 AC20-107A。

4) AC20-107B 涉及的其他适航条例(而非条款)

以前的适航条例:CAR3、4b、6、7;现在的适航条例:FAR21、23、25、27、29;其他文件:AC 和 PS,见 AC20-107B 的附录 1。

5) AC20-107B 的第 5 章"总则"

AC20-107B 的"总则"包括 3 节要求:A 节说明 AC20-107B 的内容反映了现在的复合材料技术水平,说明该文件主要针对飞机关键结构。B 节说明了工艺对复合材料结构的重要性,同时也说明了复合材料结构可靠性工作的复杂性:复合材料的环境敏感性、各向异性和非均质性导致难以确定结构破坏载荷的大小、模式和部位;不同的结构要求导致不同的分析/试验范围;影响分析/试验范围的因素包括:对飞行安全的重要程度、预期的用途、材料和工艺、设计裕度、失效准则、数据库和类似结构的经验、其他因素。C 节说明了术语在附录 2 中。

6）AC20-107B 的第 6 章"材料和制造"

AC20-107B 自第 6 章开始主要技术内容的论述,规定了复合材料结构设计之前的部分适航验证工作,主要包括材料和制造两方面的技术内容（也可以分解为 3 部分内容：材料、工艺和质量管理）。在 FAR25 中对材料和工艺有明确要求,对材料的要求是 603"材料"、613"设计值"和 605"制造方法",但是 603 和 605 条的技术内容偏简单笼统,613 条的要求对于复合材料结构的针对性也不强。

该章分为 8 部分论述,即：总则性要求；材料和工艺控制；制造实施；结构胶接；环境考虑；结构防护；设计值；结构细节。8 部分内容可以分为 3 类,即：制造之前的准备工作要求（材料和工艺控制）；复合材料制造的要求（制造实施）；复合材料结构的其他考虑（结构胶接、环境考虑、结构防护、设计值、结构细节）。需要说明的是,这 5 方面的内容贯穿复合材料结构研制的始终,而不只是本阶段的特殊要求。

（1）总则性要求。在分项讨论之前,对工艺和制造提出了一般要求：要求用试验证明材料和工艺是合格的。这说明材料和工艺对复合材料结构的力学性能影响非常大,也表明环境对复合材料结构会产生巨大影响。

（2）材料和工艺控制。这部分共 7 点,规定了材料和工艺控制要求,按照复合材料结构工程设计的顺序安排具体内容。标准、工艺、材料采购要求、设计数据库（第 1～4 点）是结构设计的基础,需要在结构设计开始之前准备。结构设计完成后可根据设计结果修改上述内容,但是这些内容理论上应当在设计工作开始之前完成。生产过程中需要监控的关键特性和工艺参数（第 5 点）的确定,也是设计中的重要工作（虽然它主要在生产阶段实施）。它一般与复合材料结构设计同时进行或在结构设计完成之后进行,但是在正式生产之前应当完成有关工作。公差（第 6 点）是设计的重要结果,复合材料结构的公差难于一次设计确定,需要用验证试验进行确定。复合材料结构的公差确定是复合材料适航工作的特别之处,因此该部分特别加以强调。这部分工作（第 4～6 点）是复合材料结构设计中的重要内容。最后 FAA 说明了材料和工艺适航审定方法（第 7 点）,同时说明了新用户使用以前适航审定结果的要求。

"标准"指的是要求建立材料、工艺和制造方法标准,说明了标准的重要性。标准应当保证材料的一致性,保证结构可靠地重现。

"工艺"应真正代表实际生产条件,也说明了工艺稳定的重要性,同时表达了工艺变化时的鉴定方法,以及应重视的 4 个工艺内容（公差、材料要求、测量要求、追溯性要求）。

"材料采购要求"中提到要求依据工艺生产的鉴定结果确定材料采购要求,说明了生产鉴定的内容要求（材料和工艺的配方、刚度、强度、耐久性、可靠性）,提出了控制方法建议,建议材料供应商和飞机制造商紧密合作设计数据库,而数据库中应当特别注意环境方面的资料,以及特别注意结构胶接的有关资料。提及了生产过程中需要监控的关键特性和工艺参数,建议由工程、制造和质量控制部门协同制定计划,通过计划方法控制这些关键参数。适航部门关注的重点为：破坏模式、损伤容限和缺陷扩展要求、载荷、可检性、制造/装配的局部敏感性等。

复合材料结构的"公差"与金属结构相比,由于复合材料结构生产工艺的复杂性导致初始设计公差存在较大偏差，因而需要采用试验手段证明公差的准确性，此处对试验提出了一系列要求：试样、元件或分部件试验（即积木式试验中的试验）。对新生产方法提出了特殊要求（能代表实际结构的试验），试验之前充分联合考虑设计和制造问题，进行此工作时应当注意与质量控制过程的相关性。

FAA 对材料和工艺适航审定的态度为：一般不单独认证，随飞机合格审定一同审批，但之前的适航审定结论对于后续的适航审定有很强的影响作用。如果适航审定的结果变为工业界的技术且新用户使用这些结果时，要求严格遵守相关技术要求，进行有关试验，本部分要求也适用于 TSO 情况。FAA 在本章虽然对复合材料结构的材料和工艺进行了较详细的规定，但是还不足以指导飞机复合材料结构的生产工作，飞机研制单位在研制复合材料结构时还应当主要依据工业界的技术，不过进行设计时应当保证达到此部分的要求。FAA 还有相应政策说明（Policy Statements, PS）和技术报告对部分内容进行了进一步指南。

（3）制造实施。AC20-107B 的该部分规定了复合材料结构制造方面的适航要求，包括 3 部分内容，即：工艺规范和制造文件、生产记录、供应商要求。

"工艺规范和制造文件"中首先要求提供工艺规范和制造文件，然后针对制造中的特殊问题提出进一步要求：按生产要求控制制造时的环境和清洁度，按材料和工艺要求控制材料和辅助材料，同时产品公差满足要求，以及需要重点控制的工艺。这些工艺主要包括材料处理与储存、层合板铺放与袋装（或其他非层压形式及先进工艺）、配合件的尺寸公差控制零件固化（热管理）、机械加工与装配、检测和处置程序技术培训（针对材料、工艺、工具和设备）等。

"生产记录"说明了记录的种类和作用（验收和偏差的允许），进一步对偏差进行了说明。偏差包括缺陷、损伤和异常，合格的复合材料结构中允许存在一定量的偏差，对允许的偏差，不必进行处理、设计更改和工艺更改的记录。

"供应商要求"部分提及了供应商控制方法和控制目的，以及特殊控制要求。控制方法包括生产试件和质量评估。特殊控制要求主要是对特种工艺的产品的关键细节进行破坏性试验检查。FAA 在本章虽然对复合材料结构的生产进行了进一步的规定，但是还不足以指导飞机复合材料结构的生产工作。飞机研制单位生产复合材料结构时还应当主要依据工业界的技术，不过利用工业界的技术生产飞机复合材料结构时还应当满足此部分的要求。FAA 同时也有相应 PS 和技术报告对此部分内容进行了进一步指南。

（4）结构胶接。自该部分开始，"材料和制造"节用 5 部分对复合材料结构"材料和制造"方面的 5 个具体问题进行了专门指导。其中第一个问题是"胶接结构"。胶接结构是复合材料的基本结构之一，是一类特殊的复合材料结构。复合材料结构的大量问题源于复合材料结构的胶接，因而 FAA 对此结构进行了特殊规定。虽然该部分是特殊要求，但是有部分要求与本文件的其他章节有重复，例如工艺和鉴定要求等。本部分包括一个总要求和 4 个分要求。总要求是对胶接结构适航工作的一个总的要求与说明。首先对胶接结构和胶接技术进行了一般说明，然后对胶接工艺文件进行了一般说明，随后强调了"表面制备"，最后提出了人员、工艺和结构完整性要求。4 个分要求分别针对生产工艺的正确性、生产工艺执行的严格性、适航条例的执行和胶接失效问题的处理。通过本部分的要求，对复合材料胶接结构的适航问题给予了较全面的指导。

结构胶接主要包括：胶接结构的适航总要求；胶接结构的特点——表面制备；胶接结

构技术性能参数的类似性;胶接工艺文件的制定和鉴定要求;结构性能对工艺波动的敏感性,进而对工艺的稳定性要求;表面准备说明——复合材料结构或金属结构;人员要求——相互合作的团队;结构证实——严格的工艺控制和结构完整性。

"生产工艺的正确性"指的是用物理或化学方法检测表面制备、胶粘剂的混合、粘度和固化性能。胶粘剂和胶接工艺鉴定常采用叠层剪切的强度和刚度试验,但是该试验有缺陷,应当增加剥离试验验证胶接质量。胶接失效是胶接主要质量问题之一,所有胶接失败都不可接受,必须解决所有导致胶接失效的材料和工艺问题。

"生产工艺执行的严格性"包括以下内容:工艺规范的文件化要求、厂房的清洁与环境要求、胶粘剂和基底材料的控制要求、工艺的技术能力——满足公差要求、关键胶接工艺的控制、表面制备的特殊要求——严格控制。

适航条例的执行要求:在运输类飞机适航要求FAR25《运输类飞机适航标准》中对复合材料结构基本没有明确的适航要求,但是在FAR23《正常类、实用类、特技类和通勤类飞机适航标准》中对复合材料结构有明确要求,即FAR23.573(a),AC20-107B在此说明该要求将可能适用于运输类飞机,并对复合材料胶接结构适航工作提出了其执行要求。FAA的PS-ACE100-2005-10038对小型飞机的胶接结构进行了指南说明。

胶接失效问题的处理:生产时发现问题后,立即隔离有关零件和装配件,寻找问题产生的原因;使用中发现问题后,立即隔离有关飞机,进行检查和修理。以上只是初步措施,依据胶接问题的严重性,将采取进一步的措施。

(5)环境考虑。环境的概念比较广泛,此处只包括温度和湿度。本部分包括总要求和两个分要求。总要求部分主要论述了环境设计准则,两个分要求分别针对材料的设计值和环境应力的影响。总要求(环境设计准则)要求制定环境设计准则,说明了制定环境设计准则的目的是为了确定最严重环境暴露条件,说明了环境因素(温度和湿度)的影响,通过服役数据说明制定环境设计准则的重要性。该部分举例说明了一个温度环境的严重情况(热源附近结构),也说明了不需考虑的环境设计准则情况(对复合材料结构没有明显影响时),此处环境对材料设计值的影响实际上是对下面"设计值"部分的补充。

本段首先要求用试验证明,考虑最严重环境影响时材料设计值应当具有高置信度的可靠度,然后详细地对此要求进行了说明:首先,举例说明了不同零件的严酷环境是不同的;其次,说明如何用试验或分析方法考虑环境的影响;再次,说明了部分环境性能与有关性能的关系;针对没有考虑的情况,规定了评价要求;对历史数据,规定了其使用情况。并规定了加速试验的真实性要求,列举了其中一种情况。考虑环境应力的影响,规定了考虑环境应力影响时应当考虑的3个因素:设计构型、局部结构细节、选择的工艺。

(6)结构防护。本部分是"材料和制造"方面5个具体问题的第三个问题"结构防护"。环境的概念比较广泛,前面讨论的温度和湿度是环境问题,此处讨论的"结构防护"内容也是广义的环境问题,本部分只包括一段要求。对本段要求分析如下:即明确了需进行结构防护的因素(5大类及4小类):风化、磨蚀、腐蚀、紫外线、化学环境(乙二醇、液压油、燃油、清洗剂等);要求提供结构防护措施,并要求用试验证明。随后列举了具体的防护措施:说明了最普通的通风和排水要求,金属材料和复合材料间的隔离层防护方法,复合材料零件所用紧固件和安装程序的鉴定要求（避免电化学腐蚀），紧固件成型时损伤复合材料结构（脱层和纤维断裂）。

（7）设计值。本部分是"材料和制造"方面5个具体问题的第四个问题"设计值"。"设计值"对于飞机结构设计非常重要，是材料和结构"表征"的主要内容。在FAR25部中有明确的要求（613条），而且有专门的AC通报，但是这些规定对于达到复合材料结构适航的符合性验证要求仍有欠缺，主要是由于复合材料本身成熟度较低，而且结构成型的工艺技术复杂，性能受环境影响大，所以在此进行了补充规定。本部分是对层板级结构设计值的确定指南，既重申了以前的要求，又制定了新的要求。重申以前的要求包括：按成熟的材料标准采购材料，按代表性工艺规范加工试验件，用此试验的数据导出设计值。本部分也说明了层合板设计值制定的一般方法：用层合板试验，或用试验和分析相结合的方法确定设计值。进一步说明了其他材料形式与工艺的结构设计值的一般方法：采用具有代表实际情况的试验和/或分析方法确定设计值。

（8）结构细节（典型零件）。本部分是"材料和制造"方面5个具体问题的第五个问题"结构细节"。由于本部分主要针对特殊结构——点设计，因此"结构细节"表达为"典型元件"可能更为准确，本部分与"胶接结构"部分属于一类要求。本部分包括4部分要求，即：单个复合材料部件设计值的确定要求——应当考虑设计特点的影响，如孔和连接件；对外物损伤应当用特别方法进行分析——等效为金属裂纹长度；用试验表征剩余强度、结构影响（关键损伤位置和载荷等）；使用极限/限制联合载荷设计准则时，用限制设计应变水平的方法，处理不同的冲击损伤水平。

7）AC20-107B的第7章"结构验证——静强度"

AC20-107B的上一章指导了复合材料结构材料和生产的适航工作，实际上对相应的设计/研制工作也进行了指导。自本章开始的3章指导复合材料结构的适航验证工作，分别从静强度、损伤容限和气动弹性（刚度）3个方面进行验证，实际上对相应的设计/研制工作也进行了指导。本质上这些适航验证要求也是设计要求，在初始设计时应当考虑这类问题。

复合材料结构是可设计的"材料"，其工艺复杂、力学性能特殊、受环境影响大，很难在结构设计之前准确获取能可靠重复的强度特性，必须在结构设计之后进行验证。

复合材料结构设计是一个迭代过程，初始结构设计不一定是最终的结构设计。本部分工作的任务就是，针对设计的结构进行验证。根据验证结果修正结构设计，最终完成结构设计验证的迭代工作。

本部分的实质是验证复合材料结构性能，考察结构承受重复性载荷（含环境载荷）的能力与静刚度特性要求。支持本章的要求的FAA文件适用于FAR23部飞机，对运输类飞机，FAA还没有制定有关指导资料。

本章由一个总要求和7个分要求组成。7个分要求为：重复载荷和环境暴露对复合材料的影响，积木式的静载荷试验，大气环境下进行静力试验，试验件的生产代表性，材料和工艺的波动性，冲击损伤的考虑，材料和工艺变化后的静强度验证。本部分的核心内容是"积木式的静载荷试验"，其他各部分是对"积木式的静载荷试验"的补充要求。

（1）"结构验证——静强度"的总要求

总要求包括3部分内容，即静强度验证涉及的因素、静强度验证方法、静强度验证分析方法的适用条件,通过此规定对"结构验证——静强度"进行了清晰的表述。静强度验证涉及的因素,主要包括关键载荷情况与相关破坏模式,此外还有环境影响(包括制造过程引起的残余应力)、材料和工艺的波动性、不可检测缺陷、允许的制造缺陷、持续适航文件允许的损伤。静强度验证方法,一般在合适环境中进行部件极限载荷试验。

(2)"结构验证——静强度"的"重复载荷和环境暴露"

可以把本部分7点中的6点都看作对"积木式的静载荷试验"的补充,理论上应当在解决了6点问题后,才能进行"积木式的静载荷试验"。

重复载荷和环境暴露是复合材料结构长期使用的环境,是对复合材料本身和结构的基本要求。它对"积木式的静载荷试验"有重大影响(有时是根本性影响),一般在"积木式的静载荷试验"之前或一同解决此问题。本条要求可以看作:对复合材料及结构,综合考虑了飞机真实的"环境考虑(6.d)"和"结构防护(6.e)"之后,确定复合材料的"设计值(6.f)"。

对本部分要求的内容分析如下:明确重复载荷和环境暴露问题是静强度评估工作的一部分,且本部分考虑的是结构材料的重复载荷和环境暴露问题,说明了基本评估方法——试验/试验证据支持的分析方法,并对试验进行补充说明,试验包括试样级、元件级、分部件级。

(3)"结构验证——静强度"的"积木式的静载荷试验"

飞机结构设计在具备充分的技术资料和过往经验的情况下,有时可以不用进行静强度试验,但是飞机复合材料结构一般都做静强度试验,AC20-107A中表述为做"系列试验",AC20-107B明确为"积木式试验(见图9-1)"。

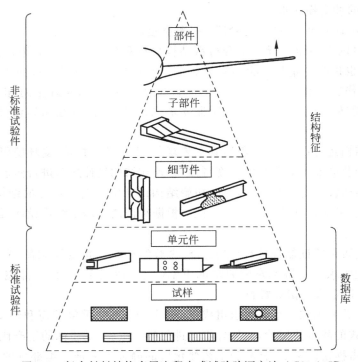

图 9-1 复合材料结构多层次积木式试验验证方法 AC20-107B

本部分内容包括一个总要求和两个分要求。积木式的静载荷试验的总要求,首先解释了术语"积木式"方法。实际上积木式试验不只用于静强度验证,而是用于复合材料结构研制和验证的全过程，除本部分工作外，还包括材料、工艺、研制试验、损伤容限/疲劳等。该要求说明积木式试验的类型：试样、元件、典型结构件、组合件（不包含部件），并按飞机和直升机给出了两个典型图示（积木式试验实际有多个模型）。表明了积木式方法的目的：分析结构的波动性、环境、结构不连续、损伤、制造缺陷、特点的设计或工艺细节问题。阐述了试验顺序——从简单试件到复杂的元件和典型结构件，并描述了此种方法的优点：可以用数据量化大型结构的试验波动性，利用以前的试验数据可以避免复杂结构全尺寸试验的早期失效。

积木式方法的一般说明：积木式方法不同层次的试验其目的不同。底层的大量试样和元件级试验提供设计应用的统计基础数据，中层的典型结构件和组合件试验证明结构分析方法，顶层的少量部件和组合件试验验证结构性能。如果没有有效的分析方法，就要补充进行统计考虑，例如重复进行点设计试验和/或部件过载试验（以充分代表材料和工艺的波动性）。静强度研制方案的范围：对所有关键结构考虑所有关键载荷情况、评估预定寿命之后的剩余强度和刚度要求（评估时要考虑使用期间造成的损伤和其他性能退化）。

积木式方法的具体应用：复合材料结构通常验证结构的应力集中部位、失效模式和极限载荷。积木式方法用试验件明确结构的最关键问题，此方法通过逐步增加复杂度，可以在部件试验之前证明许多可靠的性能。零件和组合件试验建立组装的复合材料结构的失效准则，同时可以考虑其冲击损伤问题。部件试验验证联合载荷和复杂载荷路径（包括部分飞机外的影响），对部件试验进行分析，可以识别关键载荷状态即相关的失效模式。

（4）"结构验证——静强度"的"积木式方法的部分特殊考虑"

部件静力试验可以在大气环境中进行。前提条件是：积木式试验能可靠地预测环境影响，且本静力试验考虑了环境影响（或在结果处理中考虑环境影响）。按正常生产规范和工艺组装和装配试验件。

（5）冲击损伤的考虑

冲击损伤的敏感性使冲击损伤问题成为复合材料结构的重大问题（实际上可能是最重大的问题），因此在静强度验证中对此进行了特别规定，以证明复合材料结构抗冲击损伤的能力满足适航要求。要求复合材料结构具有此能力，即：冲击后发生不可检测的损伤时，强度不低于极限载荷能力。验证方法为积木式试验或分析（试验支持），评估损伤时应当注意考虑结构细节（典型零件）和边界条件，选择冲击部位时应当考虑结构局部细节（典型零件）和位置的检测能力，冲击头的尺寸和形状应当与可能漏检的冲击损伤（在飞机寿命期内）相一致。注意例外情况：有些损伤是可检测的，但是不用修理就可满足静强度要求和其他要求（即：允许的损伤 ADL），此种情况参见 AC20-107B 的 10.c(1)。

（6）复合材料结构的材料和工艺发生变化的情况

此时需要再进行大量的静强度验证工作，在 AC20-107B 附录 3 部分讨论。

8）AC20-107B 的第 8 章 "结构验证——疲劳和损伤容限"

结构完成静强度试验验证后就基本具备载荷承受性能，但是该性能主要针对静载荷，而结构的疲劳载荷、环境影响和抗冲击损伤的性能也需要一并校验，因此本部分明确结构的后续验证工作——疲劳和损伤容限。本部分验证后如果发现需要改进之处，则对前面的材料、制造、静强度工作进行修改。如不需要修改，则验证了前面有关工作，并固化前面的有关工作。

本部分包括一个总要求和3个分要求,分要求分别针对:损伤容限评定、疲劳评定、损伤容限与疲劳联合评定。本部分中损伤容限的内容非常多,这是由于现代大型民机结构以损伤容限结构居多,而且损伤容限设计技术复杂所致。"损伤容限评定"是本部分的重点内容,也是本AC的重点内容。

(1)"结构验证——疲劳和损伤容限"的总要求

本部分首先说明了疲劳和损伤容限适用的适航条款。对于运输类飞机适用的适航条款为25.571"结构的疲劳和损伤容限评定"。考虑到23.573(a)"复合材料机体结构"的重要性,把23.573(a)也作为运输类飞机复合材料结构适用的条款要求。提出了评定的结果要求:避免疲劳、环境影响、制造缺陷、意外损伤造成灾难性破坏。说明了影响评定工作性质和范围的因素:过往设计、构型、试验和使用经验。说明了经验不充分时应当开展的工作:部件、组件和元件的结构"研制试验"(积木式)。说明了对复合材料评定补充的特殊要求:①注意全面评估损伤的威胁、几何形状、可检测性、良好的设计、结构损伤/性能退化形式等;②性能与结构细节关系密切;③需要应用部件试验进行证实可靠性,除非经验证明分析方法可用,同时分析方法由试样、元件和组件支持;④需要应用积木式验证方法完成复合材料结构的静强度、损伤容限和疲劳强度验证工作,其中疲劳强度要求进行峰值载荷试验;⑤如果此结构含金属结构,要补充有关损伤容限/疲劳试验。

(2)"结构验证——疲劳和损伤容限"的"损伤容限评定"

本部分包括8部分指南。第1部分为对损伤及损伤类型的指南(I),随后的3个部分是损伤容限评定的3个步骤,后4部分针对损伤容限的4个主要问题。损伤容限评定的3个步骤:确定结构损伤扩展的敏感性(复合材料损伤容限理论基础);确定初始可检损伤;确定剩余强度评估所用的损伤大小。损伤容限的4个主要问题:重复载荷谱、检查方案(维修大纲)、离散源损伤容限和环境评估。

识别损伤是损伤容限工作的第一步,同时也是非常重要的基础部分,因此对此问题进行了大量叙述。本部分包括一个一般指南和4部分要求。一般指南:损伤发生的时间包括制造、使用、维护;损伤特性包括部位、类型、尺寸;损伤来源包括疲劳、环境、固有缺陷、外来物冲击、其他意外损伤。

识别损伤工作的基础是损伤危害性标准,目前缺乏成熟的相应工业标准(能指导制定设计准则或试验/分析方法),进行此工作时应当考虑的一些因素包括:零件功能、在飞机上的位置、过去的使用数据、意外损伤威胁、环境暴露、抗冲击损伤能力、结构装配细节的耐久性、相邻系统界面、使用和维护的非正常事件(超载导致或损伤)。外来物冲击损伤是复合材料结构的重大问题,通过试验和冲击损伤研究获取的数据,确定冲击损伤的严重性和可检性。根据对设计准则、检测方法和维修时间等要求,指导确定其所需的参照条件(常用损伤维修概率评估法)。

5类损伤见表9-1:这5类损伤中前3类属于同一类损伤(正常和/或使用损伤),后2类属于一类损伤——偶然损伤。第四类损伤是适航验证的偶然损伤,第五类损伤是适航没有验证的偶然损伤。从第一类到第五类损伤程度逐步加大,损伤后的剩余强度(承载能力)从第一类到第五类逐步减小。维修大纲(持续适航工作)主要针对第二类损伤,部分第三类损伤可能在维修大纲中有规定。损伤分类的意义:从第二到第五类都有修理工作。AC20-107B的第9和第10章使用此5类损伤。第8章讨论损伤情况下的强度问题,第9章讨论损伤情况下的刚度问题,第 10 章讨论损伤导致的持续适航工作。

表 9-1 5 类损伤

损伤类别	第一类损伤	第二类损伤	第三类损伤	第四类损伤	第五类损伤
损伤定义	检查可以漏检的损伤和制造损伤,此类损伤不进入维修大纲	按计划进行检查时能发现的损伤,此类损伤是维修大纲的主要内容	损伤发生后,机组/外场维护人员(无复合材料专业技能)在很少一些飞行时间后,就能发现的损伤。此类损伤可以是维修大纲的部分内容——日常检查/维护,也可以不是	由已知偶发事件引起的限制飞机机动性的离散源损伤	设计准则或结构验证程序未包括的地面或飞行事件引起的损伤

首先确定结构损伤扩展的敏感性。结构损伤扩展的敏感性是损伤容限工作的基础,与金属结构相比,复合材料结构的损伤扩展敏感性更为复杂,对具体结构需要进行试验验证。本 AC20-107B 用典型结构件、元件、组件的重复载荷试验,确定结构损伤扩展的敏感性(此类试验应与静强度验证的试验结合进行)。本部分包括一个通用要求和 3 个特殊说明,特殊说明针对"缓慢扩展方法""方法使用""试验代表性要求"。

"结构损伤扩展的敏感性"一般要求:首先说明试验类型为典型结构件、元件、组件的重复载荷试验,此类试验的意义包括损伤容限"无扩展方法"的基础,此类试验的用途为试验可以评估环境对裂纹和损伤增长特性的影响,以及评估无扩展方法的有效性。AC20-107B 在此发布了较大量的指南,缺乏特定损伤概率数据时,可保守地假定检查出大尺寸损伤的能力,检测出损伤后可以修理或更换。"结构损伤扩展的敏感性"的缓慢扩展方法的适用范围为损伤扩展速率是缓慢、稳定和可预计的。缓慢扩展特性应当保守和可靠,检查方案包括检查频率、检查范围、检查方法(与维修计划的内容一致)。确定高概率检查出损伤的时间间隔(时间间隔介于损伤可初始检测到剩余强度降到限制载荷之间),同时考虑环境影响。发现损伤使剩余强度低于极限载荷时,应进行修理或更换。若损伤造成功能性障碍,即使损伤没有达到临界尺寸,也应当修理或更换。如其他方法可用,可以不用缓慢扩展方法,即可以用"无扩展法"(现在主要使用此方法)或"止裂扩展法"。"止裂扩展法"(适用于"破损-安全法")适用于损伤扩展到临界情况时被机械止裂或终止的情况,几何现状变化、增强、厚度变化、结构连接等能可靠地阻止损伤发展(含动态特性),且可以检测时,可以使用此方法。"止裂扩展法"的适航验证包括:关键结构区域的典型结构件、元件、组件重复载荷试验,或部件/全尺寸结构重复载荷试验。使用"无扩展法"时,应当建立检查间隔,损伤尺寸和剩余强度的考虑同"止裂扩展法"。保证修理之前,剩余强度不长期低于极限载荷情况,对任何使承载能力低于极限载荷的情况,采取修理或更换措施。

"结构损伤扩展的敏感性"的重复载荷要求:重复载荷应当代表预期的使用情况,损伤情况能代表制造、装配、使用情况,试验件按实际生产的规范和工艺制造。确定初始可检损伤的大小,此能力应当与制造和服役时的检测技术一致,可以区分第一类和第二类损伤:不能发现或可以漏检的损伤为第一类损伤,第二类损伤即定期维护检测能发现的损伤,定期维护之外的日常工作可明显发现的损伤为第三类损伤。获得缺陷/损伤扩展数据的方法:利用固有缺陷或人工添加缺陷后,进行循环加载重复载荷试验。通过载荷循环数、疲劳寿命以及损伤尺寸函数确定复合材料损伤扩展的程度,应用计算分析方法以及试样、元件或组件级的试验手段来进行效果评估。对不同种类的损伤,评估其剩余强度时所用的损伤大小不同。

对第一类损伤和第二类损伤确定剩余强度评价的损伤大小时考虑损伤检出概率,应当基于损伤威胁评估分类前4类损伤。损伤威胁评估可以区分第一类和第二类损伤,确定第二类的最大损伤,以及确定第三类和第四类损伤的工作内容。评估还应表明:刚度特性也满足要求。"不扩展法""缓慢扩展法""止裂扩展法"的重复载荷循环试验之后,进行剩余强度试验。复合材料结构设计可以提供与常规金属设计同样水平的破损安全、多传力路径结构,其静强度许用值应当在95%的置信度内容有90%的概率。胶接结构的剩余强度见AC20-107B的6.c.3节内容。

关于"重复载荷谱"的内容叙述。自本部分开始针对损伤容限评估的4个重大问题(载荷谱、检查方案、离散源、环境)开始讨论。用于疲劳试验和分析的载荷谱,应当代表预期的使用用途,可以忽略低载荷水平,通常不能降低最大载荷水平。用载荷放大或寿命分散系数代表重复载荷的波动性,确定系数时应当考虑试验件数量,用此系数验证的部件试验的可靠性,应当与疲劳和损伤容限特性一致。此特性由积木式试验的材料、工艺和其他结构细节确定(此处的重复载荷试验后再进行静力试验——限制载荷静力试验)。

检查方案(维修大纲):本部分内容包括3部分,即一般要求、确定检查时间间隔、检查方案的正确性。此处的一般要求内容在"结构损伤扩展的敏感性"部分中出现过。在前处的内容是为了确定结构损伤的敏感性,此处的内容是为了保证结构处于安全状态,该部分内容也是后面"持续适航"工作的基础。

方法部分内容(检查方案):检查频率、检查范围、检查方法(与维修计划的内容一致)。确定高概率检查出损伤的时间间隔(时间间隔介于损伤可初始检测到剩余强度降到限制载荷之间),应当考虑漏检。合理确定检查时间间隔:对"无扩展情况",检查间隔是维修大纲的一部分;依据损伤对应的剩余强度水平,选择时间间隔;将"无扩展情况"和"停止增长"应用于"大损伤"的检查间隔时,是基于可接受的"缓慢扩展"的基础上,发现并及时修理以恢复结构强度;不同尺寸损伤的发生概率有助于确定检查间隔。

(3)"结构验证——疲劳和损伤容限"的"疲劳评估"

在损伤容限评估方法之前,疲劳评估是主要的结构评价方法,现在仍是与损伤容限并列的重要评估方法。复合材料结构的评估仍需使用疲劳评估方法,特别是针对第一类损伤。验证方法包括部件疲劳试验、有试验支持的计算分析,并考虑环境影响。由于疲劳的发散性和环境的多重影响包含足够多的部件、组件、元件、试样试验数目,冲击损伤评估包含部件、组件、元件、试样试验,同时进行检查。试验中缺陷为制造缺陷和使用中发生的缺陷,寿命按试验结果确定。对于第一类损伤,进行的疲劳与损伤容限试验,需要达到在整个寿命期内保持承受极限载荷的能力。

(4)"结构验证——疲劳和损伤容限"的"联合使用损伤容限和疲劳评估"

利用两种方法评估的结果建立检查方案,证明方案包括了对所有可探测和不可探测的损伤(使用中预计可能发生的)。增加服役期限方法包括:部件重复载荷试验、无损检测和破坏性检查,以及对偶然损伤和环境数据的统计评估。

9) AC20-107B的第9章"结构验证——颤振和其他气弹问题"

前面两章("静强度"和"损伤容限和疲劳评估")主要讨论的是复合材料结构适航要求中的强度要求,本章主要讨论刚度要求。飞机一旦出现颤振和其他气弹问题对飞行安全影响很大。与金属结构相比,复合材料结构的气动弹性问题更为复杂,能够借鉴的过往经验较少,AC20-107B对此问题进行了专门的指导,但是指南的内容很少。适航符合性的技术内容可以主要参考 AC25.629-1A《气动弹性稳定性要求》。

气弹评估的范围主要有:颤振、操纵反效、发散、变形引起的稳定性和操纵性的急剧下降等,这与适航条例的要求一致。适航要求主要通过设计、质量控制、维护、系统交互作用来避免出现气弹的不稳定性。气弹问题考虑的非结构因素为重复载荷、环境、服役期间的损伤(较大的二、三、四类损伤),气弹问题考虑的结构因素为刚度、质量、阻尼。此外还有对操纵面的特殊考虑:某些操纵面失效时,强度仍然足够,但刚度损失或质量增加可能导致气弹性能不好,因此操纵面需要特别注意意外损伤和环境退化(如裂纹维修、制造、涂漆等导致的质量或刚度变化)。

10) AC20-107B 的第 10 章"持续适航"

持续适航工作对保证飞机在使用状态的安全性是非常重要的,是结构评估的结果。在进行了静强度、损伤容限/疲劳、气动弹性评估后,应当讨论持续适航问题。由于复合材料结构的特殊性(如对冲击损伤的敏感性、检测和修理的技术难度等),需要对复合材料结构的持续适航工作进行较多叙述。

本部分指南资料较多,分为一个总要求和 4 个分要求。4 个分要求为:维修性设计,维修实施,修理验证,损伤探测、检查和修理的能力。

(1) 维修性设计——进行设计复合材料结构的检查和修理工作时,应当考虑外场维修环境。对难以探测、评估、修理的关键损伤的检查和修理方法,应当制定专门的文件和进行专门培训。持续适航文件中必清晰规定检查间隔、结构零件寿命、不需修理的损伤程度。

(2) 维修实施——本部分指导内容较多。首先对维护手册进行了叙述,然后分别针对损伤探测、检查、修理和维修记录进行了指南。

① 维护手册。(飞机研制单位)编写的手册应当包括:检查程序、维修程序、修理程序。程序技术内容包括:飞机顶起、拆卸、处理、干燥、再喷漆。外场准备要求:特殊设备、修理材料、辅助材料、工具、加工程序、其他程序。这些内容应当专门适用于相应的飞机。

② 损伤探测。检测程序必须具有足够的能力探测结构性能退化到极限载荷以下。所有进行了威胁评估的损伤类型都进行损伤探测程序验证,包括外来冲击威胁、制造缺陷、性能退化(过热导致)。对于防紫外线的表层(涂漆或涂覆)的性能退化必须能探测,对防雷击的保护系统有同样要求。目视是外场损伤探测的最主要方法,应当在规定的照明情况下进行检查。目视检查程序特殊要求:结构开敞性、冲击损伤凹坑随时间的松弛、零件表面情况(颜色、涂层和清洁度)。

③ 检查。复合材料结构的表面信息对隐藏的损伤指示不足时,需要深入检查。完整的复合材料损伤评估方法不同于初步的损伤检测方法,需要特别制定。为了全面说明损伤程度,应当说明修理前的无损检测工作和修理期间的破坏性加工工作。修理的质量控制和修理后的检查方法必须可靠,其提供的数据可以使工程师判定工艺导致的结构完整性能退化是否达到了低于极限载荷的状态。有时不能可靠地探测一些修理工作的加工缺陷,此时用损伤维修评估、修理设计特性和限制的方法保证充分的损伤容限。

④ 修理。验证螺栓连接和胶接的修理和加工程序满足要求,重点关注胶接材料兼容性、胶接表面制备、固化加热控制、复合材料加工工艺、专用的复合材料紧固件和安装技术、

相关工艺的控制方法,正确修理复合材料表层。

⑤ 维修记录。把所有修理情况按零件号记录在维修记录中,以支持将来的情况处置和修理工作,建议向制造商(OEM)报告复合材料结构使用中发生的问题,这有助于改进损伤威胁评估,进而支持设计和工艺的改进,同时这些报告也会进一步支持制定设计准则、分析和数据库开发工作。报告内容包括:使用困难、损伤、性能退化。

(3) 修理验证——验证程序能恢复结构的适航性。

规定修理限制的内容包括可修理的损伤限制(repairable damage limit,RDL),允许的损伤限制(allowable damage limit,ADL),用分析或试验的方法确定这些限制。如果以前设计结构时没有考虑损伤形式和大小,应当进行补充验证。某些类型损伤需要现场修理和质量控制的特别说明书。胶接结构的修理要基于胶接结构的设计。使用单位和维修机构(maintenance repair operations,MRO)如果希望超出批准范围进行大改和改装,应该明白:为了保证结构的适航性需要进行深入的分析,设计、工艺和试验需要验证。保持文件后的验证记录和验证批准,以便于进行将来的维修活动。

(4) 损伤探测、检查和修理的能力——损伤处置和修理人员(技术、检查和工程)应当有必需的技能,初步培训之后,需要不断验证其能力(类似 NDT 鉴定)。特殊零件经批准的结构验证资料将用于修理的设计、检验方法和修理程序,SAE AIR5719 规定了复合材料结构维护和修理安全问题的培训要求,特定的工程、检查和修理任务需要补充特定的技能培训。对驾驶员、机务维护人员和其他飞机使用人员进行培训,要求他们做到:如发现可能影响安全问题的异常机场事件或飞行事件(可能严重损伤复合材料结构),立即上报。特别的,对于损伤容限验证范围之外和标准维护工作之外的使用事件立即上报。对第四类和第五类损伤立即检测,依赖于飞机使用人员的正确反应。参考 FAR21 部、FAR121 部和 FAR135 部的报告要求。

11) AC20-107B 的第 11 章"补充考虑"

AC20-107B 的前面章节对飞机复合材料结构的基本适航要求论述完毕。本章对飞机复合材料结构的补充适航要求进行论述。本章补充了 3 方面的适航要求,即:适坠性、防火、闪电防护。这几个问题是民用飞机研制时要关注的重大问题,飞机结构由金属结构变为复合材料结构时适航工作有较大差异,因此必须关注这些问题。AC20-107B 对此进行了较详细的叙述。

(1) 适坠性

适坠性问题重点针对机身。适坠性是民用飞机的重要适航要求,以前适坠性经验主要针对金属结构,而缺乏飞机复合材料结构的适坠性经验。除此处对复合材料结构适坠性给出的特殊指南外,其他指南可以参见 FAA 的有关资料(FAA 对适坠性颁布有指南资料)。

本部分分 9 个问题进行了指南。适坠性工作现状、适坠性概述、适坠性动力学模型问题、复合材料机身的适坠性问题、复合材料机身的适坠性要求补充、复合材料结构适坠时的防火问题、几个物理和动力学问题、适坠性工作的代表性/有效性问题、与金属结构适坠性的比较。重点关注的方面如下。

① 适坠性工作现状——机身的冲击响应特性主导飞机适坠性(适坠性主要与机身相关)。现在的适坠性经验主要是针对飞机金属结构的,不能大量用于复合材料结构。飞机复

合材料结构适坠性经验较少。

② 适坠性概述——机体设计应保证,在实际可存活的坠毁条件下,乘员有适当的机会避免受到严重伤害。复合材料结构有不同于金属结构的适坠性特性,验证方法为试验、分析(试验证据支持的)。

③ 复合材料机身的适坠性要求补充——坠撞结果复杂,较轻坠撞时对乘员的冲击不一定小,要求分析机身的所有坠撞情况。

④ 复合材料结构适坠时的防火问题——基本要求:要求可存活坠撞时保持油箱的完整性,保证防火安全性(要求见 AC20-107B 的第 11 章的 B 节)。具体要求:此性能不低于金属飞机结构情况。

⑤ 几个物理和力学问题——考虑复合材料结构的适坠性时,要考虑局部强度、能量吸收特性、多种可能同时出现的破坏模式。由于复合材料结构的各向异性与准脆性,导致技术复杂。飞机复合材料结构上的乘员与设备承受的过载和载荷历程与金属结构有较大不同。另外,应当注意改变复合材料结构,以获得特定的力学性能。例如:增加和减少复合材料叠层时,需要清楚叠层顺序失效模式和复合材料元件能量吸收特性的影响。

⑥ 适坠性工作的代表性/有效性问题——试验和分析必须包括代表性的结构。机装载不同时,结构的动力考虑、失效次序、局部应变率和加载情况可能不同。对运输类飞机和旋翼机,必须考虑结构的冲击方向敏感性。

⑦ 与金属结构适坠性的比较——对运输类飞机和旋翼机复合材料结构,对照金属结构和坠撞情况范围,进行对比评估。其中计算分析应当包括分析模型的建模参数敏感性,检查试验设备与复合材料的配合性,应用积木式试验验证方法保证模型的有效性。

(2) 防火、燃烧性和热问题

防火、燃烧性和热问题是民用飞机的重要适航问题,特别是复合材料此方面的特性与金属材料有非常大的不同,导致复合材料结构的此类问题更为重要。以前的有关经验主要针对金属结构,缺乏飞机复合材料结构的有关经验。本部分进行了较多叙述,分为 6 个问题:防火问题的一般要求、适航条例现状、适航要求讨论、飞行中的火灾问题、外部防火和复合材料高温问题。FAA 非常重视防火、易燃性和热问题,对此颁布了几个 AC 通报,其中包含了复合材料结构的内容,考虑复合材料结构的防火、易燃性和热问题时,这些资料是重要的研究对象。

① 防火问题的一般要求如下:复合材料结构要考虑着火和高温问题,目的是最小化着火对人员的危害,每类飞机有不同的防火适航要求,需要用试验或分析(试验支持)的方法证明符合性。复合材料结构(含修理和改装)的性能不能低于相应的金属结构,着火和高温之后,应当用维护程序评价复合材料结构的完整性。此外,应当说明,AC20-107B 本部分不适用于飞机座舱内部和行李舱的复合材料结构(即内饰结构)。

② 适航条例现状。现有适航条例对部分复合材料结构有相应要求,现有规章没有考虑机体(含机翼和机身机体结构)结构着火问题,在现在机翼和机身大量使用复合材料情况下,应当考虑飞行火灾、应急着陆(导致燃油着火)时旅客的安全。

③ 适航要求讨论。复合材料结构零件的防火和易燃性试验可以明确设计和工艺的关系,同时可以明确火源和燃烧范围。例如:机舱内部着火时复合材料机身结构的防火特性与外部着火时明显不同,机舱内部着火时结构对火灾蔓延的支持贡献较小,坠撞外部着火时

燃油是主要火源,火灾扩展快。对运输类飞机机身结构的飞行中和坠撞着火,以及运输类飞机机翼结构的坠撞着火,将制定不同的防火条件。

④ 飞行中的火灾问题。飞行中解决火灾问题的关键,是让火焰不蔓延或不产生大量有毒其他和烟雾。飞行中着火时,复合材料结构与金属结构的表现不同。

⑤ 外部防火。金属结构有防火基准,也适用于评估特定的复合材料机体结构。对于复合材料结构外部防火,必须考虑坠撞后的火源,机身结构要提供足够的逃生时间,火焰不进入机身或不产生有毒气体/物质(阻止旅客逃生或增加火焰严重程度),此要求扩展到机翼和油箱结构(防止坍塌和漏油,包括燃油载荷的考虑)。25.856"隔热/隔音材料"(b)是运输类飞机防火要求标准(机身非承力结构,未纳入 AC20-107B 的附录 1)。

⑥ 复合材料高温问题。复合材料高温时主要考虑的问题不是着火和防火问题,而是复合材料结构在高温下有玻璃瞬态转变情况,此时强度和刚度将降低,该温度低于金属结构的相应特性温度,此外基体吸湿时将进一步削弱复合材料结构,所以必须按特定要求(如发动机或其他系统失效)研究高温导致的强度和刚度降低。系统失效或着火后,难于确定复合材料结构不可逆的热损伤范围,因此,复合材料高温后应当进行特殊检查、试验、分析。识别高温损伤威胁和性能退化,用于评估损伤容限和可维护性。建议将高温零件损伤的可靠检查和试验措施规范化,特别注意检查程序不能检测出的最大损伤。

(3) 闪电防护

闪电防护是民用飞机的重要适航问题,特别是由于复合材料的非导电特性,导致复合材料结构飞机的闪电防护问题比金属结构更重要、更困难。以前的经验主要针对金属结构,缺乏飞机复合材料结构的有关经验。

FAA 非常重视闪电防护问题,颁布了较多指南性资料,涵括了很多复合材料结构闪电防护内容,进行复合材料结构的闪电防护工作时应当大量参考有关技术资料。另外,FAA 的技术报告 DOT/FAA/CT-89/22《飞机雷电防护手册》是闪电防护工作的重要参考资料。

AC20-107B 的本部分进行了较多指南,分为一般要求和 3 个特殊要求:一般要求、结构闪电防护、燃油系统闪电防护和电子电气系统闪电防护。

① 闪电防护一般要求。基本要求:飞机复合材料结构要求具有防雷击的设计特性。复合材料结构的雷击特性:比金属结构差。闪电后果:破坏(承力)结构、破坏燃油系统(及着火)、破坏电子电气系统(着火及失效)。设计技术指南:DOT/FAA/CT-89/22《飞机雷电防护手册》。适航验证方法:试验或分析(试验支持)。验证试验类别:壁板、试样、组件、结构试样或全机试验。AC20-155 引用的 SAE 文件对试验有指导意义。闪电损伤:结构的一、二、三类损伤(视情损伤容限分析和试验)。FAR23 部飞机按 AC23-15 进行验证。持续适航要求:评价修理和维护对闪电防护系统的影响;修理应保持闪电防护能力。

② 飞机复合材料结构闪电防护:需要进行闪电防护设计,防护范围取决于闪电的附着区域。常用方法为表面贴金属丝或网。参考资料:SAE ARP 5577 和 PS ANM-111-05-004。

③ 燃油系统闪电防护。当飞机复合材料结构包含整体油箱时,必须对燃油系统进行闪电防护。在相应复材结构的外表面、接头、紧固件和支撑结构(支持燃油系统管路和部件)采取闪电防护措施,消除击穿、电弧、火花或其他火源。AC20-53 是燃油系统闪电防护指南,FAR25.981 中要求具有允许破坏的闪电防护,此时复合材料结构的接头和紧固件的闪电防

护措施应当有足够的冗余和健壮,预防着火。

④ 电子电气系统闪电防护。在复合材料结构中,电子电气系统闪电防护是防止闪电的间接效应。在复合材料结构预防闪电直接效应的基础上,进一步采取措施防止闪电产生(过大)间接影响。电子电气设备的电屏蔽和高裕度电路设计,都可以提供一些闪电防护功能。复合材料结构屏蔽性能差,最好贴金属箔或网。在复合材料结构零件和壁板之间进行电搭接,使屏蔽有效。AC20-136是电子电气系统闪电防护指南。

12) AC20-107B的"附录1 适用的条例和相关指南"

附录1是AC20-107B适用的条例和相关指南。本部分分为两部分,即"条例"和"指南"。"条例"部分按AC20-107B的章节给出了相应的适航条款。"指南"又分为两个部分,即"咨询通报AC"和"政策说明PS"。

(1) "条例"部分:AC20-107B涉及FAR23、FAR25、FAR27、FAR29等4部适航标准的30多个条款,重点关注FAR25《运输类飞机适航要求》。本附录涉及FAR25的37个条款,且按各章节给出了分布情况。此37个条款中的大部分在前面章节进行了释义,此处不再进行说明。

(2) "指南"部分:表9-2给出了复合材料适航的指南文件。

表 9-2 复合材料适航的指南文件

序号	AC 名称	备 注
1	AC20-53《飞机燃油系统的闪电防护》	闪电防护——燃油系统(2006年)
2	AC20-135《动力装置防火的试验方法、标准和准则》	防火——动力装置(1990年)
3	AC20-136《飞机电子电气系统闪电间接影响防护》	闪电防护——电子电气系统(间接影响)(2006年)
4	AC20-155《SAE文件支持飞机闪电防护》	闪电防护(2006年)
5	AC21-26《复合材料结构制造的质量控制》	工艺(1989年)
6	AC21-31《机舱非技术内饰件制造的质量控制》	工艺(1991年)
7	AC23-15《小飞机审定符合性大纲》	适用于FAR23部飞机(2003年)
8	AC23-20《聚酯复合材料系统材料采购和工艺规范》	材料和工艺(2003年),适用于FAR23部飞机(2003年)
9	AC25.571-1D《结构损伤容限和疲劳评估》	结构评定(2011年)。适用于金属结构
10	AC29 MG8《旋翼航空器复合材料结构验证》	结构评定(2006年)。适用于旋翼航空器
11	AC35.37-1《疲劳试验和复合材料叶片疲劳验证》	发动机评定(2001年)。适用于发动机
12	AC145-6《飞机复合材料和胶接结构修理站》	飞机修理站(1996年)

从上述指南中看到:在飞机闪电防护和动力装置防护方面,没有对复合材料制定专门要求,按一般的AC执行即可;适用于FAR23部飞机的两份AC,一份是飞机通用要求,一份是复合材料专门要求,具有较大参考价值。此外,也可以参考AC25.613-1《材料强度性能与设计值》、MIL-HDBK-17《复合材料手册》等相关技术文件。

13) AC20-107B的"附录2 定义"

AC20-107B本部分规定了29个术语:许用值、各向异性、止裂扩展方法、损伤容限、部件、试样、关键结构、损伤、脱胶(1)、退化、分层、设计值、典型结构件、脱胶(2,与1内容一致)、偏差、元件、环境、系数(寿命/载荷放大系数、寿命分散系数、超载系数)、非均匀性、冲击损伤、固有缺陷、无扩展方法、制造缺陷、主结构、点设计、缓慢扩展方法、胶接结构、组件、弱胶接。

14) AC20-107B 的"附录3 复合材料和/或工艺的变化"

AC20-107B 的内容主要针对复合材料结构适航验证的一次通过。复合材料结构适航审定中或审定后肯定会发生设计更改情况,其中材料/工艺的更改是主要更改形式之一。结构设计更改发生后应当重新进行适航验证,重新适航审定时可以利用以前的适航经验,因此设计更改的重新适航验证工作与第一次适航验证的工作内容可能不同。AC20-107B 该部分附录主要针对此种情况进行了指南。AC20-107B 该部分附录,分为7部分:AC20-107B"复合材料和/或工艺的变化"的含义、确认和验证的工作、确认的技术内容、互换性的说明、试验工作、材料和工艺更改分类、验证方法。

(1) AC20-107B"复合材料和/或工艺的变化"的含义:该部分涉及复合材料结构的材料和/或工艺的更改,不涉及复合材料结构的其他更改(如几何尺寸和载荷等)。材料和工艺的适航工作范围规定材料和工艺是"型号设计"的组成部分。材料和工艺更改的基本适航要求:此设计更改属于"大改",按 FAR21 的 D 分部"型号合格证更改"(FAR21.97"型号设计大改的批准")要求执行。

(2) "复合材料和/或工艺变化"的确认和验证的工作。识别材料和工艺的关键参数试验,规定试验的成功/失败准则。

(3) "复合材料和/或工艺变化"时确认的技术内容。包括:物理和化学性能,力学性能(试样级),再现性(通过若干批次试验)。

(4) "复合材料和/或工艺变化"时互换性的说明。规范和质量程序用于材料和工艺稳定的重复生产结构,但是材料和工艺没有互换性,新材料或工艺满足原"鉴定"时,生产的产品可能不满足适航要求。

(5) "复合材料和/或工艺变化"时的试验工作。用一系列复杂性逐步增加的代表性试样进行大量不同的积木式试验,直接研究材料参数之间的关系。失效模式可能随材料和/或工艺的变化而不同。资料不充分时,分析方法可能不可靠,因此需要逐步的试验验证。

(6) 材料和工艺更改分类

材料和工艺更改分类比较简单,但是实际处理各类工作时则比较复杂。该部分工作包括6点指南,其中两点为分类说明,其余4点为对各类工作的补充说明。6点指南为:基本分类,进一步分类,对"等同材料/工艺"类的说明,对"等同材料/工艺"类的补充说明,对"情况C"的说明,对"情况A"的说明。

材料和工艺更改基本分类:"情况A"(新材料)为基本组分(树脂或纤维)中的一种或两种发生变化或者采用新编织方式、纤维面积重量变化、树脂含量变化等方式,都会产生一种新材料。"情况B"(材料小变化)为基本组分相同,但是树脂浸渍方式发生变化,包括预浸工艺变化、丝束大小变化、同一供应商的预浸设备变化、同一材料改变供应商。"情况C"(工艺变化)为材料不变,工艺变化,主要有固化周期、胶接面制备、树脂传递模塑工艺(把干纤维制成零件)、模具铺贴方法、材料铺放间的环境参数、主要装配程序等发生变化。

根据材料更改程度的大小,进行如下分类:"等同材料和工艺"——更改情况较小,"替代材料和工艺"——真正新结构。

对"等同材料/工艺"类(情况 B)的说明:"等同材料/工艺"类中"供应商仅变化预浸设备"与"同一材料改变供应商"是有区别的。随着情况不同,"同一材料改变供应商"发生变化后,将变为"替代材料和工艺"。

对"等同材料/工艺"类(情况 B)的补充说明:"等同材料/工艺"类的某些小变化不对结构性能产生影响(如预浸隔离纸、某些真空袋等),对这些部分可以不必再进行合格审定。针对此种情况,制造商应当建立合适的管理系统,熟练、正确地筛选此类变化。情况 B 的其他小变化,可以只用低层的积木式的采样试验表明等效性。

对"情况 C"的说明:对较大改变材料和结构性能的工艺变化,用完整合适的积木式试验进行评估,确定工艺变化是"等同材料"还是"替代材料"。

对"情况 A"的说明:"情况 A"一直是需要进行结构适航验证的重大变更,不再进行分类(由于材料性能与界面性能有关,界面性能与纤维或树脂有关)。

(7) 验证方法

验证方法从 5 个方面进行了叙述,包括原理、试验、批次数、通过/拒绝准则和其他考虑。

原理:验证基于对新旧两种材料进行的比较研究。新结构的安全余度不能低于原结构是基本设计原则。"替代材料和工艺"确定新设计值、分析原有模型变化、修改采购规范(考虑质量波动,确定新接受准则)。"等同材料/工艺"证明原设计值(无论材料还是设计)的有效性,提供有关资料。用统计方法处理数据,保证关键设计特性(材料和工艺)的一致性,计算模型(含失效预计)应当一致。"情况 B"的采购规范不需要更改。

试验:试验结论应当能充分说明材料变化对结构的影响,试验表明零件适航的重要性和材料变化情况。例如:对"等同材料"仅进行通用试验件试验(金字塔的底部试验);对"替代材料"可能需要进行金字塔上层的非通用试验件试验。应注意保证新方法的数据与原数据的兼容性,有些材料/工艺的变化涉及模具变化(例如从袋压成型工艺变为模压成型工艺),此时需要对部件进行评估,例如,对首件进行无损检测,有时还需要切割部件的一部分进行补充验证。

批次数:多批次试验的目的为验证材料的再现性是否可以接受。影响批次数的因素为材料类别(等同/替代)、研究级别(通用/非通用试验件)、供应商、性能。注意同时研究材料和工艺的波动性。现有关于复合材料验证、等同性和积木式方法的资料,一般规定了直至层板级试验的批次、试验和统计分析要求。可参考 CMH-17《复合材料手册》第 1 卷和第 3 卷,以及 FAA 技术报告 DOT/FAA/AR-03/19《聚合物基复合材料体系的材料鉴定与等同》。

通过/拒绝准则:确定通过/拒绝准则是试验计划的一部分。强度通过/拒绝准则为对试验数据进行统计分析,证明新材料的新设计值有足够的安全余量,所以为了进行统计分析,应当有足够的试验数。"非通用"级别只有一个试验件时,通过/拒绝准则应当是针对设计极限载荷。试验结果表明安全余量较低时,应当修改合格审定资料。

其他考虑:对静强度之外的其他特性(AC20-107B 的 8、9、10、11),验证也应当保证其等效安全水平。

参 考 文 献

[1] 虞浩清,刘爱平. 飞机复合材料结构修理[M]. 北京:中国民航出版社,2010.
[2] 乔新. 波音飞机复合材料结构修理教程[M]. 北京:中国民航出版社,1996.
[3] 陈绍杰. 复合材料结构修理指南[M]. 北京:中国民航出版社,2001.
[4] BOEING COMPANY. B737-800 STRUCTURE REPAIR MANUAL[Z]. 2012.
[5] AIRBUS COMPANY. A320 STRUCTURE REPAIR MANUAL[Z]. 2003.
[6] 梁艳勤. 民机复合材料结构修理容限与修理后适航符合性验证研究[D]. 上海:上海交通大学,2011.
[7] 陈祥宝. 复合材料结构损伤修理[M]. 北京:化学工业出版社,2001.
[8] 田秀云,杜洪增. 复合材料结构及维修[M]. 北京:中国民航出版社,1996.
[9] 牛春匀. 实用飞机复合材料结构设计与制造[M]. 北京:航空工业出版社,2010.
[10] GUTOWSKI T G. 先进复合材料制造技术[M]. 李宏运,译. 北京:化学工业出版社,2004.
[11] 郑晓玲. 民用飞机复合材料结构设计与验证[M]. 上海:上海交通大学出版社,2011.
[12] 杨乃宾. 大飞机复合材料结构设计导论[M]. 北京:航空工业出版社,2009.
[13] 党婧,高丽红,杨利. 通用飞机用复合材料应用现状与发展趋势[J]. 粘结,2003,34(07):73-76.
[14] 肇研,孙沛. 通用飞机与复合材料[J]. 航空制造技术,2011,54(20):34-37.
[15] BALDWIN H,孙立. 复合材料修理技术的最新变革[J]. 航空维修与工程,2011,44(6):32-33.
[16] WEGMAN R F,TULLOS T R. Handbook of adhesive bonded structural repair[M]. US:William Andrew Publishing,1993.
[17] DUONG C N,WANG C H. Composite Repair:Theory and Design[M]. Netherlands:Elsevier Science Ltd,2006.
[18] Federal Aviation Administration. Aviation Maintenance Technician Handbook-Airframe[M]. United States Department of Transportation,2012.
[19] 姜华强. 复合材料层合板的损伤评估与修理研究[D]. 南京:南京航空航天大学,2012.
[20] 孔祥宏. 复合材料泡沫夹层结构的损伤评估和修理研究[D]. 南京:南京航空航天大学,2012.
[21] VLOT A,VERHOEVEN S,NIJSSEN P J M. Bonded Repairs for Aircraft Fuselages[M]. Netherlands:Delft University Press,1998.
[22] KIAT C L. A Study of Composite Wet-Layup Bonded Repair Behavior for Aircraft[D]. Malaysia:University of Science Malaysia ,2013.
[23] BAKER A,DUTTON S,KELLY D. 飞机结构复合材料技术[M]. 2版. 北京:航空工业出版社,2015.
[24] 杨乃宾,梁伟. 飞机复合材料结构适航符合性证明概论[M]. 北京:航空工业出版社,2015.
[25] CMH-17协调委员会. 复合材料手册:第3卷(聚合物基复合材料——材料应用、设计和分析)[M]. 上海:上海交通大学出版社,2015.
[26] RIKARD B H. 复合材料及结构的缺陷与损伤[M]. 张晓军,译. 北京:国防工业出版社,2017.
[27] 穆志韬,李旭东,王浩伟,等. 飞机金属损伤结构复合材料修复分析[M]. 北京:国防工业出版社,2017.
[28] 谢鸣九. 复合材料连接技术[M]. 上海:上海交通大学出版社,2016.
[29] 沈观林,胡更开,刘彬. 复合材料力学[M]. 2版. 北京:清华大学出版社,2013.